山东省职业技能提升优质培训教材

工业机器人一体化系列教材

工业机器人操作与应用一体化教程

主　编　韩鸿鸾　张林辉　孙海蛟

副主编　王鸿亮　周经财　谢　华

西安电子科技大学出版社

内 容 简 介

本书是基于创新创业模式，依据高等职业院校工业机器人专业的相关标准，并结合工业机器人技能鉴定标准编写而成的。在编写过程中，也考虑了工业机器人操作与应用初学者的实际应用要求。

本书包括工业机器人的应用基础、ABB 工业机器人的操作、工业机器人通信、工业机器人在线程序的编制、工业机器人离线程序的编制、工业机器人视觉系统与网络通信等六个模块。在附录给出了 ABB 工业机器人指令说明，供读者参考。

本书适合于高等职业学校、高等专科学校、成人教育高校及本科院校的二级职业技术学院、技术(技师)学院、高级技工学校、继续教育学院和民办高校的机电专业、机器人专业的师生使用，也可供工厂中工业机器人装调与维修初学者参考。

本书配有课件、课后习题答案等资源，有需要的读者可在出版社网站下载。

图书在版编目(CIP)数据

工业机器人操作与应用一体化教程 / 韩鸿鸾，张林辉，孙海蛟主编. —西安：
西安电子科技大学出版社，2020.3(2023.11 重印)
ISBN 978 - 7 - 5606 - 5552 - 9

Ⅰ.①工…　Ⅱ.①韩…　②张…　③孙…　Ⅲ.①工业机器人—操作—高等职业教育—
教材　②工业机器人—机电—体化—高等职业教育—教材　Ⅳ.①TP242.2

中国版本图书馆 CIP 数据核字 (2019) 第 270172 号

策 划	毛红兵 刘小莉	
责任编辑	郑一锋 阎 彬	
出版发行	西安电子科技大学出版社(西安市太白南路 2 号)	
电 话	(029)88202421 88201467	邮 编 710071
网 址	www.xduph.com	电子邮箱 xdupfxb001@163.com
经 销	新华书店	
印刷单位	陕西天意印务有限责任公司	
版 次	2020 年 3 月第 1 版　2023 年 11 月第 4 次印刷	
开 本	787 毫米×1092 毫米　1/16　印张 26	
字 数	619 千字	
印 数	3001～5000 册	
定 价	60.00 元	

ISBN 978 - 7 - 5606 - 5552 - 9 / TP

XDUP 5854001-4

如有印装问题可调换

工业机器人一体化系列教材编写委员会名单

主　任　韩鸿鸾

副主任　王鸿亮　周经财　何成平

委　员　（按姓氏拼音排序）

程宝鑫　刘衍文　沈建峰　王海军　相洪英　谢华

张林辉　郑建强　周永钢　朱晓华

工匠精神与企业文化指导　王鸿亮

课程思政指导　时秀波　袁雪芬

工作手册指导　周经财

课证融通指导　冯波

前　言

为了提高职业院校人才培养质量，满足产业转型升级对高素质复合型、创新型技术技能人才的需求，《国家职业教育改革实施方案》和教育部关于双高计划的文件中，提出了"教师、教材、教法"三教改革的系统性要求。

国务院印发的《国家职业教育改革实施方案》提出，从2019年开始，在职业院校、应用型本科高校启动"学历证书+若干职业技能等级证书"制度试点(以下称1+X证书制度试点)工作。

该套教材开发的是基于"1+X"的"课证融通"教材，具体地说就是高等职业学校工业机器人技术专业教学标准和工业机器人应用编程职业技能等级标准、工业机器人操作与运维职业技能等级标准的不同级别(初级、中级、高级)对接，并与专业课程学习考核对接的教材。

职业技能等级标准与各个层次职业教育的专业教学标准相互对接。不同等级的职业技能标准应与不同教育阶段学历职业教育的培养目标和专业核心课程的学习目标相对应，保持培养目标和教学要求的一致性。具体来说，初级对应中职、中级对应高职、高级对应持续本科和应用大学。

为认真贯彻党的十九大精神，进一步把贯彻落实全国高校思想政治工作会议和《中共中央国务院关于加强和改进新形势下高校思想政治工作的意见》精神引向深入，大力提升高校思想政治工作质量，特制定《高校思想政治工作质量提升工程实施纲要》。为此，实施课程思政也成了眼下职业教育教材建设的首要任务。

为此，我们按照"信息化+课证融通+自学报告+企业文化+课程思政+工匠精神+工作单"等多位一体的表现模式策划、编写专业理论与实践一体化课程系列教材。

本套教材按照"以学生为中心、学习成果为导向、促进自主学习"思路进行教材开发设计，将"企业岗位(群)任职要求、职业标准、工作过程或产品"作为教材主体内容，将"以德树人、课程思政"有机融合到教材中，提供丰富、适用和引领创新作用的多种类型立体化、信息化课程资源，实现教材多功能作用并构建深度学习的管理体系。

我们通过校企合作和广泛的企业调研，对工业机器人专业的教材进行了统筹设计。最终确定工业机器人专业教材包括《工业机器人工作站的集成一体化教程》《工业机器人现场编程与调试一体化教程》《工业机器人的组成一体化教程》《工业机器人操作与应用一体化教程》《工业机器人离线编程与仿真一体化教程》《工业机器人机电装调与维修一体化教程》《工业机器人的三维造型与设计一体化教程》《工业机器人视觉系统一体化教程》等八种。

在编写过程中对课程教材进行了系统性改革和模式创新，将课程内容进行了系统化、规范化和体系化设计，按照多位一体模式进行策划设计。

本套教材以多个学习性任务为载体，通过项目导向、任务驱动等多种"情境化"的表现形式，突出过程性知识，引导学生学习相关知识，获得经验、诀窍、实用技术、操作规范等与岗位能力形成直接相关的知识和技能，使其知道在实际岗位工作中"如何做""如何做会做得更好"。

本套教材通过理念和模式创新形成了以下特点和创新点：

(1) 基于岗位知识需求，系统化、规范化地构建课程体系和教材内容。

(2) 通过教材的多位一体表现模式和教、学、做之间的引导和转换，强化学生学中做、做中学训练，潜移默化地提升岗位管理能力。

(3) 任务驱动式的教学设计，强调互动式学习、训练，激发学生的学习兴趣和动手能力，快速有效地完成将知识内化为技能、能力。

(4) 针对学生的群体特征，以可视化内容为主，通过图示、图片、电路图、逻辑图、二维码(每个模块后面放置相应的教学资源)等形式表现学习内容，降低学生的学习难度，培养学生的兴趣和信心，提高学生自主学习的效率和效果。

本套教材注重职业素养的培养，通过操作规范、安全操作、职业标准、环保、人文关爱等知识的有机融合，提高学生的职业素养和道德水平。

本书由韩鸿鸾、张林辉、孙海蛟任主编，由王鸿亮、周经财、谢华任副主编。本书在编写过程中得到了柳道机械、天润泰达、西安乐博士、上海 ABB、KUKA、淄博环鑫家电配件有限公司等工业机器人生产企业与北汽(黑豹)汽车有限公司、山东新北洋信息技术股份有限公司、豪顿华(英国)、联桥仲精机械(日本)有限公司等工业机器人应用企业的大力支持，同时得到了众多职业院校的帮助，有的职业院校还安排了编审人员，在此深表谢意。

由于编者水平有限，书中缺陷及疏漏在所难免，敬请广大读者给予批评指正。

编　者

2019 年 11 月

目　录

模块一　工业机器人的应用基础 1

　　任务一　认识工业机器人 1

　　任务二　简单了解机器人的应用 21

　　任务三　工业机器人的维护 40

模块二　ABB工业机器人的操作 63

　　任务一　ABB工业机器人的基本操作 63

　　任务二　工业机器人的手动操作方式 87

　　任务三　程序数据的设置 98

　　任务四　工业机器人坐标系的确定 110

模块三　工业机器人通信 139

　　任务一　标准I/O板的配置 139

　　任务二　工业机器人与PLC的通信 179

　　任务三　关联信号 187

模块四　工业机器人在线程序的编制 203

　　任务一　工业机器人运动轨迹编程 203

　　任务二　工业机器人码垛程序的编制 245

　　任务三　工业机器人搬运程序的编制 259

模块五　工业机器人离线程序的编制 279

　　任务一　工业机器人工作站的建立 279

　　任务二　工业机器人系统的建立与手动操纵 298

　　任务三　轨迹程序的编制 312

模块六 工业机器人视觉系统与网络通信 333

    任务一 工业机器人视觉系统 333

    任务二 机器人工业网络通信 360

附录 ABB工业机器人指令说明 396

参考文献 406

模块一

工业机器人的应用基础

任务一 认识工业机器人

📹 任务导入

工业机器人作为高端制造装备的重要组成部分，其技术附加值高，应用范围广，是我国先进制造业的重要支撑技术和信息化社会的重要生产装备，对未来生产、社会发展以及增强军事国防实力都具有十分重要的意义，图1-1至图1-4所示就是不同的工业机器人。工业机器人的工作原理与分类是本任务的重点难点。

图1-1 直角坐标型工业机器人   图1-2 圆柱坐标型工业机器人

图1-3 关节坐标型工业机器人   图1-4 平面关节型工业机器人

笔记

任务目标

知识目标	能力目标
1. 了解工业机器人的产生 2. 掌握工业机器人的组成与工作原理	1. 能对工业机器人进行分类 2. 能确定工业机器人不同部分的名称

任务准备

教师讲解

工业机器人的产生

工业机器人的研究工作是 20 世纪 50 年代初从美国开始的。日本、俄罗斯、欧洲的研制工作比美国大约晚 10 年。但日本的发展速度比美国快。欧洲特别是西欧各国比较注重工业机器人的研制和应用，其中英国、德国、瑞典、挪威等国的技术水平较高，产量也较大。

第二次世界大战期间，由于核工业和军事工业的发展，美国原子能委员会的阿尔贡研究所研制了"遥控机械手"，用于代替人生产和处理放射性材料。1948 年，这种较简单的机械装置被改进，开发出了机械式的主从机械手(见图 1-5)。它由两个结构相似的机械手组成，主机械手在控制室，从机械手在有辐射的作业现场，两者之间由透明的防辐射墙相隔。操作者用手操纵主机械手，控制系统会自动检测主机械手的运动状态，并控制从机械手跟随主机械手运动，从而解决对放射性材料的远距离操作问题。这种被称为主从控制的机器人控制方式，至今仍在很多场合中应用。

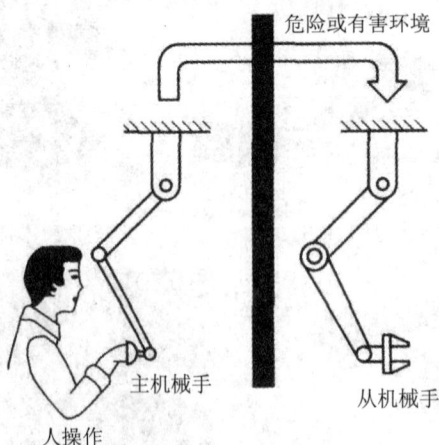

图 1-5　主从机械手

由于航空工业的需求，1952 年美国麻省理工学院(MIT)成功开发了第一代数控机床(CNC)，并进行了与 CNC 机床相关的控制技术及机械零部件的研究，为机器人的开发奠定了技术基础。

1954 年，美国人乔治·德沃尔(George Devol)提出了一个关于工业机器人的技术方案，设计并研制了世界上第一台可编程的工业机器人样机，将之命名为"Universal Automation"，并申请了该项机器人专利。这种机器人是一种可编程的零部件操作装置，其工作方式为：首先移动机械手的末端执行器，并记录下整个动作过程；然后机器人反复再现整个动作过程。后来，在此基础上，Devol 与 Engerlberge 合作创建了美国万能自动化公司(Unimation)，于 1962 年生产了第一台机器人，取名 Unimate(见图 1-6)。这种机器人采用极坐标式结构，外形像坦克炮塔，可以实现回转、伸缩、俯仰等动作。

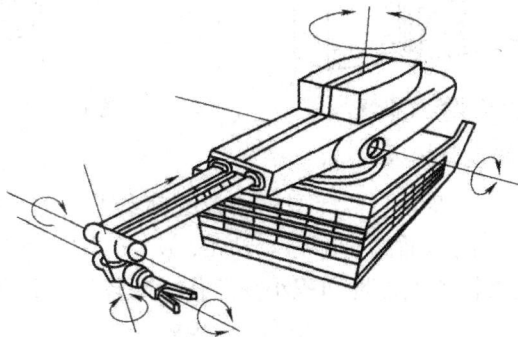

图 1-6 Unimate 机器人

任务实施

一、机器人的分类

1. 按照机器人的运动形式分类

工厂参观

在教师的带领下，让学生到当地工厂中去参观，了解工业机器人的应用，并对工厂中的工业机器人进行分类(若条件不允许，教师可通过视频让学生了解工业机器人)。

注意：到工厂中去参观时，要注意安全。

1) 直角坐标型机器人

直角坐标型机器人的外形轮廓与数控镗铣床或三坐标测量机相似，如图 1-7 所示。3 个关节都是移动关节，关节轴线相互垂直，相当于笛卡儿坐标系的 x、y 和 z 轴。它主要用于生产设备的上下料，也可用于高精度的装卸和检测作业。

2) 圆柱坐标型机器人

如图 1-8 所示，圆柱坐标型机器人以 θ、z 和 r 为参数构成坐标系。手腕

✎ 笔记

参考点的位置可表示为 $P=(\theta, z, r)$。其中，r 是手臂的径向长度，θ 是手臂绕水平轴的角位移，z 是在垂直轴上的高度。如果 r 不变，操作臂的运动将形成一个圆柱表面，空间定位比较直观。操作臂收回后，其后端可能与工作空间内的其他物体相碰，移动关节不易防护。

图 1-7　直角坐标型机器人

图 1-8　圆柱坐标型机器人

3) 球(极)坐标型机器人

如图 1-9 所示，球(极)坐标型机器人腕部参考点运动所形成的最大轨迹表面是半径为 r 的球面的一部分，以 θ、ϕ、r 为坐标，任意点可表示为 $P=(\theta, \phi, r)$。这类机器人占地面积小，工作空间较大，移动关节不易防护。

(a)　　　　　　　　　　(b)

图 1-9　球(极)坐标型机器人

4) 平面双关节型机器人

平面双关节型机器人(selective compliance assembly robot arm，SCARA)有 3 个旋转关节，其轴线相互平行，在平面内进行定位和定向；另一个关节是移动关节，用于完成末端件垂直于平面的运动。手腕参考点的位置是由两旋转关节的角位移 ϕ_1、ϕ_2 和移动关节的位移 z 决定的，即 $P=(\phi_1, \phi_2, z)$，如图 1-10 所示。这类机器人结构轻便、响应快。例如 Adept I 型 SCARA 机器人的运动速度可达 10 m/s，比一般关式机器人快数倍。它最适用于平面定位，而在垂直方向进行装配的作业。

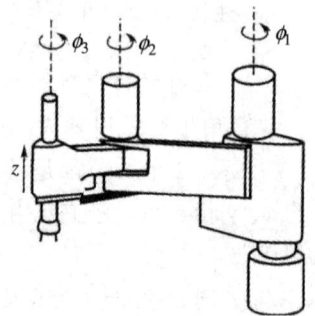

图 1-10　平面双关节型机器人

5) 关节型机器人

关节型机器人由 2 个肩关节和 1 个肘关节进行定位，由 2 个或 3 个腕关节进行定向。其中，一个肩关节绕铅直轴旋转，另一个肩关节实现俯仰运动，这两个肩关节轴线正交，肘关节平行于第二个肩关节轴线，如图 1-11 所示。这种结构动作灵活，工作空间大，在作业空间内手臂的干涉最小，结构紧凑，占地面积小，关节上相对运动部位容易密封防尘。这类机器人在进行作业时的运动较复杂、反解困难，确定末端件执行器的位姿不直观，进行控制时，计算量比较大。

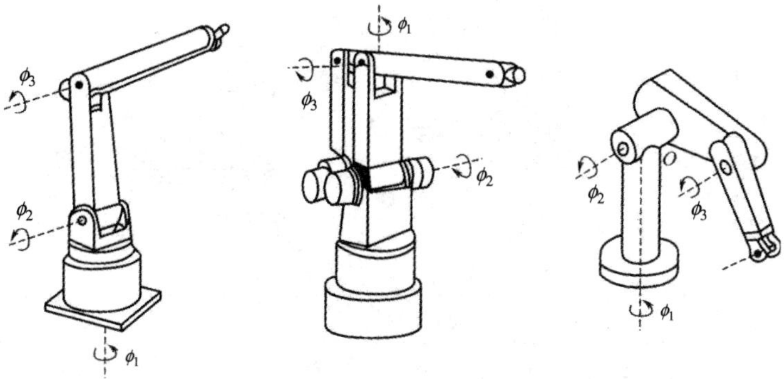

(a) 直接驱动式　　　(b) 平行连杆式　　　(c) 关节偏置式

图 1-11　关节型机器人

带领学生到工厂的工业机器人旁边进行介绍，但应注意安全。

对于不同坐标型的机器人，其特点、工作范围及性能也不同，比较如表 1-1 所示。

表 1-1　不同坐标类型机器人的性能比较

直角坐标型	
特　点	在直线方向上移动，运动容易想象； 通过计算机控制实现，容易达到高精度； 占地面积人，运动速度低； 直线驱动部分难以密封、防尘，容易被污染
工作空间	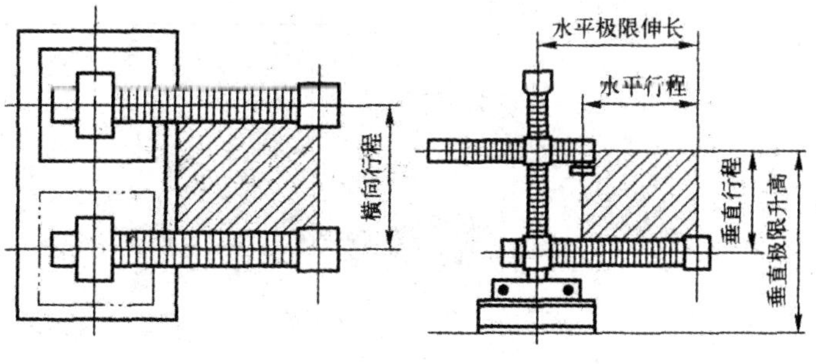

圆柱坐标型	
特 点	运动容易想象和计算,直线部分可采用液压驱动,可输出较大的动力; 能够伸入型腔式机器内部,它的手臂可以到达的空间受到限制,不能到达近立柱或近地面的空间; 直线驱动部分难以密封、防尘; 后臂工作时,手臂后端会碰到工作范围内的其他物体
工作空间	
球(极)坐标型	
特 点	中心支架附近的工作范围大,两个转动驱动装置容易密封,覆盖工作空间较大; 坐标复杂,难于控制; 直线驱动装置仍存在密封及工作死区的问题
工作空间	
关 节 型	
特 点	关节全都是旋转的,类似于人的手臂,是工业机器人中最常见的结构; 它的工作范围较为复杂
工作空间	

平面双关节型	
特　点	前两个关节(肩关节和肘关节)全都是平面旋转的，最后一个关节(腕关节)是工业机器人中最常见的结构； 它的工作范围较为复杂
工作空间	

2. 按照机器人的移动性分类

按移动性，可将机器人分为半移动式机器人(机器人整体固定在某个位置，只有部分可以运动，例如机械手)和移动机器人。

3. 按照机器人的移动方式分类

按移动方式，可将机器人分为轮式移动机器人、步行移动机器人(单腿式、双腿式和多腿式)、履带式移动机器人、爬行机器人、蠕动式机器人和游动式机器人等类型。

4. 按照机器人的功能和用途分类

按功能和用途，可将机器人分为医疗机器人、军用机器人、海洋机器人、助残机器人、清洁机器人和管道检测机器人等。

5. 按照机器人的作业空间分类

按作业空间，可将机器人分为陆地室内移动机器人、陆地室外移动机器人、水下机器人、无人飞机和空间机器人等。

6. 按机器人的驱动方式分类

1) 气动式机器人

气动式机器人以压缩空气来驱动其执行机构。这种驱动方式的优点是空气来源方便，动作迅速，结构简单，造价低；缺点是由于空气具有可压缩性，致使工作速度的稳定性较差。因气源压力一般只有 60 MPa 左右，故此类机器人适用于抓举力要求较小的场合。

图1-12是2015年日本RIVERFIELD公司研发的一种气压驱动式机器人，即内窥镜手术辅助机器人——EMARO(Endoscope MAnipulator RObot)。

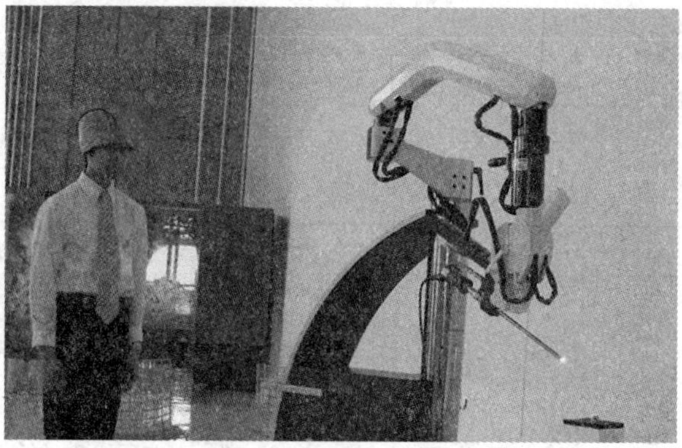

图 1-12　内窥镜手术辅助机器人 EMARO

2) 液动式机器人

相对于气力驱动，液力驱动的机器人具有大得多的抓举能力，可高达上百千克。液力驱动式机器人结构紧凑，传动平稳且动作灵敏，但对密封的要求较高，且不宜在高温或低温的场合工作，要求的制造精度较高，成本较高。

3) 电动式机器人

目前越来越多的机器人采用电力驱动式，这不仅是因为可供选择的电动机品种众多，更因为可以运用多种灵活的控制方法。

电力驱动是利用各种电动机产生的力或力矩，直接或经过减速机构驱动机器人，以获得所需的位置、速度、加速度。电力驱动具有无污染，易于控制，运动精度高，成本低，驱动效率高等优点，其应用最为广泛。

电力驱动又可分为步进电动机驱动、直流伺服电动机驱动、无刷伺服电动机驱动等。

4) 新型驱动方式机器人

伴随着机器人技术的发展，出现了利用新的工作原理制造的新型驱动器，如静电驱动器、压电驱动器、形状记忆合金驱动器、人工肌肉及光驱动器等。

7. 按机器人关节连接布置形式分类

按关节连接布置形式的不同，可将机器人可分为串联机器人和并联机器人两类。从运动形式来看，并联机构可分为平面机构和空间机构，细分可分为平面移动机构、平面移动转动机构、空间纯移动机构、空间纯转动机构和空间混合运动机构。

1) 串联机器人

串联机器人是一种开式运动链机器人，由一系列连杆通过转动关节或移动关节串联形成，采用驱动器驱动各个关节的运动从而带动连杆的相对运动，使末端执行器到达合适的位姿，一个轴的运动会改变另一个轴的坐标原点。图 1-13 所示是一种常见的关节串联机器人。它的特点是：工作空间大；运动分析较容易；可避免驱动轴之间的耦合效应；机构各轴必须独立控制，并且需搭配编码器与传感器来提高机构运动时的精准度。串联机器人的研究相对较成熟，已成功应用在工业上的各个领域，比如装配、焊接加工(见图1-14)、喷涂、码垛等。

图1-13　串联装配机器人

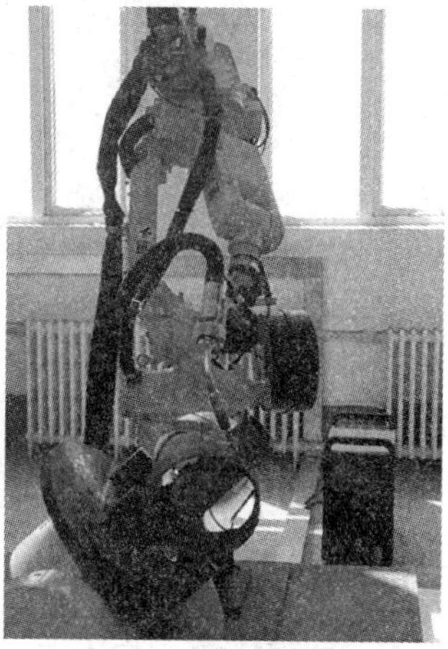

图1-14　工业机器人在复杂零件焊接方面的应用

2) 并联机器人(Parallel Mechanism)

图1-15所示是在动平台和定平台通过至少两个独立的运动链相连接，具有两个或两个以上自由度，且以并联方式驱动的一种闭环机构。其中末端执行器为动平台，与基座即定平台之间由若干个包含有许多运动副(例如球副、移动副、转动副、虎克铰)的运动链相连接，其中每一个运动链都可以独立控制其运动状态，以实现多自由度的并联，即一个轴运动不影响另一个轴的坐标原点。图1-16所示为一种蜘蛛手并联机器人，这种类型机器人的特点是：工作空间较小；无累积误差，精度较高；驱动装置可置于定平台上或接近定平台的位置，运动部分质量轻，速度高，动态响应好；结构紧凑，刚度高，承载能力强；完全对称的并联机构具有较好的各向同性。并联机器人在需要高刚度、高精度或者大载荷而无需很大工作空间的领域获得了广泛应用，在食品、医药、电子等轻工业中应用最为广泛，在物料的搬运、包装、分拣等方面有着无可比拟的优势。

课程思政

三大攻坚:
防范化解重大风险、精准脱贫,污染防治。

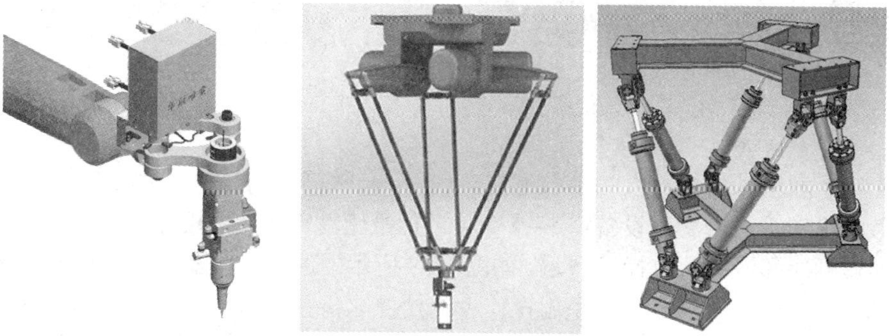

(a) 2自由度并联机构　　　(b) 3自由度并联机构　　　(c) 6自由度并联机构

图1-15　并联机器人

✎ 笔记

图 1-16　蜘蛛手并联机器人

8. 按程序输入方式分类

1) 编程输入型机器人

编程输入型机器人是将计算机上已编好的作业程序文件，通过 RS232 串口或者以太网等通信方式传送到机器人控制柜，计算机解读程序后发出相应控制信号，命令各伺服系统控制机器人来完成相应的工作任务。图 1-17 所示是该类型工业机器人编程界面的示意图。

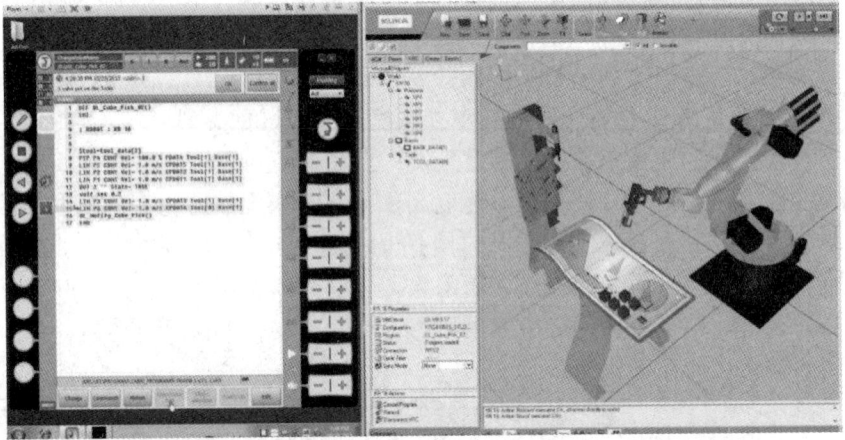

图 1-17　编程界面示意图

2) 示教输入型机器人

示教输入型机器人的示教方法有两种，一种是由操作者用手动控制器(示教操纵盒等人机交互设备)，将指令信号传给驱动系统，由执行机构按要求的动作顺序和运动轨迹操演一遍，如图 1-18 所示即通过示教器来控制机器人运动的工业机器人。另一种是由操作者直接控制执行机构，按要求的动作顺序和运动轨迹操演一遍。在示教过程的同时，工作程序的信息自动存入程序存储器中，在机器人自动工作时，控制系统从程序存储器中调出相应信息，将指令信号传给驱动机构，使执行机构再现示教的各种动作。

图 1-18 示教输入型工业机器人

笔记

看一看：你们学校的机器人属于哪一种？

二、工业机器人的组成

工业机器人通常由执行机构、驱动系统、控制系统和传感系统四部分组成，如图 1-19 所示。工业机器人各组成部分之间的相互作用关系如图 1-20 所示。

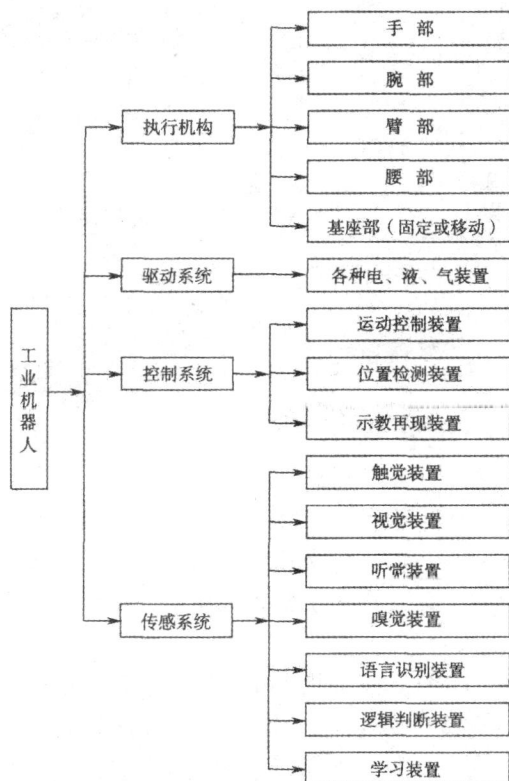

图 1-19 工业机器人的组成

笔记

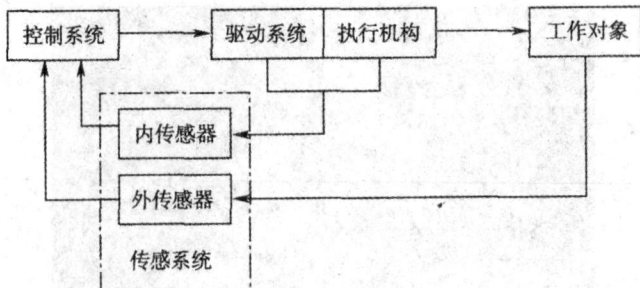

图 1-20　工业机器人各组成部分之间的关系

把学生带到工业机器人边，进行现场教学，但要注意安全。

现场教学

1. 执行机构

执行机构是机器人赖以完成工作任务的实体，通常由一系列连杆、关节或其他形式的运动副所组成。执行机构从功能的角度可分为手部、腕部、臂部、腰部和机座，如图 1-21 所示。

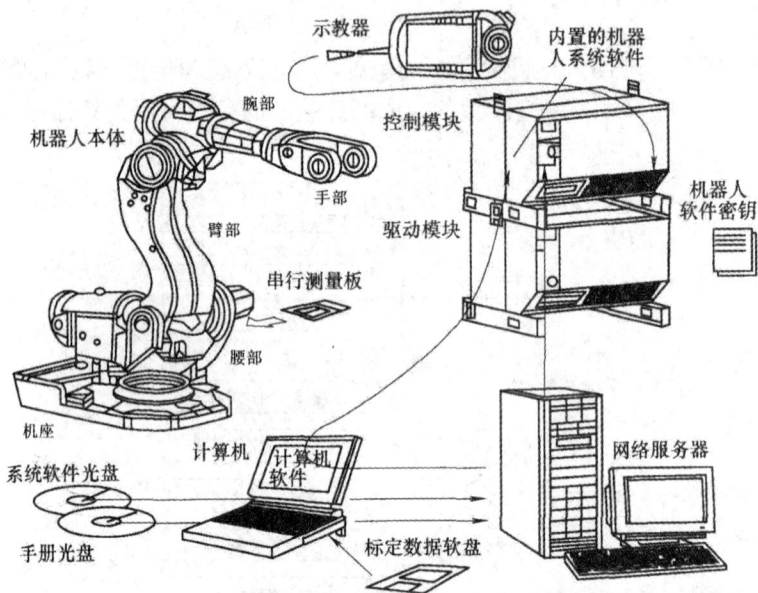

图 1-21　工业机器人

1) 手部

工业机器人的手部也叫做末端执行器，是装在机器人手腕上直接抓握工件或执行作业的部件。手部对于机器人来说是完成作业好坏、作业柔性好坏的关键部件之一。

手部可以像人手那样具有手指，也可以不具备手指；可以是类似人手的手爪，也可以是进行某种作业的专用工具，比如机器人手腕上的焊枪、油漆喷头等。各种手部的工作原理不同，结构形式各异，常用的手部按其夹持原理的不同，可分为机械式、磁力式和真空式三种。

2) 腕部

工业机器人的腕部是连接手部和臂部的部件，起支撑手部的作用。机器人一般具有六个自由度才能使手部达到目标位置和处于期望的姿态，腕部的自由度主要是实现所期望的姿态，并扩大臂部运动范围。手腕按自由度个数的不同可分为单自由度手腕、二自由度手腕和三自由度手腕。腕部实际所需要的自由度数目应根据机器人的工作性能要求来确定。在有些情况下，腕部具有两个自由度：翻转和俯仰或翻转和偏转。有些专用机器人没有手腕部件，而是直接将腕部安装在手部的前端，有的腕部为了特殊要求还有横向移动自由度。

3) 臂部

工业机器人的臂部是连接腰部和腕部的部件，用来支撑腕部和手部，实现较大运动范围。臂部一般由大臂、小臂(或多臂)所组成。臂部总质量较大，受力一般比较复杂，在运动时，直接承受腕部、手部和工件的静、动载荷，尤其在高速运动时，将产生较大的惯性力(或惯性力矩)，引起冲击，影响定位精度。

4) 腰部

腰部是连接臂部和基座的部件，通常是回转部件。由于它的回转，再加上臂部的运动，就能使腕部作空间运动。腰部是执行机构的关键部件，它的制作误差、运动精度和平稳性对机器人的定位精度有决定性的影响。

5) 机座

机座是整个机器人的支持部分，有固定式和移动式两类。移动式机座用来扩大机器人的活动范围，有的是专门的行走装置，有的是轨道、滚轮机构。机座必须有足够的刚度和稳定性。

2. 驱动系统

工业机器人的驱动系统是向执行系统各部件提供动力的装置，包括驱动器和传动机构两部分，它们通常与执行机构连成一体。驱动器通常有电动、液压、气动装置以及把它们结合起来应用的综合系统。常用的传动机构有谐波传动、螺旋传动、链传动、带传动以及各种齿轮传动等机构。工业机器人驱动系统的组成如图 1-22 所示。

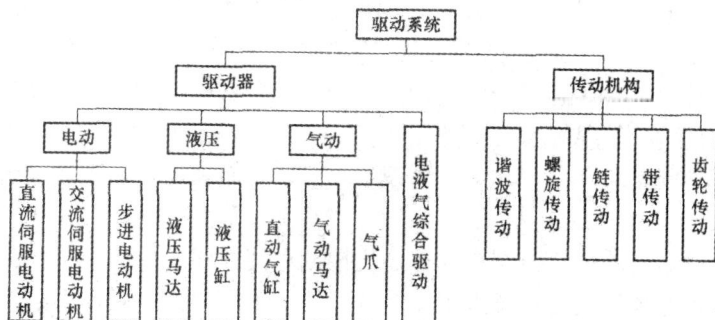

图 1-22　工业机器人驱动系统的组成

3. 控制系统

控制系统的任务是根据机器人的作业指令程序以及从传感器反馈回来的信号，支配机器人的执行机构完成固定的运动和功能。若工业机器人不具备信息反馈特征，则为开环控制系统；若具备信息反馈特征，则为闭环控制系统。

工业机器人的控制系统主要由主控计算机和关节伺服控制器组成，如图 1-23 所示。上位主控计算机主要根据作业要求完成编程，并发出指令，控制各伺服驱动装置使各杆件协调工作，同时还要完成环境状况、周边设备之间的信息传递和协调工作。关节伺服控制器用于实现驱动单元的伺服控制、轨迹插补计算以及系统状态监测。不同的工业机器人控制系统是不同的。机器人的测量单元一般安装在执行部件中的位置检测元件(如光电编码器)和速度检测元件(如测速电机)，这些检测量反馈到控制器中或者用于闭环控制、监测以及进行示教操作等。人机接口除了包括一般的计算机键盘、鼠标外，通常还包括手持控制器(示教器)，如图 1-24 所示，通过手持控制器可以对机器人进行控制和示教操作。

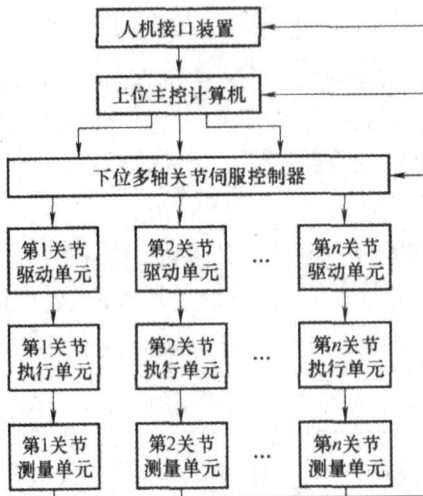

图 1-23　工业机器人控制系统一般构成

图 1-24　示教器

工业机器人通常具有示教再现和位置两种控制方式。示教再现控制就是操作人员通过示教装置把作业程序内容编制成程序，输入到记忆装置中，在外部给出启动命令后，机器人从记忆装置中读出信息并送到控制装置，发出控制信号，由驱动机构控制机械手的运动，在一定精度范围内按照记忆装置中的内容完成给定的动作。实质上，工业机器人与一般自动化机械的最大区别就是它具有"示教，再现"功能，因而表现出通用、灵活的"柔性"特点。

工业机器人的位置控制方式有点位控制和连续路径控制两种。其中，点位控制这种方式只关心机器人末端执行器的起点和终点位置，而不关心这两点之间的运动轨迹，这种控制方式可完成无障碍条件下的点焊、上下料、搬运等操作。连续路径控制方式不仅要求机器人以一定的精度达到目标点，而且对移动轨迹也有一定的精度要求，如机器人喷漆、弧焊等操作。实质上这种控制方式是以点位控制方式为基础，在每两点之间用满足精度要求的位置轨迹插补算法实现轨迹连续化的。

4．传感系统

传感系统是机器人的重要组成部分，按其采集信息的位置，一般可分为内部和外部两类传感器。内部传感器是完成机器人运动控制所必需的传感器，如位置、速度传感器等，用于采集机器人内部信息，是构成机器人不可缺少的基本元件。外部传感器用于检测机器人所处环境、外部物体状态或机器人与外部物体的关系。常用的外部传感器有力觉传感器、触觉传感器、接近觉传感器、视觉传感器等。一些特殊领域应用的机器人还可能需要具有温度、湿度、压力、滑动量、化学性质等感觉能力方面的传感器。机器人传感器的分类如表 1-2 所示。

表 1-2　机器人传感器的分类

内部传感器	用　途	机器人的精确控制
	检测的信息	位置、角度、速度、加速度、姿态、方向等
	所用传感器	微动开关、光电开关、差动变压器、编码器、电位计、旋转变压器、测速发电机、加速度计、陀螺、倾角传感器、力(或力矩)传感器等
外部传感器	用途	了解工件和机器人在环境中的状态，机器人对工件操作的有效性和灵活性
	检测的信息	工件和环境：形状、位置、范围、质量、姿态、运动、速度等 机器人与环境：位置、速度、加速度、姿态等 对工件的操作：非接触(间隔、位置、姿态等)、接触(障碍检测、碰撞检测等)、触觉(接触觉、压觉、滑觉)、夹持力等
	所用传感器	视觉传感器、光学测距传感器、超声测距传感器、触觉传感器、电容传感器、电磁感应传感器、限位传感器、压敏导电橡胶、弹性体加应变片等

传统的工业机器人仅采用内部传感器，用于对机器人运动、位置及姿态进行精确控制。使用外部传感器之后，使得机器人对外部环境具有一定程度的适应能力，从而表现出一定程度的智能性。

三、机器人的基本工作原理

现在广泛应用的工业机器人都属于第一代机器人，它的基本工作原理是示教再现，如图 1-25 所示。

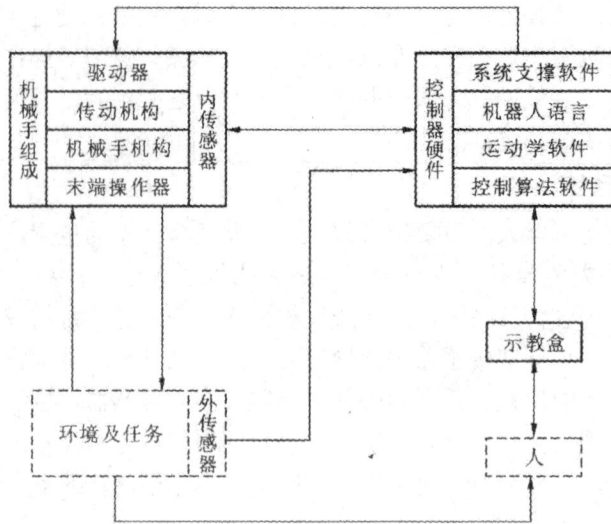

图 1-25　机器人工作原理

示教也称为导引，即由用户引导机器人，一步步将实际任务操作一遍，机器人在引导过程中自动记忆示教的每个动作的位置、姿态、运动参数、工艺参数等，并自动生成一个连续执行全部操作的程序。

完成示教后，只需给机器人一个启动命令，机器人将精确地按示教动作，一步步完成全部操作，这就是示教与再现。

1. 机器人手臂的运动

机器人的手臂(机械臂)是由数个刚性杆体和旋转或移动的关节连接而成的，是一个开环关节链，开链的一端固接在基座上，另一端是自由的，安装着末端执行器(如焊枪)，在机器人操作时，机器人手臂前端的末端执行器必须与被加工工件处于相适应的位置和姿态，而这些位置和姿态是由若干个臂关节的运动所合成的。

因此，机器人在运动控制中，必须要知道机械臂各关节变量空间、末端执行器的位置和姿态之间的关系，这就是机器人运动学模型。一台机器人机械臂的几何结构确定后，其运动学模型即可确定，这是机器人运动控制的基础。

2. 机器人轨迹规划

机器人机械手端部从起点的位置和姿态到终点的位置和姿态的运动轨迹空间曲线叫做路径。

轨迹规划的任务是用一种函数来"内插"或"逼近"给定的路径，并沿时间轴产生一系列"控制设定点"，用于控制机械手运动。目前常用的轨迹规划方法有空间关节插值法和笛卡尔空间规划两种方法。

3. 机器人机械手的控制

当一台机器人机械手的动态运动方程已给定，它的控制目的就是按预定性能要求保持机械手的动态响应。但是由于机器人机械手的惯性力、耦合反应力和重力负载都随运动空间的变化而变化，因此要对它进行高精度、高速度、高动态品质的控制是相当复杂且困难的。

目前工业机器人上采用的控制方法是把机械手上的每一个关节都当做一个单独的伺服机构，即把一个非线性的、关节间耦合的变负载系统，简化为线性的非耦合单独系统。

四、机器人应用与外部的关系

机器人技术是集机械工程学、计算机科学、控制工程、电子技术、传感器技术、人工智能、仿生学等学科为一体的综合技术，它是多学科科技革命的必然结果。每一台机器人都是一个知识密集和技术密集的高科技机电一体化产品。机器人与外部的关系如图 1-26 所示，机器人技术涉及的研究领域有如下几个：

(1) 传感器技术。得到与人类感觉机能相似的传感器技术。

(2) 人工智能计算机科学。得到与人类智能或控制机能相似能力的人工智能或计算机科学。

(3) 假肢技术。

(4) 工业机器人技术。把人类作业技能具体化的工业机器人技术。

(5) 移动机械技术。实现动物行走机能的行走技术。

(6) 生物功能。以实现生物机能为目的的生物学技术。

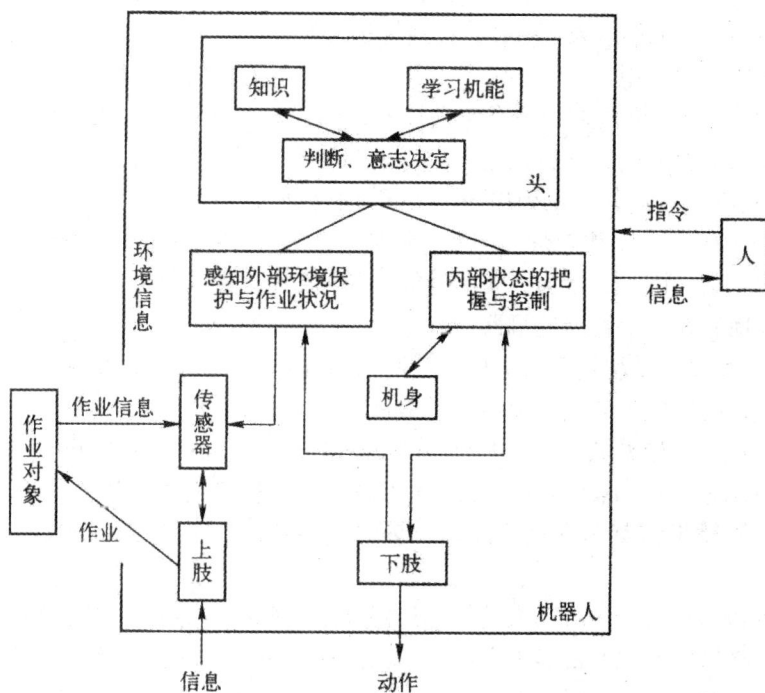

图 1-26　机器人与外部的关系

✎ 笔记

📷 **任务扩展**

1. 工业机器人十大品牌标牌

工业机器人十大品牌标牌如图 1-27 所示。

FANUC	KUKA	NACHI	Simple & friendly Kawasaki Robot	ABB
发那科(FANUC)	库卡(KUKA)	那智不二越(NACHI)	川崎机器人(Kawasaki)	ABB 机器人
STÄUBLI	COMAU ROBOTICS	EPSON EXCEED YOUR VISION 爱普生工业机器人	YASKAWA	SIASUN 新松 超越期望 Beyond Expectation
史陶比尔(Stäubli)	柯马(COMAU)	爱普生机器人(EPSON)	日本安川(Yaskawa)	新松机器人(SIASUN)

图 1-27　工业机器人十大品牌标牌

2. 机器人的发展方向

机器人发展的方向和特点可概括为如下几个方面：

(1) 横向上，应用面越来越宽，由工业应用扩展到更多领域的非工业应用，如做手术、采摘水果、剪枝、巷道掘进、侦查、排雷等，只要能想到的，就可以去创造并实现。

(2) 纵向上，机器人的种类越来越多，像进入人体的微型机器人，已成为一个新的研究方向，这种机器人可以小到像一个米粒般大小。

(3) 机器人智能化将得到加强，机器人会更加聪明。

① 智能化。人工智能是关于人造物的智能行为，包括知觉、推理、学习、交流和在复杂环境中的行为，人工智能的长期目标是发明出可以像人类一样或能更好地完成以上行为的机器。

② 微型化。微型机器人又称为"明天的机器人"，是机器人研究领域的一颗新星，同智能机器人一起成为科学追求的目标。

在微电子机械领域，尺寸在 $1 \sim 100$ mm 的为小型机械，在 10 μm ~ 1 mm 的为微型机械，在 10 nm ~ 10 μm 的为超微型机械。而微型机器人的体积可以缩小到微米级甚至亚微米级，重量轻至纳克，加工精度为微米级或纳米级。

发展微型和超微型机器人的指导思想非常简单：某些工作若用一台结构庞大、价格昂贵的大型机器人去做，不如用成千上万个低廉、微小、简单的机器人去完成。这正如用一大群蝗虫去"收割"一片庄稼，要比使用一台大型联合收割机快，如图 1-28 所示是小得能放到手上的微型机器人。

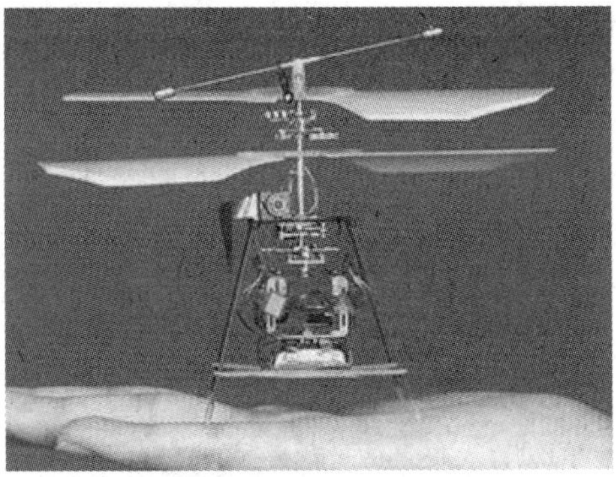

图 1-28　微型机器人

微型机器人的发展依赖于微加工工艺、微传感器、微驱动器和微结构四个方面。这四个方面的基础研究有三个阶段：器件开发阶段、部件开发阶段、装置和系统开发阶段。现已研制出直径为 20 μm、长为 150 μm 的铰链连杆，200 μm×200 μm 的滑块结构，以及微型的齿轮、曲柄、弹簧等。贝尔实验室已开发出一种直径为 400 μm 的齿轮，在一张普通邮票上可放 6 万个齿轮和其他微型器件。德国卡尔斯鲁厄核研究中心的微型机器人研究所研究出了一种新型微加工方法，这种方法是 X 射线深刻蚀、电铸和塑料模铸的组合，深刻蚀厚度为 10～1000 μm。

微型机械的发展，是建立在大规模集成电路制作设备与技术的基础上的。微驱动器、微传感器都是在集成电路技术基础上用标准的光刻和化学腐蚀技术制成的。不同的是，集成电路大部分是二维刻蚀的，而微型机械则完全是三维的。微型机械和微型机器人已逐步形成一个牵动众多领域向纵深发展的新兴学科方向。

③ 仿生化。直至近来，大多数机器人才被认为属于生物纲目之一。工具型机器人保持了机器人应有的基本元素，如装备了爪形机械、抓具和轮子，但不管怎么看，它都像是台机器。相比之下，类人形机器人则最大程度地与创造它们的人类相似，它们的运动臂上有自己的双手，下肢有真正的脚，有人类一样的脸，如图 1-29 所示。介于这两种极端情况之间的是少数具备动物特征的机器人，它们通常被做成宠物的模样(如图 1-30 中的索尼机器狗)，但事实上，它们只不过是供娱乐的玩具。

图 1-29　现代拟人机器人 ASIM0

图 1-30　索尼机器狗 AIBO

笔记

工匠精神

只有那些热爱本职、脚踏实地，勤勤恳恳、兢兢业业，尽职尽责、精益求精的人，才可能成就一番事业，才可能拓展人生价值。

有动物特征的机器人一直以来都在迅猛发展。现在，工程师们的仿生对象不仅有狗，还包括长有胡须的鼩鼱、会游泳的七鳃鳗、爪力十足的章鱼、善于攀爬的蜥蜴和穴居蛤等。他们甚至在努力研发可以模仿昆虫振翅高飞的蚊虫机器人，如图1-31所示。结果导致，工具型机器人和类人形机器人研究逐渐受到冷落，而动物形态仿生机器人的研究则不断取得进展。

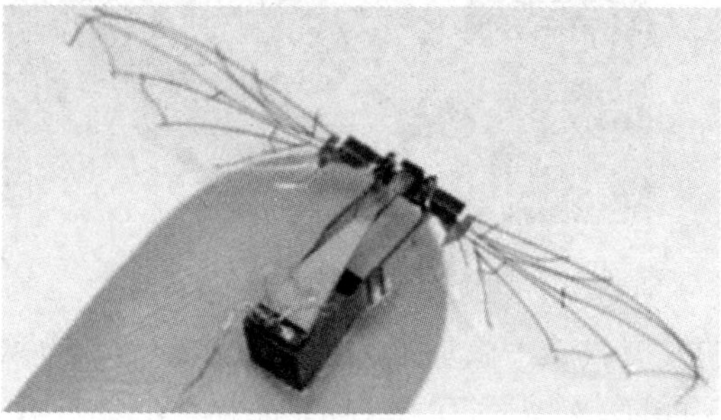

图1-31　机器蚊子

任务巩固

一、填空题

(1) ________年，________国人提出了一个关于工业机器人的技术方案，设计并研制了世界上第一台可编程的工业机器人样机。

(2) 按照日本工业机器人学会(JIRA)的标准，可将机器人分六类。第一类：________；第二类：固定顺序机器人；第三类：________；第四类：示教再现(playback)机器人；第五类：数控机器人；第六类：________。

(3) 机器人按照移动性可分为________机器人和________器人。

(4) 机器人按照移动方式可分为________机器人、________机器人、履带式移动机器人、爬行机器人、________机器人和________机器人等类型。

(5) 机器人按照作业空间可分为________机器人、陆地室外移动机器人、水下机器人、________和________机器人等。

(6) 工业机器人通常由________、驱动系统、________和传感系统四部分组成。

(7) 工业机器人用的传感器有________传感器与________传感器两种。

二、简答题

(1) 按照控制方式，工业机器人可分为哪几类？

(2) 按照运动形式，工业机器人可分为哪几类？

(3) 按照驱动方式，工业机器人可分为哪几类？

(4) 工业机器人的执行机构由哪几部分组成？

三、应用题

请指出图1-32中①～⑥部分的名称。

图 1-32　工业机器人本体

任务二　简单了解机器人的应用

任务导入

目前国际上的机器人学者，根据应用环境的不同将机器人分为三类：制造环境下的工业机器人、非制造环境下的服务与仿人型机器人、网络机器人。图 1-33～图 1-35 所示是工业机器人在人们生活中的应用举例。

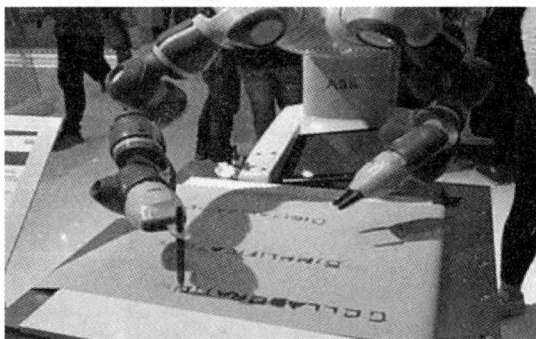

图 1-33　机器人写字

图 1-34　工业机器人在砖厂中的应用

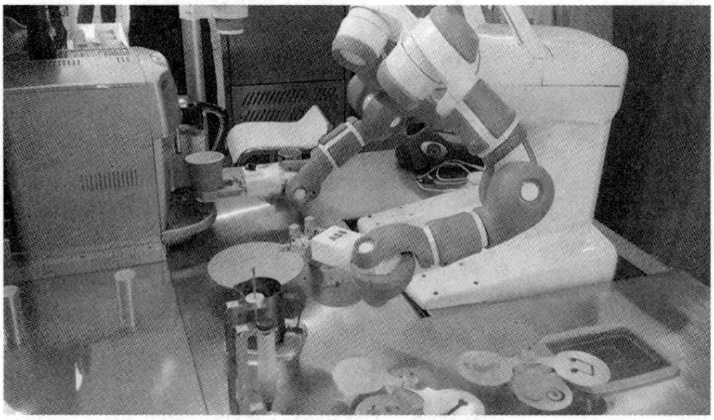

图 1-35　工业机器人倒咖啡

📹 任务目标

知识目标	能力目标
1. 掌握机器人的应用领域	1. 能根据不同的应用选择机器人的种类
2. 掌握机器人的技术参数	2. 能根据不同的应用选择机器人的参数

📹 任务准备

工业机器人参数

> 现场教学　带领学生到工厂的工业机器人边介绍，但应注意安全。最好由技术人员边操作边介绍。

一、技术参数

技术参数是各工业机器人制造商在产品供货时所提供的技术数据。尽管由于工业机器人的结构、用途等有所不同，且用户的要求也不同，各厂商所提供的技术参数项目是不完全一样的，但是，工业机器人的主要技术参数一般都应包括自由度、工作范围、最大工作速度、承载能力、分辨率、精度等。

1. 自由度

自由度是指机器人所具有的独立坐标轴运动的数目，不应包括手爪(末端操作器)的开合自由度。在三维空间中描述一个物体的位置和姿态(简称位姿)需要 6 个自由度。但是，工业机器人的自由度是根据其用途而设计的，可能小于 6 个自由度，也可能大于 6 个自由度。例如，PUMA562 机器人具有 6 个自由度，如图 1-36 所示，可以进行复杂空间曲面的弧焊作业。从运动学的观点看，在完成某一特定作业时具有多余自由度的机器人，就叫做冗余自由度机器人，也可简称为冗余度机器人。例如，PUMA562 机器人去执行印制电路板上接插电子器件的作业时就成为冗余度机器人。利用冗余的自由度，可以增加机器人的灵活性，躲避障碍物和改善动力性能。人的手臂(大臂、小臂、手腕)共有 7 个自由度，所以工作起来很灵巧，手部可回避障碍物，从不同方向到达同一个目的点。

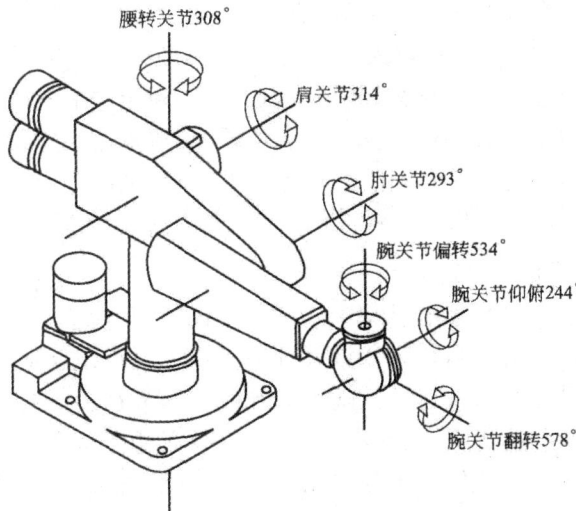

图 1-36 PUMA562 机器人

2. 工作范围

工作范围是指机器人手臂末端或手腕中心所能到达的所有点的集合，也叫做工作区域。因为末端操作器的形状和尺寸是多种多样的，为了真实反映机器人的特征参数，所以是指不安装末端操作器时的工作区域。工作范围的形状和大小是十分重要的，机器人在执行某作业时可能会因为存在手部不能到达的作业死区(deadzone)而不能完成任务。如图 1-37 和图 1-38 所示分别为PUMA 机器人和 A4020 机器人的工作范围。

图 1-37 PUMA 机器人工作范围

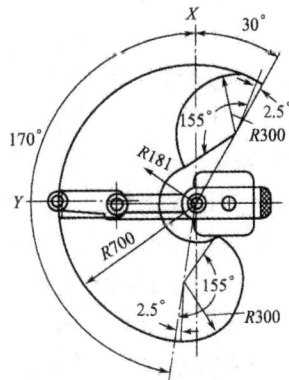

图 1-38 A4020 装配机器人工作范围

✎ 笔记

3．最大工作速度

机器人在保持运动平稳性和位置精度的前提下所能达到的最大速度，也称为额定速度。其某一关节运动的速度称为单轴速度，由各轴速度分量合成的速度称为合成速度。

机器人在额定速度和规定性能范围内，末端执行器所能承受负载的允许值称为额定负载。在限制作业条件下，为了保证机械结构不损坏，末端执行器所能承受负载的最大值称为极限负载。

对于结构固定的机器人，其最大行程为定值，因此额定速度越高，运动循环时间越短，工作效率也越高。而机器人每个关节的运动过程一般包括启动加速、匀速运动和减速制动三个阶段。如果机器人负载过大，则会产生较大的加速度，造成启动、制动阶段时间增长，从而影响机器人的工作效率。对此，就要根据实际工作周期来平衡机器人的额定速度。

4．承载能力

承载能力是指机器人在工作范围内的任何位姿上所能承受的最大重量，通常可以用质量、力矩或惯性矩来表示。承载能力不仅取决于负载的质量，而且与机器人运行的速度和加速度的大小和方向有关。一般在低速运行时，承载能力强。为安全考虑，将承载能力这个指标确定为高速运行时的承载能力。通常，承载能力不仅指负载质量，还包括机器人末端操作器的质量。

5．分辨率

机器人的分辨率由系统设计检测参数决定，并受到位置反馈检测单元性能的影响。分辨率可分为编程分辨率与控制分辨率。编程分辨率是指程序中可以设定的最小距离单位，又称为基准分辨率。控制分辨率是位置反馈回路能检测到的最小位移量。当编程分辨率与控制分辨率相等时，系统性能达到最高。

6．精度

机器人的精度主要体现在定位精度和重复定位精度两个方面。

(1) 定位精度：是指机器人末端操作器的实际位置与目标位置之间的偏差，由机械误差、控制算法误差与系统分辨率等部分组成。

(2) 重复定位精度：在相同环境、相同条件、相同目标动作、相同命令的条件下，机器人连续重复运动若干次时，其位置会在一个平均值附近变化，变化的幅度代表重复定位精度，是关于精度的一个统计数据。因重复定位精度不受工作载荷变化的影响，所以通常用重复定位精度这个指标作为衡量示教再现型工业机器人水平的重要指标。

如图 1-39 所示，为重复定位精度的几种典型情况：图 1-39(a)为重复定位精度的测定；图 1-39(b)为合理的定位精度与良好的重复定位精度；图 1-39(c)为良好的定位精度与很差的重复定位精度；图 1-39(d)为很差的定位精度与良好的重复定位精度。

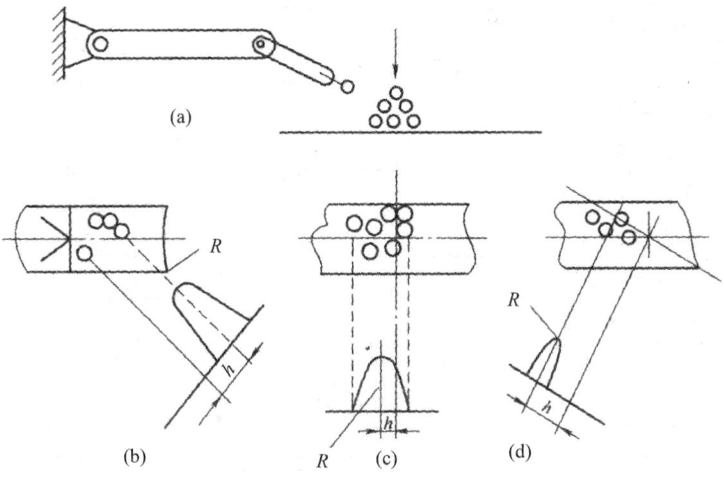

图 1-39　重复定位精度的典型情况

7．其他参数

此外，对于一个完整的机器人还有下列参数描述其技术规格。

(1) 控制方式。控制方式是指机器人用于控制轴的方式，分为伺服或非伺服控制方式，伺服控制方式可以实现连续轨迹或点到点的运动。

(2) 驱动方式。驱动方式是指关节执行器的动力源形式，通常有气动、液压、电动等形式。

(3) 安装方式。安装方式是指机器人本体安装的工作场合的形式，通常有地面安装、架装、吊装等形式。

(4) 动力源容量。动力源容量是指机器人动力源的规格和消耗功率的大小。比如气压的大小、耗气量，液压高低，电压形式与大小、消耗功率等。

(5) 本体质量。本体质量是指机器人在不加任何负载时本体的重量，用于估算运输、安装等。

(6) 环境参数。环境参数是指机器人在运输、存储和工作时需要提供的环境条件，比如温度、湿度、振动、防护等级和防爆等级等。

二、典型机器人的技术参数

如图 1-40 所示的工业机器人的技术参数见表 1-3～表 1-5。

图 1-40　IRB 2600 工业机器人

表 1-3　机器人技术参数

序号	项　目		规　格
1	控制轴数		6
2	负载		12 kg
3	最大到达距离		1850 mm
4	重复定位精度		±0.04 mm
5	重量		284 kg
6	防护等级		IP67
7	最大动作速度 (运动范围)	1 轴	175°/s (±180°)
		2 轴	175°/s (−95°～155°)
		3 轴	175°/s (−180°～75°)
		4 轴	360°/s (±400°)
		5 轴	360°/s (−120°～120°)
		6 轴	360°/s (±400°)
8	可达范围		IRB 2600-12/1.85

表 1-4　控制柜 IRC 5 技术参数

序号	项　目	规　格　描　述
1	控制硬件	多处理器系统 PCI 总线 Pentium ® CPU 大容量存储用闪存或硬盘 备用电源，以防电源故障 USB 存储接口
2	控制软件	对象主导型设计 高级 RAPID 机器人编程语言 可移植、开放式、可扩展 PC-DOS 文件格式 ROBOTWare 软件产品 预装软件，另提供光盘

续表 ✎ 笔记

序号	项 目	规 格 描 述
3	安全性	安全紧急停机 带监测功能的双通道安全回路 3 位启动装置 电子限位开关：5 路安全输出(监测第 1-7 轴)
4	辐射	EMC/EMI 屏蔽
5	功率	4KVA
6	输入电压	AC200V-600V 50～60 Hz
7	防护等级	IP54

表 1-5　示教器技术参数

序号	项 目	规 格
1	材质	强化塑料外壳(含护手带)
2	重量	1 kg
3	操作键	快捷键+操作杆
4	显示屏	彩色图形界面 6.7 英寸触摸屏
5	操作习惯	支持左右手互换
6	外部存储	USB
7	语言	中英文切换

任务实施

一、机器人的应用环境

企业文化

企业表神
务实 专业
协同 奉献

多媒体教学

对于有些在当地找不到的机器人，可以采用视频、动画等多媒体教学。

1. 网络机器人

网络机器人有两类，一类是把标准通信协议和标准人—机接口作为基本设施，再将它们与有实际观测操作技术的机器人融合在一起，即可实现无论何时何地，无论是谁都能使用的远程环境观测操作系统，这就是网络机器人。这种网络机器人是基于 Web 服务器的网络机器人技术，以 Internet 为构架，将机器人与 Internet 连接起来，采用客户端/服务器(C/S)模式，允许用户在远程终端上访问服务器，把高层控制命令通过服务器传送给机器人控制器，同时机器人的图像采集设备把机器人运动的实时图像再通过网络服务器反馈给远端用户，从而达到间接控制机器人的目的，实现对机器人的远程监视和控制。

如图 1-41 所示，另一类网络机器人是一种特殊的机器人，其"特殊"在于网络机器人没有固定的"身体"，网络机器人本质是网络自动程序，它存在于网络程序中，目前主要用来自动查找和检索互联网上的网站和网页内容。

图 1-41　网络机器人(非实体)

2. 林业机器人

如图 1-42 所示的六足伐木机器人除了具有传统伐木机械的功能之外，最大的特点就在于其巨型的昆虫造型了，因此它能够更好地适应复杂的路况，而不至于像轮胎或履带驱动的产品那样行动不便 。

图 1-42　六足伐木机器人

3. 农业机器人

如图 1-43 所示，这款采摘草莓的机器人内置有能够感应色彩的摄像头，可以轻而易举地分辨出草莓和绿叶，利用事先设定的色彩值，再配合独特的机械结构，它就可以判断出草莓的成熟度，并将符合要求的草莓采摘下来。

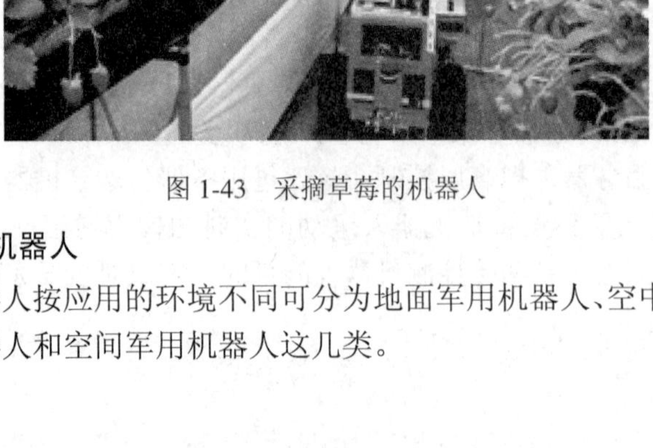

图 1-43　采摘草莓的机器人

4. 军用机器人

军用机器人按应用的环境不同可分为地面军用机器人、空中军用机器人、水下军用机器人和空间军用机器人这几类。

1) 地面军用机器人

所谓地面军用机器人，是指在地面上使用的机器人，它们不仅在和平时期可以帮助民警排除炸弹、完成要地保安任务，在战时还可以代替士兵执行扫雷、侦察和攻击等各种任务。图 1-44 所示的是山东立人智能科技有限公司生产的排爆地面军用机器人。

2) 空中军用机器人

空中机器人一般是指无人驾驶飞机，如图 1-45 所示，一种以无线电遥控或由自身程序控制为主的不载人飞机，机上无驾驶舱，但安装有自动驾驶仪、程序控制装置等设备，广泛用于空中侦察、监视、通信、反潜、电子干扰等。

图 1-44　排爆地面军用机器人

图 1-45　无人驾驶飞机

3) 水下军用机器人

水下军用机器人也称无人遥控潜水器，是一种工作于水下的极限作业机器人，能潜入水中代替人完成某些操作，又称潜水器。图 1-46 所示为"水下龙虾"机器人。

图 1-46　"水下龙虾"机器人

4) 空间军用机器人

从广义上讲，一切航天器都可以称为空间机器人，如宇宙飞船、航天飞机、人造卫星、空间站等。图 1-47 所示是美国的火星探测器，航天界对空间机器人的定义一般是指用于开发太空资源、空间建设和维修、协助空间生产和科学实验、星际探索等方面的带有一定智能的各种机械手、探测小车等应用设备。

在未来的空间活动中，将有大量的空间加工、空间生产、空间装配、空间科学实验和空间维修等工作要做，这样大量的工作是不可能只靠宇航员去完成的，还必须充分利用空间机器人，图1-48所示是空间机器人正在维修人造卫星。

图1-47　美国的火星探测器

图1-48　是空间机器人正在维修人造卫星

5．服务机器人

服务机器人是机器人家族中的一个年轻成员，到目前为止尚没有一个严格的定义。服务机器人的应用范围很广，主要从事维护保养、修理、运输、清洗、保安、救援、消防(图1-49所示是山东立人智能科技有限公司生产的消防机器人)、监护等工作。国际机器人联合会经过几年的搜集整理，给了服务机器人一个初步的定义：服务机器人是一种半自主或全自主工作的机器人，它能完成有益于人类健康的服务工作，但不包括从事生产的设备。这里，我们把其他一些贴近人们生活的机器人也列入其中。

图1-49　消防机器人

二、工业机器人的应用领域

在教师的带领下，让学生到当地工厂中去参观工厂中的工业机器人(若条件不允许，教师可通过视频让学生了解工业机器人)。

工厂参观

1．喷漆机器人

喷涂机器人(如图1-50所示)能在恶劣环境下连续工作，并具有工作灵活、工作精度高等特点，因此被广泛应用于汽车、大型结构件等喷漆生产线，以保证产品的加工质量、提高生产效率、减轻操作人员劳动强度。

图 1-50　喷漆机器人

2．焊接机器人

用于焊接的机器人一般分为如图 1-51 所示的点焊机器人和如图 1-52 所示的弧焊机器人两种。弧焊接机器人作业精确，可以连续不知疲劳地进行工作，但在作业中会遇到部件稍有偏位或焊缝形状有所改变的情况，人工作业时，因能看到焊缝，可以随时作出调整，而焊接机器人因为是按事先编号的程序工作，不能很快调整。

图 1-51　Fanuc S-420 点焊机器人

图 1-52　弧焊机器人实例

3．上下料机器人

图 1-53 所示为数控机床用上下料机器人，目前我国大部分生产线上的机床装卸工件仍由人工完成，其劳动强度大，生产效率低，而且具有一定的危险性，已经满足不了生产自动化的发展趋势，为提高工作效率，降低成本，并使生产线发展为柔性生产系统，应现代机械行业自动化生产的要求，越来越多的企业已经开始利用工业机器人进行上下料了。

图 1-53　数控机床用上下料机器人

4．装配机器人

装配机器人(如图 1-54 所示)是专门为装配而设计的工业机器人，与一般工业机器人比较，它具有精度高、柔顺性好、工作范围小、能与其他系统配套使用等特点。使用装配机器人可以保证产品质量，降低成本，提高生产自动化水平。

(a) 装配工业机器人　　　　　　　　(b) 装配工业机器人的应用

图 1-54　装配工业机器人

5．搬运机器人

在建筑工地或海港码头，总能看到大吊车的身影，应当说吊车装运比起早期工人肩扛手抬已经进步多了，但这只是机械代替了人力，或者说吊车只是机器人的雏形，它还得完全依靠人操作和控制定位等，不能自主作业。图 1-55 所示的搬运机器人可进行自主的搬运。当然，有时也可应用机械手进行搬运，图 1-56 所示就是山东立人智能科技有限公司生产的机械手。

图 1-55　搬运机器人

图 1-56　机械手

6. 码垛工业机器人

码垛工业机器人(如图 1-57 所示)，主要用于工业码垛。

7. 包装机器人

包括计算机、通信和消费性电子行业的 3C 行业以及化工、食品、饮料、药品工业是包装机器人的主要应用领域，图 1-58 所示是包装机器人在工作。3C 行业的产品产量大、周转速度快、成品包装任务繁重；化工、食品、饮料、药品包装由于行业特殊性，人工作业涉及安全、卫生、清洁、防水、防菌等方面的问题，因此一般采用工业机器人来完成。

图 1-57　码垛工业机器人

图 1-58　包装机器人在工作

8. 喷丸机器人

图 1-59 所示的喷丸机器人比人工清理效率高出 10 倍以上，而且利用机器人可以使工人可以避开污浊、嘈噪的工作环境，操作者只要改变计算机程序，就可以轻松改变不同的清理工艺。

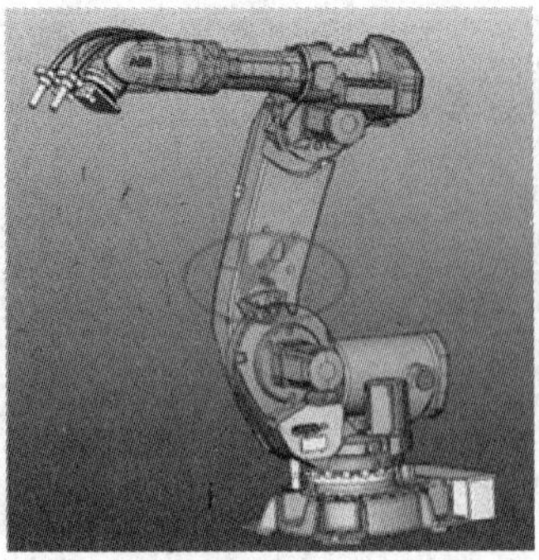

(a) 喷丸机器人 　　　　　　　　　(b) 喷丸机器人的应用

图 1-59　喷丸机器人

9．吹玻璃机器人

类似灯泡一类的玻璃制品在制作过程中，都是先将玻璃熔化，然后人工吹起成形的，融化的玻璃温度高达 1100℃以上，无论是搬运，还是吹制，不仅劳动强度很大，而且有害身体，工作的技术难度要求还很高。法国赛博格拉斯公司开发了两种 6 轴工业机器人，应用于采集(搬运)和吹制玻璃两项工作。

10．核工业中的机器人

核工业机器人(如图 1-60 所示)主要用于以核工业为背景的危险、恶劣场所，特别是核电站、核燃料后处理厂及三废处理厂等放射性环境现场，可以对其核设施中的设备装置进行检查、维修和简单事故处理等工作。

图 1-60　核工业中的机器人

11．机械加工工业机器人

这类机器人具有加工能力，本身具有加工工具，比如刀具等。这些加工工具的运动是由工业机器人的控制系统控制的。主要用于切割(图 1-61)、去

毛刺(图 1-62(a))与轻型加工(图 1-62(b))、抛光与雕刻等。这样的加工比较复杂,一般采用离线编程来完成。这类工业机器人有的已经具有了加工中心的某些特性,如刀库等。图 1-63 所示的雕刻工业机器人的刀库如图 1-64 所示。这类工业机器人的机械加工能力是远远低于数控机床的,因为刚度、强度等都没有数控机床好。

图 1-61 激光切割机器人工作站

(a) 去毛刺机器人工作站

(b) 轻型加工机器人工作站

图 1-62 机器人工作站

图 1-63　雕刻工业机器人

图 1-64　雕刻工业机器人的刀库

查一查：工业机器人还有哪些应用？

三、工业机器人的应用案例

这里以工业机器人在汽车制造中的应用为例来介绍。

在整车制造的四大车间(冲压、焊接、涂装和总装)中，机器人广泛应用于搬运、焊接、涂敷和装配工作。如果与不同的加工设备配合，工业机器人几乎可以做整车生产中的所有工作，例如：点焊、MIG 焊、激光焊接、螺柱焊、打孔、打磨、涂胶和搬运等工作。利用机器人可以大大提高生产节奏，减少工位，提高车身质量。以下简要介绍这些机器人在轿车生产线上的应用。

1．机器人搬运

机器人搬运是指由机器人操纵专用抓手或者吸盘，快捷地抓取零件，准确地移动大型零件，并将零件放置到位而不会损坏零件表面。例如：在冲压生产线各压机间采用机器人来搬运零件；在车身底板、侧围和总拼等大型零件的定位焊中，零件定位时基本上都采用机器人抓取零件

2．机器人点焊

机器人点焊是指由机器人操纵各种点焊焊枪，实施点焊焊接。机器人可以操纵重达 150 kg 的大型焊钳对底板等零件进行点焊。也可以利用微型焊钳对车身总拼(如：侧围和后轮罩连接等空间小而且位置复杂的焊点)进行焊接，通过切换系统可以更换焊枪，进行各种位置的点焊，焊点的质量高且质量稳定，焊接速度快。一般对于简单位置的焊接，焊接速度可达每点 2～3 s，对于复杂位置可达每点 3～4 s。

3．机器人弧焊

对于薄板而言，机器人可以很方便地进行仰焊、立焊等各种位置的弧焊。机器人弧焊对零件的装配精度和重复制造精度有一定要求，当零件装配间隙不均匀或不平整时，容易产生焊接缺陷。

4．机器人激光焊接

机器人激光焊接系统由激光器、冷却系统、热交换器、光缆转换器、激光电缆、激光加工镜组和机器人等部分组成。例如：在 POLO 两厢车身骨架

焊接中，由两台激光源通过光缆转换器分别为 5 台机器人所带的激光头提供激光输入。由于激光焊接对焊接位置和零件配合要求较高，因此，对机器人重复精度要求也高，一般要高于±0.1mm。激光焊接机器人系统及焊缝成形如图 1-65 所示。

车身底板分段激光焊

图 1-65　激光焊接机器人系统及焊接成形

5. 机器人螺栓焊接

由机器人操纵螺栓焊枪对螺栓进行焊接，也可以进行空间全方位的焊接。机器人螺栓焊接具有位置精度高、焊接质量高、焊接速度快和质量稳定的特点。每焊一个螺钉一般只需 2～3 s。

6. 机器人 TOX 压铆连接

机器人 TOX 压铆连接是可塑性薄板的不可拆卸式冲压点连接技术的国际注册名称，它采用 TOX 气液增力缸式冲压设备及标准连接模具，在一个气液增力的冲压过程中，依据板件本身材料的挤压塑性变形，而使两个板件在挤压处形成一个互相镶嵌的圆形连接点，由此将板件点连接起来。POLO 车身的前盖及后盖广泛使用了 TOX 压铆技术，以 TOX 压铆技术连接完全取代了电阻点焊连接，生产过程无飞溅、无烟尘、无噪声，生产效率达到点焊速度(每焊接一个焊点约 3 s)，并且连接点质量稳定可靠，不受电极头磨损情况的影响，效果非常好。

7. 机器人测量打孔

机器人测量打孔系统主要由测量系统、打孔整形焊枪及机器人组成。它是一种新型的测量技术，包括数据采集系统(照相机等)和数据处理系统(PC等)。数据采集系统对装配型面进行三维数据采样，数据处理系统对采样数据与标准模型进行比较分析，从而决定最佳的位置、角度及方向，并将结果反馈给机器人。在机器人控制打孔整形枪完成在零件上打孔整形的过程中，由于机器人具有高精度(±0.1 mm)，从而保证了整套系统正常运行。

8. 机器人涂胶系统

机器人涂胶系统主要由涂胶泵、涂胶枪等组成。机器人操纵涂胶枪可以精确地控制黏结剂(车身上主要使用点焊胶)流量，进行各种复杂形状和空间位置的涂敷，涂敷快速而稳定。

机器人还可应用在更多的领域，如激光钎焊、装配、卷边、测量、检验和自动喷漆等。

在汽车制造中所用到的工业机器人以焊接机器人为主，当然，也用到其他工业机器人。汽车车身装焊包括车架、地板(底板)、侧围、车门及车身总成合焊等，在装焊生产过程中大量采用了电阻点焊工艺。据统计，每辆汽车车身上有 3000～4000 个点焊焊点。在汽车车身装焊工艺中，点焊工艺处于主导地位，点焊技术的应用实现了汽车车身制造的量产化与自动化。

📷 任务扩展

机器人在新领域中的应用

1. 医用机器人

医用机器人是一种智能型服务机器人，它能独自编制操作计划，依据实际情况确定动作程序，然后把动作变为操作机构的运动。因此，它有广泛的感觉系统、智能、模拟装置(周围情况及自身——机器人的意识和自我意识)，从事医疗或辅助医疗工作。

医用机器人种类很多，按照其用途不同，有运送物品机器人、移动病人机器人(见图1-66)、临床医疗用机器人(见图 1-67)和为残疾人服务机器人(见图 1-68)、护理机器人、医用教学机器人等。

图 1-66　移动病人机器人

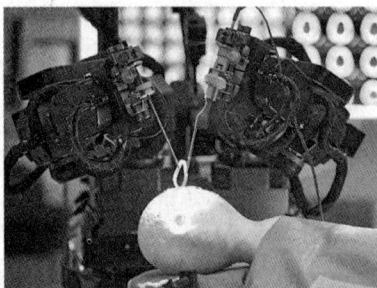

图 1-67　做开颅手术的机器人

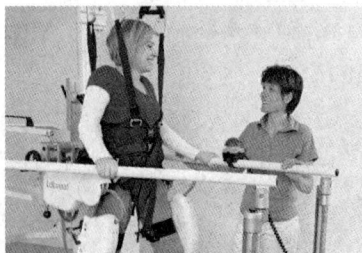

图 1-68　MGT 型下肢康复训练机器人

2. 其他机器人

其他方式的服务机器人包括健康福利服务机器人、公共服务机器人(见图1-69)、家庭服务机器人(见图 1-70)、娱乐机器人(见图 1-71)、建筑工业机器人(见图 1-72)与教育机器人等。图 1-73 为送餐机器人，送餐也可以用小车，如图 1-74 所示。当然，类似的设备还有如图 1-75、图 1-76 所示的设备，也可以归为机器人的一种。

图 1-69 保安巡逻机器人

图 1-70 家庭清洁机器人

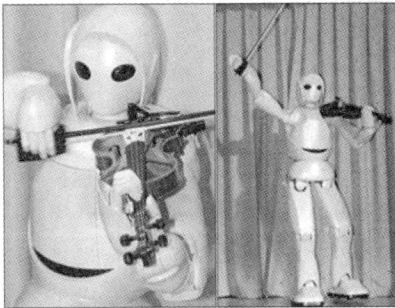

图 1-71 演奏机器人

图 1-72 建筑机器人

图 1-73 送餐机器人

图 1-74 送餐小车

图 1-75 自动旅行箱

图 1-76 AGV 小车

　　高压巡线也是一项危险性较高的工种，工作人员需攀爬高压线设备进行安全巡视，而通过借助高压线作业机器人(图 1-77 所示为变电站巡视机器人)来帮助工作人员进行高压线巡视，不仅省时省力，还能有效保障工作人员的生命安全。

图 1-77　变电站巡视机器人

　　再比如墙壁清洗机器人(如图 1-78 所示)、爬缆索机器人(如图 1-79 所示)以及管内移动机器人等。这些机器人都是根据某种特殊目的设计的特种作业机器人，为帮助人类完成一些高强度、高危险性的工作。

图 1-78　墙壁清洗机器人

图 1-79　爬缆索机器人

📹 任务巩固

(1) 简述工业机器人的应用。

(2) 工业机器人焊接工作站有哪几种？

(3) 上网查询工业机器人的应用。

任务三　工业机器人的维护

📹 任务导入

　　图 1-80 所示的工业机器人在具有严重粉尘的空间中应用，必须对其进行

维护，否则将大幅度降低其寿命。当然，在正常环境下应用工业机器人也应定期对其进行维护。

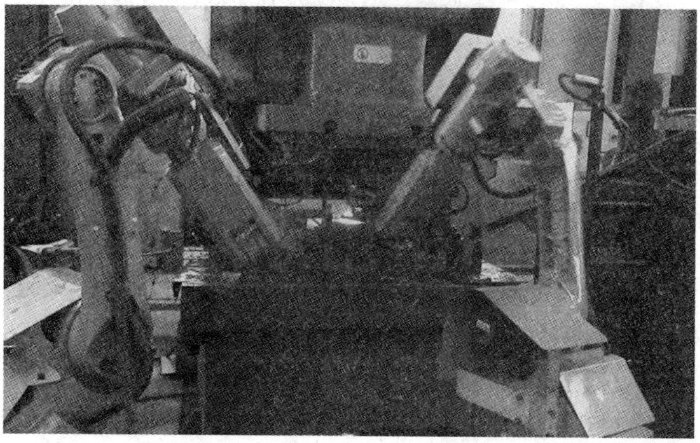

图 1-80　锻造车间中的工业机器人

任务目标

知识目标	能力目标
1. 掌握机器人的机械结构维护知识 2. 掌握机器人的电气系统维护知识 3. 掌握机器人液路设备的维护知识 4. 了解机器人周边设备的维护知识 5. 知道清洁工业机器人的原则	1. 能检查机器人系统的紧固件是否松动，连接件磨损状况 2. 能检查机器人继电器等电气元件的工作状态 3. 能检查接线端子是否发热、发黑、松动 4. 能对机器人液压系统进行常规检查 5. 能对机器人液压系统进行维护 6. 能加润滑脂与润滑油

任务准备

工业机器人的安全符号

把学生带到工业机器人边介绍。本任务介绍的是 ABB 工业机器人的安全符号，在给学生介绍时，应根据当地应用机器人的不同，采用不同的工业机器人。

不同型号的工业机器人其安全符号是不同的，现以 ABB 工业机器人为例介绍，表 1-6 为 ABB 工业机器人的安全符号。

现场教学

✍ 笔记

表 1-6　ABB 工业机器人的安全符号

序号	标　志	名　称	说　明
1		警告	警告如果不依照说明操作,可能会发生事故,造成严重的伤害(可能致命)和/或重大的产品损坏。该标志适用于以下险情: 触碰高压电气单元、爆炸、火灾、吸入有毒气体、挤压、撞击、高空坠落等
2		注意	警告如果不依照说明操作,可能会发生能造成伤害和/或产品损坏的事故。该标志适用于以下险情: 灼伤、眼部伤害、皮肤伤害、听力损伤、挤压或滑倒、跌倒、撞击、高空坠落等。此外,它还适用于某些涉及功能要求的警告消息,即在装配和移除设备过程中出现有可能损坏产品或引起产品故障的情况时,就会采用这一标志
3		禁止	与其他标志组合使用
4		参阅用户文档	请阅读用户文档,了解详细信息。 符号所定义的要阅读的手册,一般为产品手册
5		参阅产品手册	在拆卸之前,请参阅产品手册
6		不得拆卸	拆卸此部件可能会导致伤害
7		旋转更大	此轴的旋转范围(工作区域)大于标准范围
8		制动闸释放	按此按钮将会释放制动闸。这意味着操纵臂可能会掉落
9		拧松螺栓有倾翻风险	如果螺栓没有固定牢靠,操纵器可能会翻倒
10		挤压	存在挤压伤害风险
11		高温	存在可能导致灼伤的高温风险

续表一

笔记

序号	标 志	名 称	说 明
12	 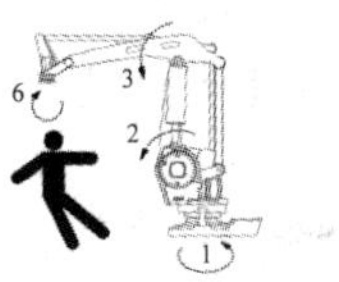	机器人移动	机器人可能会意外移动
13	 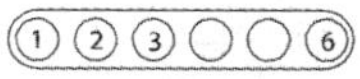	制动闸释放按钮	制动闸释放按钮
14		吊环螺栓	吊环螺栓
15		带缩短器的吊货链	带缩短器的吊货链
16		机器人提升	机器人提升
17		润滑油	如果不允许使用润滑油,则可与禁止标志一起使用
18		机械挡块	机械挡块
19		无机械制动器	无机械制动器
20		储能	警告此部件蕴含储能。与不得拆卸标志一起使用
21		压力	警告此部件承受了压力。通常另外印有文字,标明压力大小
22		使用手柄关闭	使用控制器上的电源开关

企业文化

关注基础,脚踏实地,崇尚实干,讲求实效。

笔记

任务实施

一、维护标准

教师讲解

1. 间隔说明

不同的工业机器人维护时间间隔是有差异的，表1-7对某工业机器人对所需的维护活动和时间间隔进行了明确说明。

表1-7　维护标准

序号	维护活动	部　位	间　隔
1	清洁	机器人	随时
2	检查	轴1齿轮箱，油位	6个月
3	检查	轴2和3齿轮箱，油位	6个月
4	检查	轴6齿轮箱，油位	6个月
5	检查	机器人线束	12个月[1]
6	检查	信息标签	12个月
7	检查	机械停止，轴1	12个月
8	检查	阻尼器	12个月
9	更换	轴1齿轮油	当DTC[2]读数达6000小时时进行第一次更换。当DTC[2]读数达到20 000小时时进行第二次更换。随后的更换时间间隔为20 000小时
10	更换	轴2齿轮油	
11	更换	轴3齿轮油	
12	更换	轴6齿轮油	
13	大修	机器人	30 000小时
14	更换	SMB电池组	低电量警告[3]
15	检查	信号灯	12个月
16	更换	电缆线束	30 000小时[4]（不包括选装上臂线束）
17	更换	齿轮箱[5]	30 000小时

注：① 检测到组件损坏或泄漏，或发现其接近预期组件使用寿命时，更换组件。

② DTC：运行计时器。显示机器人的运行时间。

③ 电池的剩余后备容量(机器人电源关闭)不足2个月时，将显示低电量警告(38213电池电量低)。通常，如果机器人电源每周关闭2天，则新电池的使用寿命为36个月，而如果机器人电源每天关闭16小时，则新电池的使用寿命为18个月。对于较长的生产中断，通过电池关闭服务例行程序可延长使用寿命(大约3倍)。

④ 严苛的化学或热环境，或类似的环境可导致预期使用寿命缩短。

⑤ 根据应用的不同，使用寿命也可能不同。为单个机器人规划齿轮箱维修时，集成在机器人软件中的Service Information System (SIS)可用作指南。此原则适用于轴1、2、3和6上的齿轮箱。在某些应用(如铸造或清洗)中，机器人可能会暴露在化学物质、高温或湿气中，这些都会对齿轮箱的使用寿命造成影响。

2．清洁机器人

根据实际情况，让学生在教师的指导下进行换油。

1）注意事项

清洁机器人时必须注意和遵守规定的指令，以免造成损坏，这些指令仅针对机器人。清洁设备部件、工具以及机器人控制系统时，必须遵守相应的清洁说明。

使用清洁剂和进行清洁作业时，必须注意以下事项：

(1) 仅限使用不含溶剂的水溶性清洁剂。

(2) 切勿使用可燃性清洁剂。

(3) 切勿使用强力清洁剂。

(4) 切勿使用蒸汽和冷却剂进行清洁。

(5) 不得使用高压清洁装置清洁。

(6) 清洁剂不得进入电气或机械设备部件中。

(7) 注意人员保护。

2）操作步骤

(1) 停止运行机器人。

(2) 必要时停止并锁住邻近的设备部件。

(3) 如果为了便于进行清洁作业而需要拆下罩板，则将其拆下。

(4) 对机器人进行清洁。

(5) 从机器人上重新完全除去清洁剂。

(6) 清洁生锈部位，然后涂上新的防锈材料。

(7) 从机器人的工作区中除去清洁剂和装置。

(8) 按正确的方式清除清洁剂。

(9) 将拆下的防护装置和安全装置全部装上，然后检查其功能是否正常。

(10) 更换已损坏、不能辨认的标牌和盖板。

(11) 重新装上拆下的罩板。

(12) 仅将功能正常的机器人和系统重新投入运行。

3）用布擦拭

食品行业中高清洁等级的食品级润滑机器人在清洁后，确保没有液体流入机器人或滞留在缝隙或表面。

4）用水和蒸汽清洁

防护类型 IP67(选件)的 IRB 1200 可以用水冲洗(水清洗器)的方法进行清洁，但需满足以下操作条件。

(1) 喷嘴处的最大水压不超过 $700 \ kN/m^2$(7 bar,标准的水龙头水压和水流)。

(2) 应使用扇形喷嘴，最小散布角度为 45°。

(3) 从喷嘴到封装的最小距离为 0.4 m。

(4) 最大流量为 20 L/min。

笔记

5) 电缆

可移动电缆需要能自由移动。如果沙、灰和碎屑等废弃物妨碍电缆移动，则将其清除。如果发现电缆有硬皮，则要马上进行清洁。

现场教学　　根据本单位的条件，让学生现场观看，并让学生参与进来，但应注意安全。

二、检查

1. 检查齿轮箱油位

(1) 关闭机器人电源、液压源、气压源，然后再进入机器人工作区域。

(2) 打开检查油塞。

(3) 检查所需的油位：1、2、3 轴齿轮箱油塞孔下最多 5 mm。6 轴所需的油位：电机安装表面之下 23 mm ± 2 mm。

(4) 根据需要加油。

(5) 重新装上检查油塞。

2. 检查电缆线束

1) 电缆线束位置

机器人轴 1~6 的电缆线束位置如图 1-81 所示。

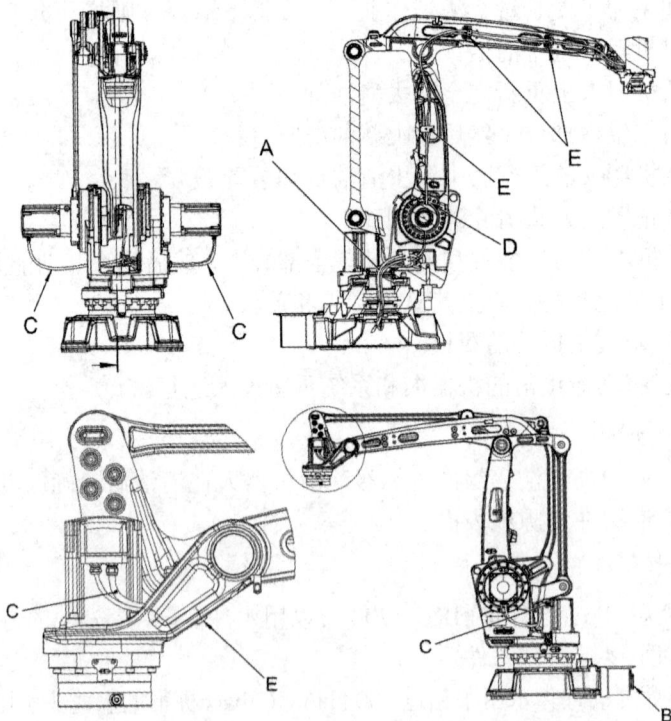

A—机器人电缆线束，轴 1-6；B—底座上的连接器；C—电机电缆；

D—电缆导向装置，轴 2；E—金属夹具

图 1-81　机器人电缆线束位置

2) 检查电缆线束步骤

(1) 关闭连接到机器人的电源、液压源、气压源,然后再进入机器人工作区域。

(2) 对电缆线束进行全面检查,以检测磨损和损坏情况。

(3) 检查底座上的连接器。

(4) 检查电机电缆。

(5) 检查电缆导向装置,轴 2。如有损坏,将其更换。

(6) 检查下臂上的金属夹具。

(7) 检查上臂内部固定电缆线束的金属夹具,如图 1-82 所示。

(8) 检查轴 6 上固定电机电缆的金属夹具。

(9) 如果检测到磨损或损坏,则请更换电缆线束。

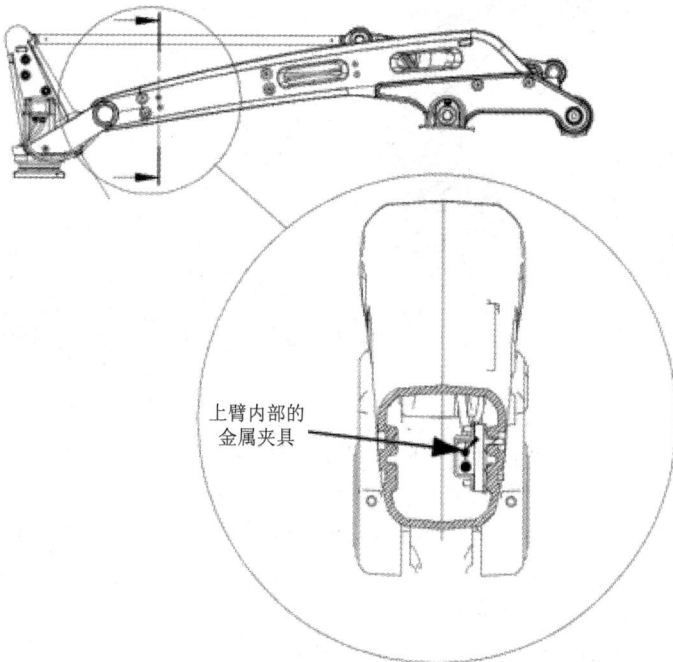

上臂内部的
金属夹具

图 1-82　上臂内部固定电缆
线束的金属夹具

3. 检查信息标签

1) 标签位置

标签位置(见图 1-83)。

2) 检查标签步骤

(1) 关闭连接到机器人的电源、液压源、气压源,然后再进入机器人工作区域。

(2) 检查位于图示位置的标签。

(3) 更换所有丢失或受损的标签。

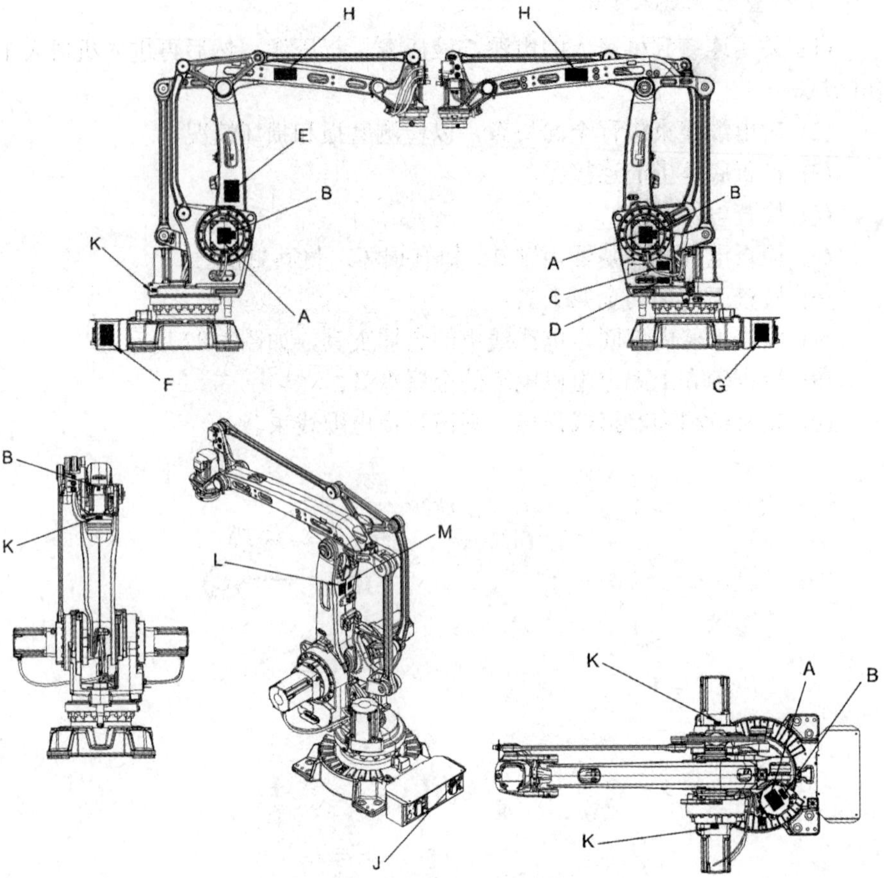

A—警告标签"高温"(位于电机盖上)，3HAC4431-1 (3 pcs)；

B—警告标签，闪电符号(位于电机盖上)，3HAC1589-1 (4 pcs)；

C—组合警告标签"移动机器人"、"用手柄关闭"和"拆卸前参阅产品手册"，3HAC17804-1；

D—组合警告标签"制动闸释放"、"制动闸释放按钮"和"移动机器人"，3HAC8225-1；

E—起吊机器人的说明标签，3HAC039135-001；

F—警告标签"拧松螺栓时的翻倒风险"，3HAC9191-1；

G—底座上的规定了向齿轮箱注入哪种油的信息标签，3HAC032906-001；

H—ABB 标识，3HAC17765-2 (2 pcs)；

J—UL 标签，3HAC2763-1；

K—每个齿轮箱旁边的规定齿轮箱使用哪种油的信息标签，3HAC032726- 001(4 pcs)；

L—序列号标签；

M—校准标签。

图 1-83　标签位置

4．检查额外的机械停止

1) 机械停止的位置

图 1-84 显示轴 1 上额外的机械停止的位置。

A—额外的机械停止,轴 1;

B—连接螺钉和垫圈(2 pcs);

C—固定的机械停止;

D—机械停止销,轴 1

图 1-84 轴 1 上额外的机械停止的位置

2) 检查机械停止步骤

(1) 关闭连接到机器人的电源、液压源、气压源,然后再进入机器人工作区域。

(2) 检查轴 1 上的额外机械停止是否受损。

(3) 确保机械停止安装正确。轴 1 机械停止的正确拧紧转矩为 115 Nm。

(4) 如果检测到任何损伤,则必须更换机械停止!轴 1 的连接螺钉为 M12 ×40,质量等级为 12.9。

5. 检查阻尼器

1) 阻尼器的位置

阻尼器的位置如图 1-85 所示。

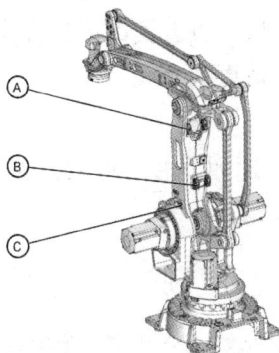

A—阻尼器,下臂上部(2 pcs);

B—阻尼器,下臂下部(2 pcs);

C—阻尼器,轴 2(2 pcs);

D—阻尼器,轴 3(2 pcs)(图中不可见)

图 1-85 阻尼器的位置

2) 检查阻尼器

(1) 关闭连接到机器人的电源、液压源、气压源,然后再进入机器人工作区域。

(2) 检查所有阻尼器是否受损、破裂或存在大于 1 mm 的印痕。

(3) 检查连接螺钉是否变形。

(4) 如果检测到任何损伤,必须用新的阻尼器更换受损的阻尼器。

🐾 课程思政

三大任务

推进现代化建设、完成祖国统一、维护世界和平与促进共同发展。

笔记

6. 检查信号灯(选件)

1) 信号灯的位置

信号灯的位置如图 1-86 所示。

A—信号灯支架；

B—连接螺钉 M8×12 和支架(2 pcs)；

C—电缆带(2 pcs)；

D—电缆接头盖；

E—电机适配器(包括垫圈)；

F—连接螺钉，M6×40(1 pc)

x - x

图 1-86 信号灯的位置

2) 检查信号灯的步骤

(1) 当电机运行时("MOTORS ON")，检查信号灯是否常亮。

(2) 关闭连接到机器人的电源、液压源、气压源，然后再进入机器人工作区域。

(3) 如果信号灯未常亮，请通过以下方式查找故障：

① 检查信号灯是否已经损坏。如已损坏，请更换该信号灯。

② 检查电缆连接。

③ 测量在轴 6 电机连接器处的电压，查看该电压是否等于 24V。

④ 检查布线。如果检测到故障，请更换布线。

7. 检查同步带

有的工业机器人采用同步带传动，比如 IRB1200 机器人的同步带位置如图 1-87 所示。其步骤如表 1-8 所示。

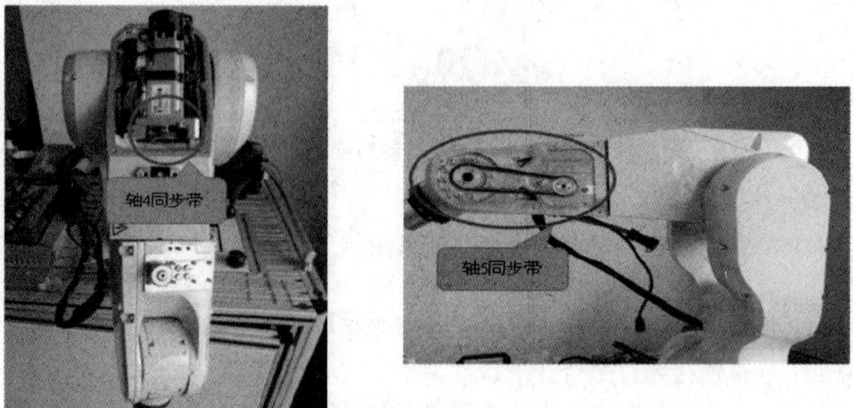

图 1-87 同步带的位置

表 1-8　检查同步带步骤

步骤	操　作	注　释
1	关闭连接到机器人的所有电源、液压供应系统、气压供应系统	
2	卸除盖子即可看到每条同步带	应用 2.5 mm 内六角圆头扳手，长 110 mm
3	检查同步带是否损坏或磨损	
4	检查同步皮带轮是否损坏	
5	如果检查到任何损坏或磨损，则必须更换该部件	
6	检查每条皮带的张力。如果皮带张力不正确，应进行调整	轴 4：F=30 N 轴 5：F=26 N

根据实际情况，让学生在教师的指导下进行换油。

三、换油

1. 机器人底座处的标签

机器人底座处的标签显示所有齿轮箱用油的类型，如图 1-88 所示。

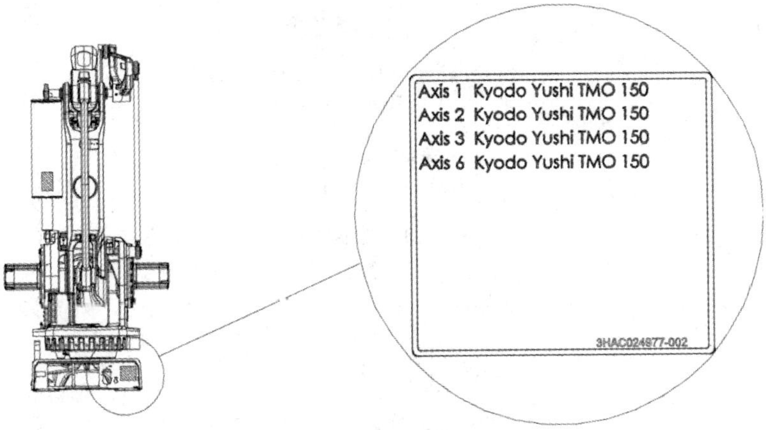

图 1-88　机器人底座处的标签

2. 位置

轴 1 齿轮箱位于机架和底座之间，详情如图 1-89 所示，排油塞如图 1-90 所示。轴 2 和轴 3 的齿轮箱位于电机连接处下方和下臂旋转中心处。图 1-91 显示轴 2 齿轮箱的位置。图 1-92 显示轴 3 齿轮箱的位置。轴 6 齿轮箱位于倾斜机壳装置的中心，如图 1-93 所示。

A—查油塞；

B—注油塞

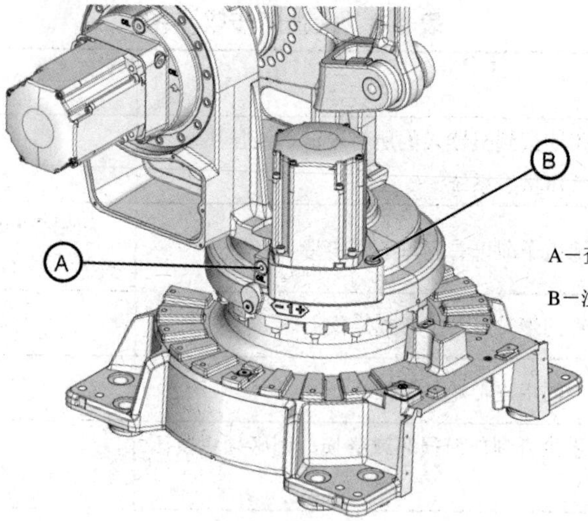

图 1-89　轴 1 齿轮箱位置

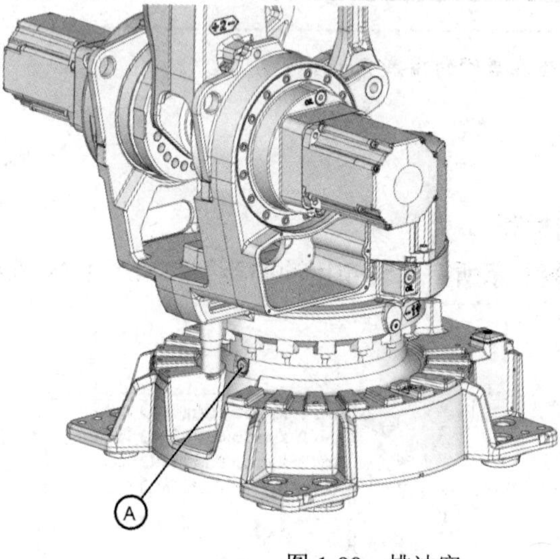

A—排油塞

图 1-90　排油塞

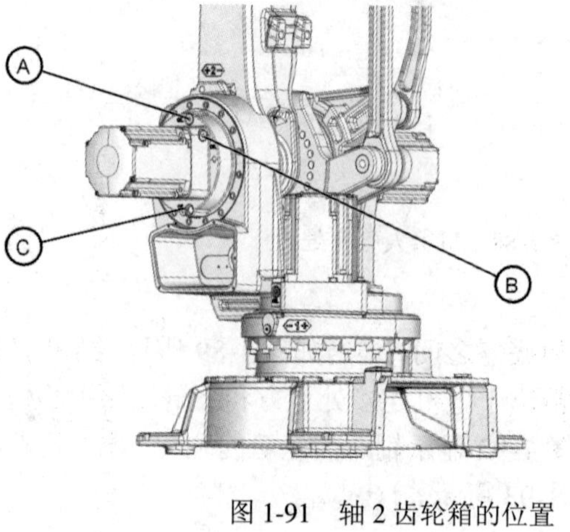

A—轴 2 齿轮箱通风孔塞；

B—注油塞；

C—排油塞

图 1-91　轴 2 齿轮箱的位置

A—轴 2 齿轮箱通风孔塞；

B—注油塞；

C—排油塞

图 1-92　轴 3 齿轮箱的位置

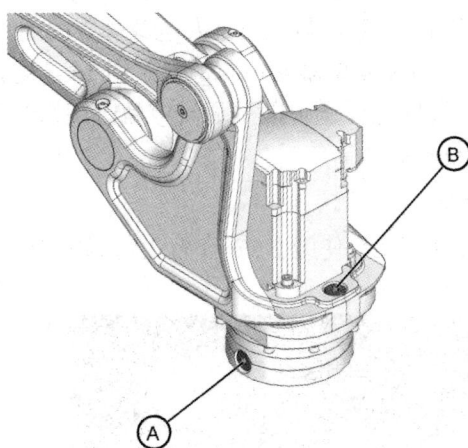

A—排油塞；

B—注油塞

图 1-93　轴 6 齿轮箱的位置

工匠精神

首先是工匠精神资源在传承与创新的基础上，吸收不同的元素进行融合发展；其次是工匠精神资源及其要素，进行跨界融合发展，如工匠精神要素与当代设计文化进行融合发展，与当代市场与不同的产业业态融合发展就是一个重要的路径。

3．轴 1～轴 3 排油操作步骤

(1) 关闭连接到机器人的电源、液压源、气压源，然后再进入机器人工作区域。

(2) 对于轴 1 来说，卸下注油塞，可让排油速度加快。对于轴 2、3 来说，卸下通风孔塞。

(3) 卸下排油塞并用带油嘴和集油箱的软管排出齿轮箱中的油。

(4) 重新装上油塞。

4．轴 6 排油操作步骤

(1) 将倾斜机壳置于适当的位置。

(2) 关闭连接到机器人的电源、液压源、气压源，然后再进入机器人工作区域。

(3) 通过卸下排油塞，将润滑油排放到集油箱中。同时卸下注油塞。

(4) 重新装上排油塞和注油塞。

5. 轴1～轴6注油操作步骤

(1) 关闭连接到机器人的电源、液压源、气压源，然后再进入机器人工作区域。

(2) 对于轴1、6来说，打开注油塞。对于轴2、3来说，同时还应拆下通风孔塞。

(3) 向齿轮箱重新注入润滑油。需重新注入的润滑油量取决于之前排出的润滑油量。

(4) 对于轴1、6来说，重新装上注油塞。对于轴2、3来说，应重新装上注油塞和通风孔塞。

四、更换电池组

电池的剩余后备电量(机器人电源关闭)不足2个月时，将显示电池低电量警告(38213 电池电量低)。通常，如果机器人电源每周关闭2天，则新电池的使用寿命为36个月，而如果机器人电源每天关闭16小时，则新电池的使用寿命为18个月。对于较长的生产中断，通过电池关闭服务例行程序可延长使用寿命(大约提高使用寿命3倍)。

1. 更换电池组的准备

电池组的位置如图1-94所示，使用2.5 mm内六角圆头扳手，长 110 mm；刀具；塑料扎带等。

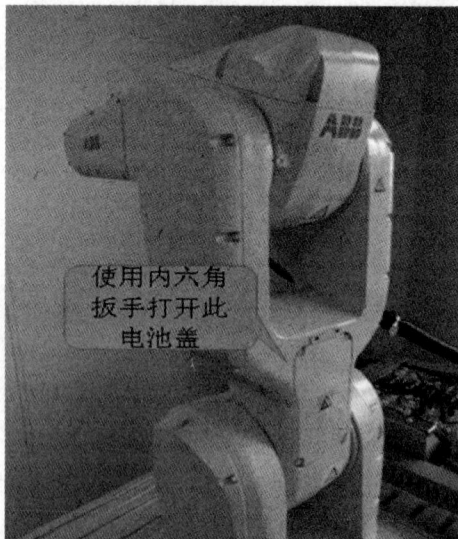

图1-94 电池组的位置

将机器人各个轴调至其零位位置，以便于转数计数器更新。并关闭连接到机器人的所有电源、液压供应系统、气压供应系统。

2. 卸下电池组

卸下电池组的操作如表 1-9。

表 1-9　卸下电池组

步骤	操　作	图　示
1	确保电源、液压和压缩空气都已经全部关闭	—
2	该装置易受 ESD 影响，应释放静电	—
3	对于 Clean Room 版机器人，在拆卸机器人的零部件时，请务必使用刀具切割漆层以免漆层开裂，并打磨漆层毛边以获得光滑表面	—
4	卸下下臂连接器盖的螺钉并小心地打开盖子。注意盖子上连着的线缆	
5	拔下 EIB 单元的 R1.ME1-3、R1.ME4-6 和 R2.EIB 连接器	
6	断开电池线缆	
7	割断固定电池的线缆扎带并从 EIB 单元取出电池 注意：电池包含保护电路。请只使用规定的备件或 ABB 认可的同等质量的备件进行更换	

3. 重新安装电池组

重新安装电池组如表 1-10。

笔记

表 1-10 重新安装电池组

步骤	操 作	注 释
1	该装置易受 ESD 影响，应释放静电	—
2	Clean Room 版机器人：清洁已打开的接缝	—
3	安装电池并用线缆捆扎带固定 注意：电池包含保护电路。只使用规定的备件或 ABB 认可的同等质量的备件进行更换	
4	连接电池线缆	
5	重新连接 EIB 单元的 R1.ME1-3、R1.ME4-6 和 R2.EIB 连接器	
6	用螺钉将 EIB 盖装回到下臂 螺钉：M3×8 拧紧转矩：1.5Nm 注意：请只使用原来的螺钉，切勿用其他螺钉替换	
7	Clean Room 版机器人：密封和对盖子与本体的接缝进行涂漆处理 注意：完成所有维修工作后，用蘸有酒精的无绒布擦掉机器人上的颗粒物	

4. 其他操作

更新转数计数器。对于 Clean Room 版机器人：清洁打开的关节相关部位并将其涂漆。完成所有工作后，用蘸有酒精的无绒布擦掉 Clean Room 机器人上的颗粒物。

要确保在执行首次试运行时，满足所有安全要求。

📹 **任务扩展**

测量和调整齿形带张力

现在有的工业机器人还采用同步齿形带，故测量和调整其张力就显得尤为重要。现以测量和调整 KUKA 工业机器人 A5 和 A6 齿形带张力为例来介绍。

轴 A5 和 A6 齿形带张力测量和调整方法都相同。轴 5 处于水平位置。轴 6 上没有安装工具。

注意：机器人意外运动可能会导致人员受伤及设备损坏。如果在可运行的机器人上作业，则必须通过操作紧急停止装置锁定机器人。在重新投入运行开始前应向参与工作的相关人员发出警示。

👨‍🎓 **说明**：如果要在机器人停止运行后立即测量和调整齿形带张力，则必须考虑到齿形带表面温度可能会导致烫伤，要戴上防护手套。

测量和调整齿形带张力的步骤如下：

(1) 将 7 根半圆头法兰螺栓 M3×10-10.9 从盖板上拧出，并取下盖板(见图 1-95)。

1—机器人腕部；
2—盖板；
3—半圆头法兰螺栓

图 1-95　将盖板从机器人腕部上拆下

(2) 松开电机 A5 上的 2 根半圆头法兰螺栓 M4×10-10.9(见图 1-96)。

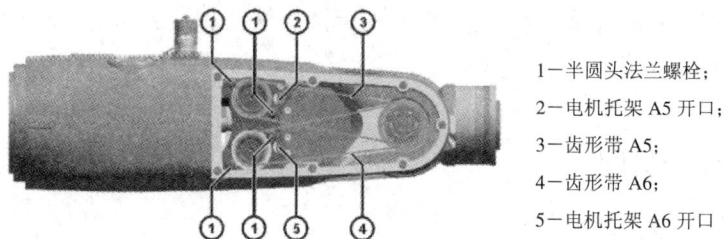

1—半圆头法兰螺栓；
2—电机托架 A5 开口；
3—齿形带 A5；
4—齿形带 A6；
5—电机托架 A6 开口

图 1-96　松开螺栓

✎ **笔记**

(3) 将合适的工具(例如：螺丝刀)插入电机托架上相应的开口中，并小心地向左按压电机，以张紧齿形带 A5。

(4) 略微拧紧电机 A5 上的 2 根半圆头法兰螺栓 M4×10-10.9。

(5) 将齿形带张力测量设备投入使用(见图 1-97)。

1—齿形带张力测量设备；
2—传感器

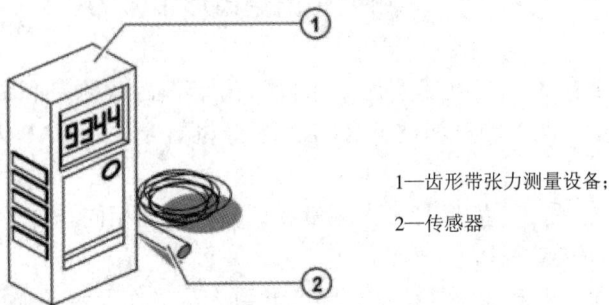

图 1-97　齿形带张力测量设备

(6) 拉紧齿形带 A5，将齿形带中间的传感器与摆动的齿形带之间的距离保持在 2～3 mm。根据齿形带张力测量设备读取测量结果。注意齿形带与齿形带齿轮应啮合正确(如图 1-98 所示)。

1—齿形带；
2—齿形带齿轮

图 1-98　齿形带和齿形带齿轮

(7) 拧紧电机 A5 上的 2 根半圆头法兰螺栓 M4×10-10.9，M A = 1.9 Nm。

(8) 将机器人投入运行，并双向移动 A5。

(9) 通过按下紧急停止装置锁闭机器人。

(10) 重新测量齿形带张力。如果测得的数值与表中的数值不一致，则重复工作步骤(2)至步骤(10)。

(11) 针对齿形带 A6，执行工作步骤(2)至步骤(10)。

(12) 装上盖板，然后用 7 根新的半圆头法兰螺栓 M3×10-10.9 将其固定；MA = 0.8 Nm。

📹 **任务巩固**

一、判断题

(　　)(1) 应用汽油清洁机器人。

（　　）(2) 为了清洁彻底机器人，常用高压清洁装置清洁。

（　　）(3) 为了不影响工业机器人的作业，可在机器人运行时清洁。

（　　）(4) 检查齿轮箱油位时应关闭连接到机器人的电源。

📝 笔记

二、说明题

说明图 1-99 中 A～F 标签的意义。

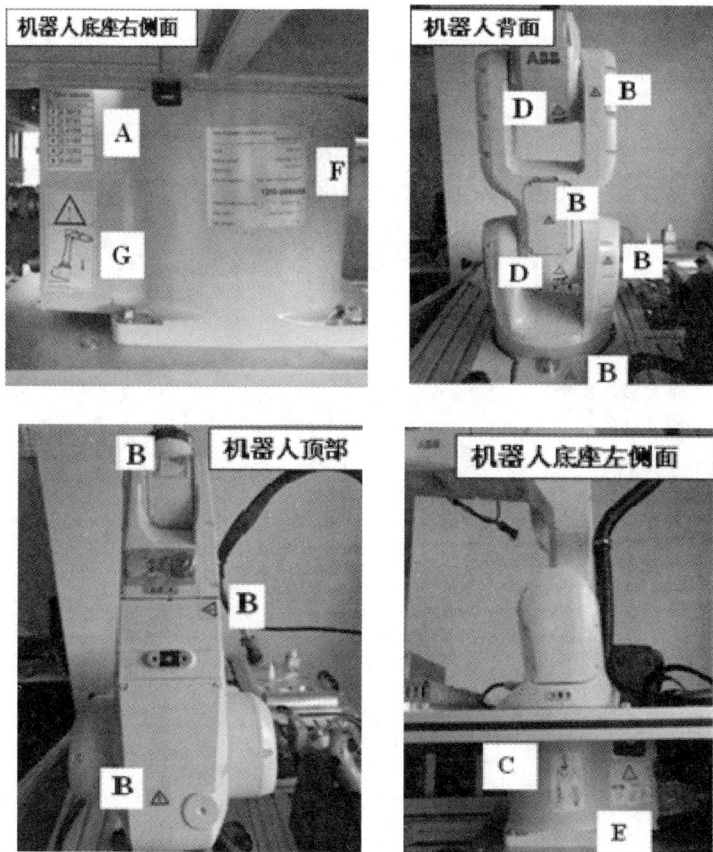

图 1-99　工业机器人标签

三、问答题

(1) 简述检查电缆线束的步骤。

(2) 简述工业机器人六个轴换油的步骤。

四、应用题

(1) 把所在单位的工业机器人的电气连接去除，让学生重新连接。

(2) 查看所在单位工业机器人的齿轮箱油位。

(3) 检查所在单位工业机器人的信息标签。

🐝 企业文化

注重实践，尊重科学，实事求是，理性客观。

模块一资源

✎ 笔记

操作 与 应用

工 作 单

姓 名		工作名称	工业机器人的应用基础
班 级		小组成员	
指导教师		分工内容	
计划用时		实施地点	
完成日期		备 注	
工作准备			
资料		工具	设备

工作内容与实施	
工作内容	实　施
1. 简述工业机器人的应用领域	
2. 简述工业机器人常用的技术参数	
3. 简述检查电缆线束的步骤	
4. 简述工业机器人六个轴换油的步骤	
5. 对图1所示工作站进行维护，并指出工业机器人本体上符号的名称	 图1　打磨工业站
6. 更换图1所示工业机器人的电池	

📝 笔记

工 作 评 价

	评价内容				
	完成的质量 (60分)	技能提升能力(20分)	知识掌握能力(10分)	团队合作(10分)	备注
自我评价					
小组评价					
教师评价					

1. 自我评价

班级　　　　　　姓名　　　　　　工作名称　工业机器人的应用基础

自我评价表

序号	评 价 项 目	是	否
1	是否明确人员的职责		
2	能否按时完成工作任务的准备部分		
3	工作着装是否规范		
4	是否主动参与工作现场的清洁和整理工作		
5	是否主动帮助同学		
6	是否能识别工业机器的符号		
7	是否能对工业机器人本体进行维护		
8	是否能更换电池		
9	是否完成了清洁工具和维护工具的摆放		
10	是否执行 6S 规定		
评价人	分数	时间	年　　月　　日

2. 小组评价

小组评价表

序号	评 价 项 目	评 价 情 况
1	与其他同学的沟通是否顺畅	
2	是否尊重他人	
3	工作态度是否积极主动	
4	是否服从教师的安排	
5	着装是否符合标准	
6	能否正确地理解他人提出的问题	
7	能否按照安全和规范的规程操作	
8	能否保持工作环境的干净整洁	
9	是否遵守工作场所的规章制度	
10	是否有工作岗位的责任心	
11	是否全勤	
12	是否能正确对待肯定和否定的意见	
13	团队工作中的表现如何	
14	是否达到任务目标	
15	存在的问题和建议	

3. 教师评价

课程	工业机器人操作与应用	工作名称	工业机器人的应用基础	完成地点	
姓名		小组成员			
序号	项 目		分值	得 分	
1	简答题		20		
2	识别工业机器的符号		20		
3	工业机器人本体进行维护		30		
4	更换电池		30		

自 学 报 告

自学任务	KUKA工业机器人的维护与符号识别
自学内容	
收 获	
存在问题	
改进措施	
总 结	

模块二

ABB 工业机器人的操作

任务一 ABB 工业机器人的基本操作

任务导入

图 2-1 为 ABB 工业机器的应用之一,应用工业机器人的基础就是操作工业机器人。操作工业机器人,就必须应用工业机器人的示教器(Flex Pendant),如图 2-1(b)所示。

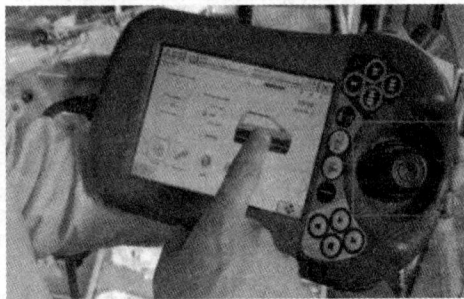

(a) 工作台　　　　　　　　(b) ABBIRC5 示教器

图 2-1　工业机器人的应用

任务目标

知识目标	能力目标
1. 了解示教器上各按钮的作用 2. 认识工业机器人的示教器的结构	1. 会设定示教器的显示语言 2. 会设定工业机器人的时间 3. 能正确使用使能按钮 4. 会查看常用信息与事件日志 5. 会数据的备份与恢复

一
体
化
教
学

📹 任务准备

带领学生到工业机器人边介绍，但应注意安全。

一、示教器的基本操作

1. 认识示教器

示教器是工业机器人重要的控制及人机交互部件，是进行机器人的手动操纵、程序编写、参数配置以及监控等操作的手持装置，也是操作者最常打交道的机器人控制装置。

一般来说，操作者应左手握持示教器，右手进行相应的操作，如图 2-2 所示。

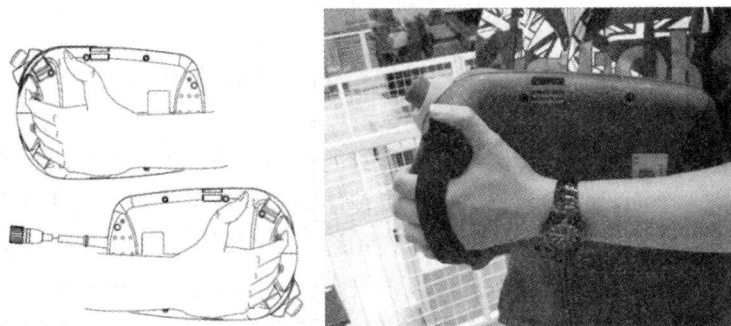

图 2-2　手持示教器

2. 示教器的基本结构

1) 示教器的外观及布局

示教器的外观布局如图 2-3 所示。

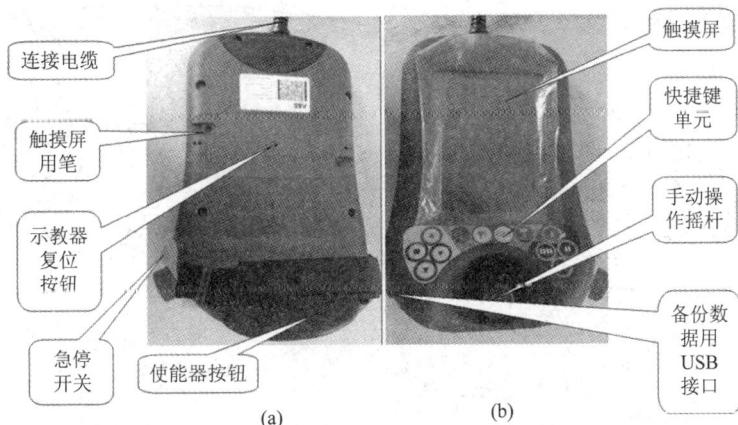

图 2-3　ABBIRC5 示教器

示教器正面有专用的硬件按钮，如图 2-3 所示，用户可以在上面的四个预设键上配置所需功能。示教器硬件按钮说明如表 2-1 所示。

☙ 笔记

表2-1 示教器硬件按钮

硬件按钮示意图	标号	说　明
	A~D	预设按键
	E	选择机械单元
	F	切换运动模式，重定位或线性模式
	G	切换运动模式，轴1-3或轴4-6
	H	切换增量
	J	步退按钮。按下时可使程序后退至上一条指令
	K	启动按钮。开始执行程序
	L	步进按钮。按下时可使程序前进至上一条指令
	M	停止按钮。按下时停止程序执行

2) 正确使能键按钮

使能键按钮位于示教器手动操作摇杆的右侧，操作者应用左手的手指进行操作。

在示教器按键中要特别注意使能键的使用。使能键是机器人为保证操作人员人身安全而设置的。只有在按下使能键并保持在"电动机开启"的状态下，才可以对机器人进行手动的操作和程序的编辑调试。当发生危险时，人会本能地将使能键松开或按紧，机器人则会马上停下来，保证安全。另外在自动模式下，使能键是不起作用的，在手动模式下，该键有三个位置：

(1) 不按——释放状态：机器人电动机不上电，机器人不能动作，如图2-4所示。

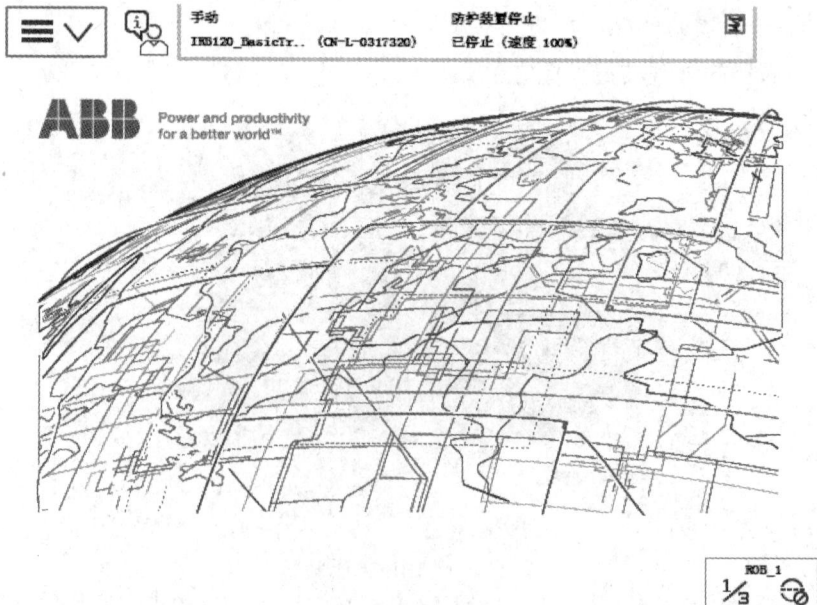

图2-4　电动机不上电

(2) 轻轻按下：机器人电动机上电，机器人可以按指令或摇杆操纵方向移动，如图 2-5 所示。

图 2-5　电动机上电

(3) 用力按下：机器人电动机失电，停止运动，如图 2-6 所示。

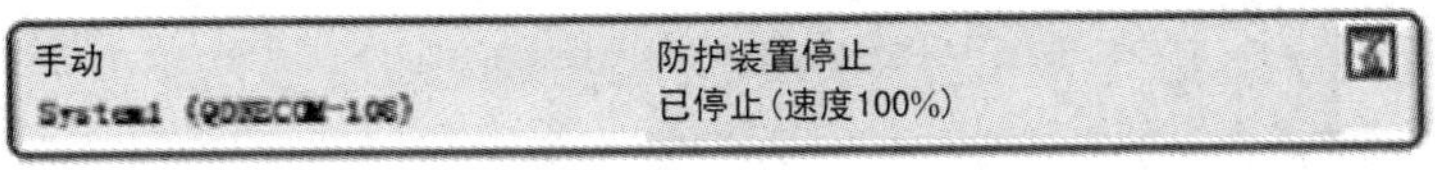

图 2-6　电动机失电

3. 示教器的界面窗口

1) 主界面

示教器的主界面如图 2-7 所示，由于版本的不同，示教器的开机界面会有所不同。各部分说明如表 2-2 所示。

图 2-7　示教器主界面

笔记

表 2-2 示教器主界面说明

标号	说　明
A	ABB 菜单
B	操作员窗口：显示来自机器人程序的信息。程序需要操作员做出某种响应以便继续时，往往会出现此情况
C	状态栏：状态栏显示与系统状态有光的重要信息，如操作模式、电机开启/关闭、程序状态等
D	关闭按钮：点击关闭按钮将关闭当前打开的视图或应用程序
E	任务栏：透过 ABB 菜单，可以打开多个视图，但一次只能操作一个，任务栏显示所有打开的视图，并可用于视图切换
F	快捷键菜单：包含对微动控制和程序执行进行的设置等

2) 界面窗口

菜单中每项功能选择后，都会在任务栏中显示一个按钮。可以按此按钮切换当前的任务(窗口)。图 2-8 是一个同时打开四个窗口的界面，在示教器中最多可以同时打开 6 个窗口，且可以通过单击窗口下方任务栏按钮实现在不同窗口之间的切换。

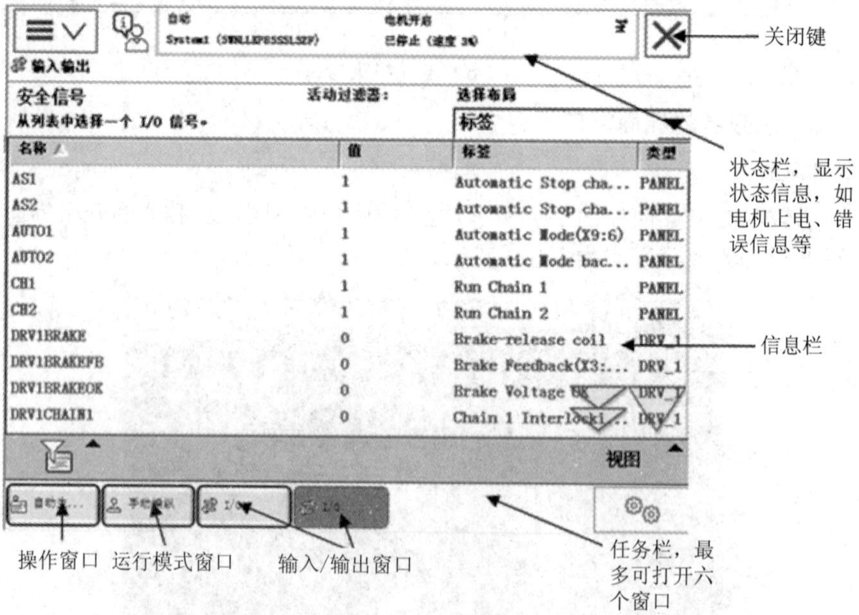

图 2-8 ABB 示教器系统窗口

4. 示教器的主菜单

示教器系统应用进程从主菜单开始，每项应用将在该菜单中选择。按系统菜单键可以显示系统主菜单，如图 2-9 所示，各菜单功能见表 2-3。

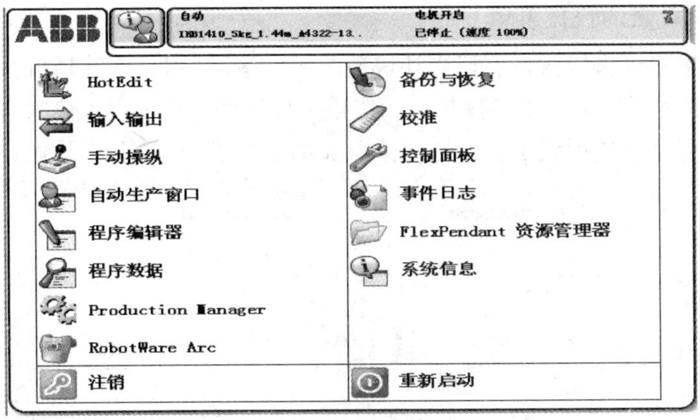

图 2-9　ABB 示教器系统主菜单

表 2-3　ABB 机器人示教器主菜单功能

序号	图标	名　称	功　能
1		输入输出(I/O)	查看输入输出信号
2		手动操纵	手动移动机器人时，通过该选项选择需要控制的单元，如机器人或变位机等
3		自动生产窗口	由手动模式切换到自动模式时，窗口自动跳出。自动运行中可观察程序运行状况
4		程序数据窗口	设置数据类型，即设置应用程序中不同指令所需要的不同类型的数据
5		程序编辑器	用于建立程序、修改指令及程序的复制、粘贴、删除等
6		备份与恢复	备份程序、系统参数等
7		校准	输入、偏移量、零位等校准
8		控制面板	参数设定、I/O 单元设定、弧焊设备设定、自定义键设定及语言选择等。例如，示教器中英文界面选择方法：ABB→控制面板→语言→Control Panel→Language→Chinese
9		事件日志	记录系统发生的事件，如电机通电/失电、出现操作错误等各种过程
10		资源管理器	新建、查看、删除文件夹或文件等
11		系统信息	查看整个控制器的型号、系统版本和内存等

笔记

5. 示教器的快捷菜单

快捷菜单提供较操作窗口更加快捷的操作按键,可用于选择机器人的运动模式、坐标系等,是"手动操作"的快捷操作界面,每项菜单使用一个图标显示当前的运行模式或设定值。快捷菜单如图 2-10 所示,各选项含义见表 2-4。

图 2-10　ABB 机器人系统快捷菜单

表 2-4　ABB 机器人系统快捷菜单功能

序号	图标	名　称	功　　能
1	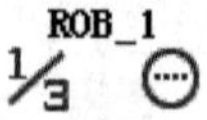 ROB_1 1/3 ⋯	快捷键	快速显示常用选项
2		机械单元	工件与工具坐标系的改变
3		增量	手动操纵机器人的运动速度调节
4		运行模式	有连续运行和单次运行两种
5		步进运行	不常用
6		速度模式	运行程序时使用,调节运行速度的百分率
7		停止和启动	停止和启动机械单元

注意:ABB 示教器版本不同,快捷键各部分图标会不同,但是并不影响各快捷键的定义和使用。

📹 任务实施

根据实际情况，让学生在教师的指导下进行技能训练。

一、ABB机器人系统的基本操作

1．机器人系统的启动及关闭

1) 认识机器人电器柜

机器人电器柜面板及功能如图2-11所示，各部分功能如表2-5所示。

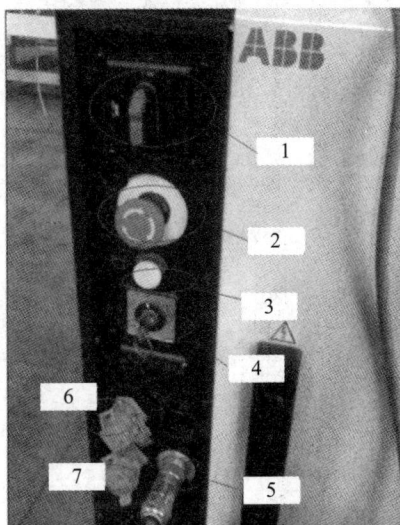

图2-11　机器人电器柜面板

表2-5　面板部件说明

标号	说　　明
1	机器人电源开关：用来闭合或切断控制柜总电源。图示状态为开启，逆时针旋转为关闭
2	急停按钮：用于紧急情况卜的强行停止，当需恢复时只需顺时针旋转释放即可
3	上电按钮及上电指示灯：手动操作时，当指示灯常亮表示电机上电；当指示灯频闪时，表示电机断电。当机器人切换到自动状态时，在示教器上点击确定后还需按下这个按钮机器人才会进入自动运行状态
4	机器人运动状态切换旋钮：分为自动运行、手动限速、手动全速三档模式，左边为自动运行模式，中间为手动限速模式，右侧为手动全速模式
5	示教器接口：连接示教器
6	USB接口：可以连接外部移动设备，如U盘等，可用于系统的备份/恢复、文件或程序的拷贝/读取等
7	RJ45以太网接口：连接以太网

2) 机器人的开关机操作

(1) 开机。

在确保设备正常及机器人工作范围内无人后，打开总控制柜电源开关机机器人控制柜上的电源主开关，如图 2-12 所示，系统会自动检查硬件，检查完成后若没有发现故障，系统将在示教器显示如图 2-13 所示的界面信息。

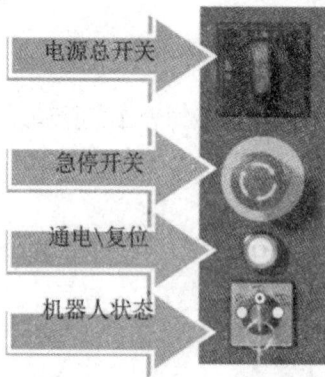

图 2-12　机器人控制柜开关　　　　图 2-13　ABB 机器人启动界面

(2) 关机。

在关闭机器人系统之前，首先要检查是否有人处于工作区域内，以及设备是否运行，以免发生意外。如果有程序正在运行，则必须先按下示教器上的停止按钮使程序停止运行。当机器人回复到原点后关闭机器人控制柜上的主电源开关，机器人系统关闭。

这里需要特别注意的是，为了保护设备，不得频繁开关电源，设备关机后再次开启电源的间隔时间不得小于两分钟。

2. 机器人系统的重启

1) 重启条件

ABB 机器人系统可以长时间无人操作，无需定期重新启动运行。在以下情况下需要重新启动机器人系统：

(1) 安装了新的硬件；

(2) 更改了机器人系统配置参数；

(3) 出现系统故障(SYSFIL)；

(4) RAPID 程序出现程序故障；

(5) 更换 SMB 电池。

2) 重启种类

ABB 机器人系统的重启动主要有以下几种类型：

(1) 热启动：使用当前的设置重新启动当前系统；

(2) 关机：关闭主机；

（3）B-启动：重启并尝试回到上一次的无错状态，一般情况下当系统出现故障时常使用这种方式；

笔记

（4）P-启动：重启并将用户加载的 RAPID 程序全部删除；

（5）I-启动：重启并将机器人系统恢复到出厂状态。

操作步骤为：主菜单→重新启动→选择所需要的启动方式。

3．设置系统语言

ABBIRC5 示教器出厂时，默认显示的语言是英语。系统支持多种显示语言，为了方便操作，下面以设置中文界面为例介绍设定系统语言的操作，具体操作步骤如表 2-6 所示。

表 2-6　设定示教器系统语言步骤

操作说明	操作界面
1．将控制柜上的机器人状态钥匙切换到中间的手动限速状态，在状态栏中确认机器人状态已切换为"手动限速"模式	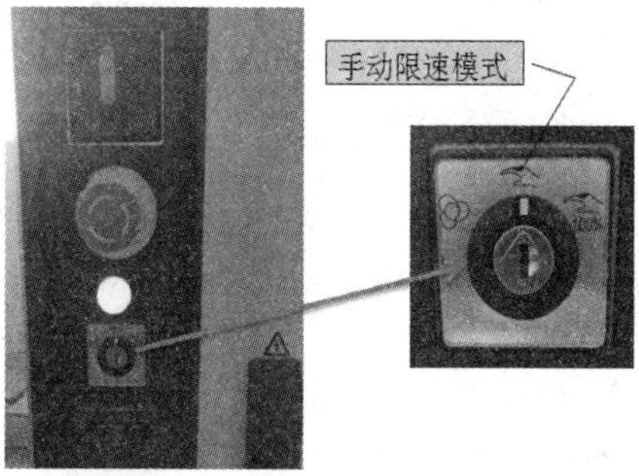 手动限速模式
2．单击"ABB"主菜单按钮	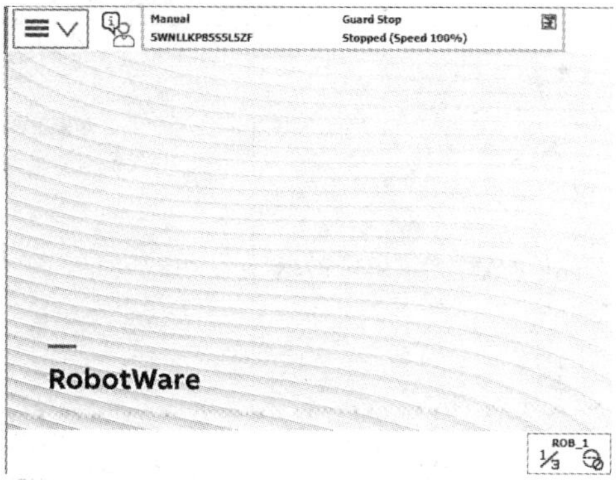
3．选择"Control Panel"	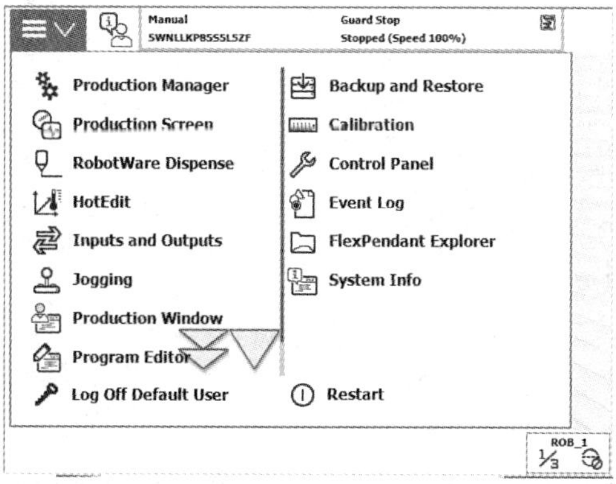

操作说明	操作界面
4. 选择"Language"	Control Panel — 列表包含：Appearance（Customizes the display）、Supervision（Motion Supervision and Execution Settings）、FlexPendant（Configures the FlexPendant system）、I/O（Configures Most Common I/O signals）、Language（Sets current language）、ProgKeys（Configures programmable keys）、Controller Settings（Sets Network, DateTime and ID）、Diagnostics（System Diagnostics）、Configuration（Configures system parameters）、Touch Screen（Calibrates the touch screen）
5. 在下拉菜单中选择"Chinese"，单击"OK"	Control Panel - Language，Current language: English，Installed Languages: Chinese、Czech、Danish、Dutch、English、Finnish，OK Cancel
7. 单击"Yes"，重启示教器	Restart FlexPendant：In order to change the language the FlexPendant must be restarted. The Virtual FlexPendant will now be closed. You need to restart it the usual way, by pressing the "Virtual FlexPendant" button. Do you want to proceed？ Yes No
8. 重启后示教器自动切换到中文界面	手动 防护装置停止 已停止（速度 100%） RobotWare

4. 设置系统日期与时间

笔记

设定机器人系统的时间，是为了方便进行文件的管理和故障的查阅与管理，在进行各种操作之前要将机器人系统的时间设定为本地区的时间，具体操作步骤见表2-7。

表2-7　机器人系统的时间设定步骤

操作说明	操作界面
1. 单击"ABB"按钮，在主菜单下选择"控制面板"	
2. 选择"日期和时间"	
3. 在此界面就能对时间和日期进行设定。时间和日期设定完成后，单击"确定"	

5. 查看机器人常用信息与事件日志

通过示教器界面上的状态栏进行 ABB 机器人常用信息的查看，状态栏常用信息如图2-14所示，其界面说明见表2-8。

✍ 笔记

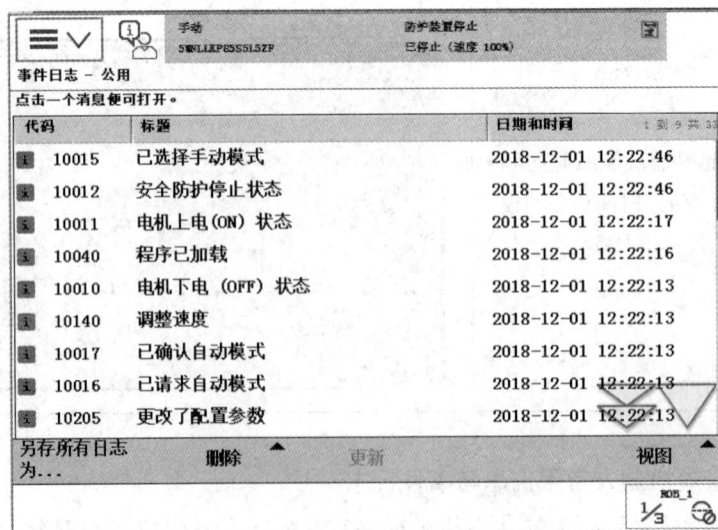

图 2-14 状态栏常用信息

表 2-8 界 面 说 明

标号	说　　明
A	机器人的状态，包括手动、全速手动和自动三种
B	机器人的系统信息
C	机器人电动机状态，图中表示电机开启
D	机器人程序运行状态
E	当前机器人或外部轴的使用状态

单击窗口中上部的状态栏，就可以查看机器人的时间日志，图 2-15 为时间日志查看界面。

图 2-15 时间日志查看界面

6．系统的备份与恢复

定期对机器人系统进行备份，是保证机器人正常工作的良好习惯。备份文件可以放在机器人内部的存储器上，也可以备份到移动设备(如 U 盘、移动硬盘等)上。建议使用 U 盘进行备份，且必须专盘专用防止病毒感染。备份文件包含运行程序和系统配置参数等内容。当机器人系统出错时，可以通过备份文件快速地恢复备份前的状态。为了防止程序丢失，在程序更改前建议做好备份。

1) 系统的备份

系统备份的具体操作步骤如表 2-9 所示。

表 2-9　系统备份的操作步骤

操作说明	操作界面
1. 单击 "ABB" 按钮，在主菜单下单击 "备份与恢复"	
2. 单击 "备份当前系统…"	
3. 点击 "ADC…" 是进行存放备份数据目录的设定，点击 "…" 选择备份存放的位置，然后单击 "备份"	

笔记

操作说明	操作界面
4. 等待系统备份	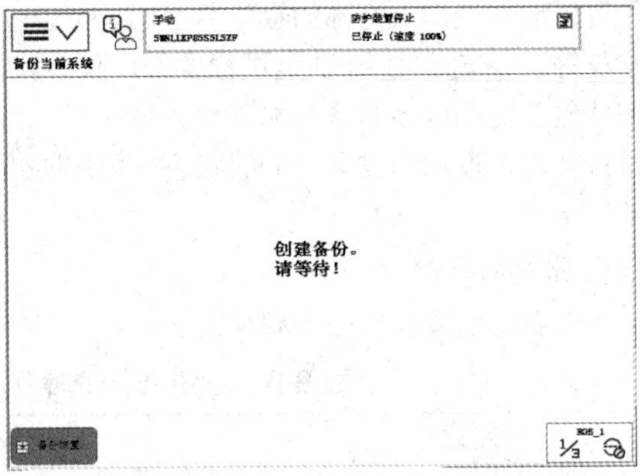 创建备份。 请等待！

2) 系统的恢复

系统恢复的具体操作步骤如表 2-10 所示。

表 2-10　系统恢复的操作步骤

操作说明	操作界面
1. 单击"ABB"按钮，在主菜单下单击"备份与恢复"，单击"恢复系统"	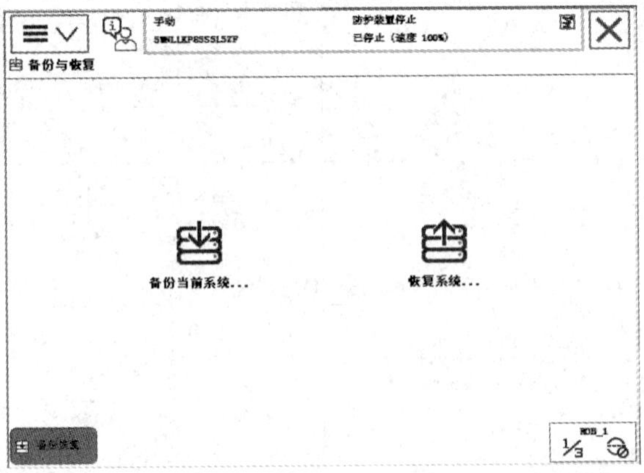 备份当前系统…　恢复系统…
2. 点击"…"选择备份文件存放的目录	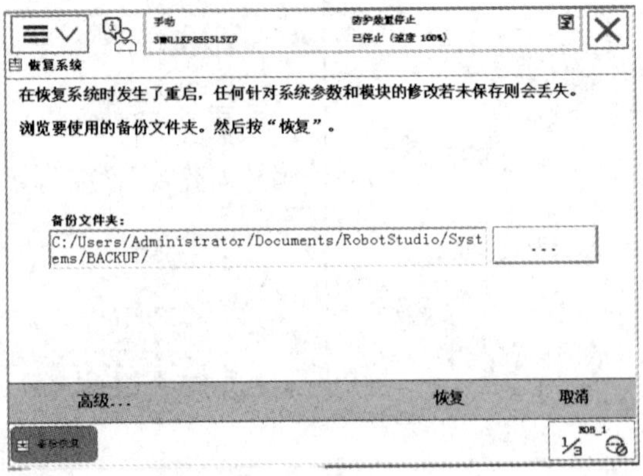 在恢复系统时发生了重启，任何针对系统参数和模块的修改若未保存则会丢失。 浏览要使用的备份文件夹。然后按"恢复"。 备份文件夹： C:/Users/Administrator/Documents/RobotStudio/Systems/BACKUP/　… 高级…　　恢复　　取消

续表 　✍ 笔记

操作说明	操作界面
3. 选择备份的文件，单击"确定"	
4. 单击"恢复"	
5. 单击"是"。需要注意的是，备份恢复数据是具有唯一性的，不能将一台机器人的备份数据恢复到另一个机器人上	
6. 系统恢复后，重启系统即可	

二、新建和加载程序

1. ABB 机器人存储器

机器人运行程序一般是由操作人员按照加工要求示教机器人并记录运动轨迹而形成的文件，编辑好的程序文件存储在机器人存储器中。机器人的程序由主程序、子程序及程序数据构成。在一个完整的应用程序中，一般只有一个主程序，而子程序可以是一个，也可以是多个。

机器人的程序编辑器中存有程序模板，类似计算机办公软件的 Word 文档模板，编程时按照模板在里面添加程序指令语句即可。"示教"就是机器人学习的过程，在这个过程中，操作者要手把手教会机器人做某些动作，机器人的控制系统会以程序的形式将其记忆下来。机器人按照示教时记忆下来的程序展现这些动作，就是"再现"过程。

ABB 机器人存储器包含应用程序和系统模块两部分。存储器中只允许存在一个主程序，所有例行程序(子程序)与数据无论存在什么位置，全部被系统共享。因此，所有例行程序与数据除特殊规定以外，名称不能重复。ABB 工业机器人存储器组成如图 2-16 所示。

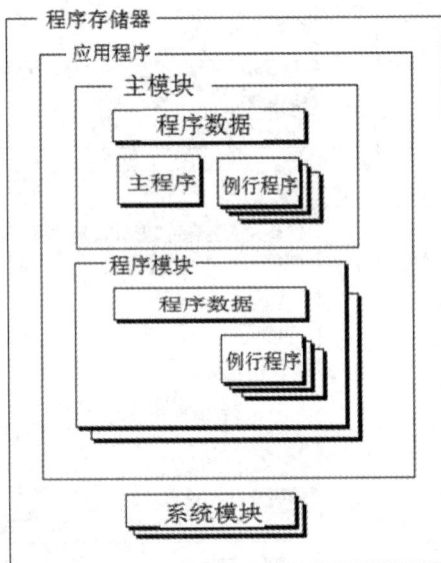

图 2-16 ABB 工业机器人存储器的组成

1) 应用程序(Program)的组成

应用程序由主模块和程序模块组成。主模块(Main module)包含主程序(Main routine)、程序数据(Program data)和例行程序(Routine)；程序模块(Program modules)包含程序数据和例行程序。

2) 系统模块(System modules)的组成

系统模块包含系统数据(System data)和例行程序(Routine)。所有 ABB 机器人都自带两个系统模块，USER 模块和 BASE 模块。使用时对系统自动生成的任何模块都不能进行修改。

根据实际情况，让学生在教师的指导下进行技能训练。

2. 新建和加载程序

在示教器中新建与加载一个程序的步骤如表 2-11 所示。

表 2-11　新建和加载程序

操作说明	操作界面
1. 在主菜单下，单击"程序编辑器"	
2. 单击"例行程序"	
3. 创建新程序，单击"文件"选择"新建例行程序"	

✐ 笔记

操作说明	操作界面
4. 单击"ABC…"然后打开软件盘对程序进行命名；点击相应选项后对话框进行程序属性设置。设置完成后点击"确定"	
5. 程序创建完成	
6. 若要编辑已有程序，则在操作说明 3 中选择"加载程序"，显示已存储程序名称，然后选择所需要加载的程序单击"确定"。为了给新程序腾出空间，可以删除先前加载的程序	

ABB 机器人支持从外部移动设备导入程序到系统中,例如通过仿真系统建立的程序等。加载 U 盘程序的具体操作步骤如表 2-12 所示。

　　笔记

表 2-12　加载 U 盘程序的步骤

操作说明	操作界面
1. 打开 ABB 控制柜,将 USB 存储器插入柜内上部机箱的 USB 接口中	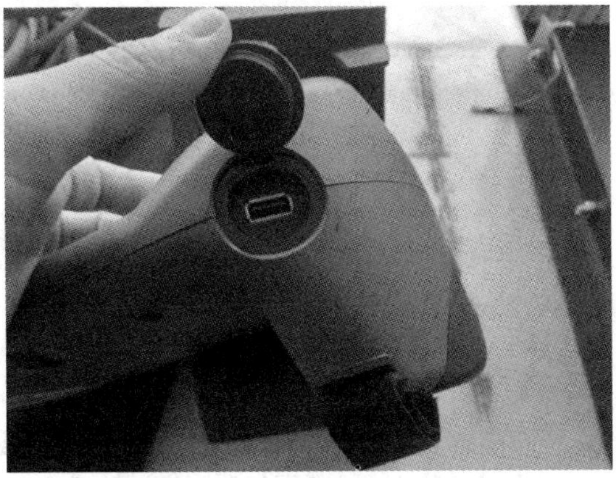
2. 在 ABB 主菜单栏中单击"FlexPendant 资源管理器"	
3. 在弹出的画面中与台式机操作相同,把 USB 存储器中的含有程序的文件夹复制到 ABB 控制柜内部的存储器中	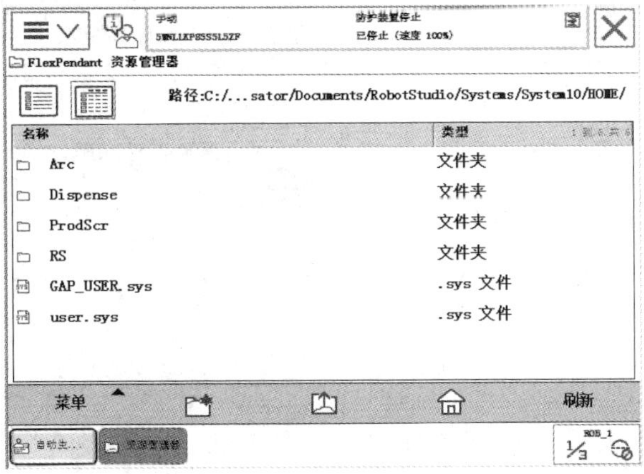

续表一

操作说明	操作界面
4. 返回主菜单，单击"程序编辑器"	
5. 单击"任务与程序"	
6. 在弹出的画面中单击"文件"，在子菜单中单击"加载程序"	
7. 然后单击"不保存"	

续表二　　✎ 笔记

操作说明	操作界面
8. 在弹出的画面中找到含有新程序的文件夹，选中**.pgf 文件，单击"确定"	名称　　　类型　1页1共1 OTO32X_PROC.pgf　　.pgf 文件
9. 等待几秒钟后程序加载完成	手动　SWOLLKPBSS3LSZP　防护装置停止　已停止（速度100%） T_ROB1 内的<未命名程序>/Module1/Shoudong 任务与程序　　模块　　例行程序 33　PROC Shoudong() 34　　MoveC *, *, v1000, z10, tool0; 35　　MoveL *, v1000, z50, tool0; 36　ENDPROC 添加指令　编辑　调试　修改位置　显示声明

4

📹任务扩展

导入 EIO 文件见表 2-13 所示。

表 2-13　导入 EIO 文件

步骤	操 作	图 示
1	单击左上角主菜单按钮	手动　INB120_BasicTr... (CN-L-0317320)　防护装置停止　已停止（速度100%） HotEdit　　备份与恢复 输入输出　　校准 手动操纵　　控制面板 自动生产窗口　事件日志 程序编辑器　FlexPendant 资源管理器 程序数据　系统信息 注销 Default User　重新启动
2	选择"控制面板"	

笔记

续表一

社会主义
核心价值观

富强、民主、文
明、和谐；自由、
平等、公正、法
治；爱国、敬业、
诚信、友善。

📝 课程思政

步骤	操 作	图 示
3	选择"配置"	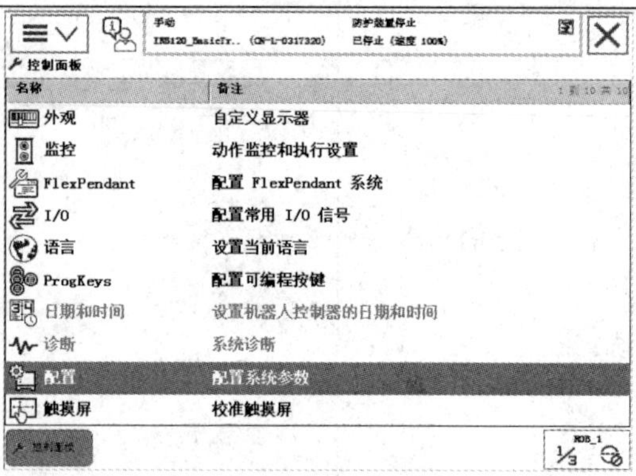
4	打开"文件"菜单，单击"加载参数"	
5	选择"删除现有参数后加载"	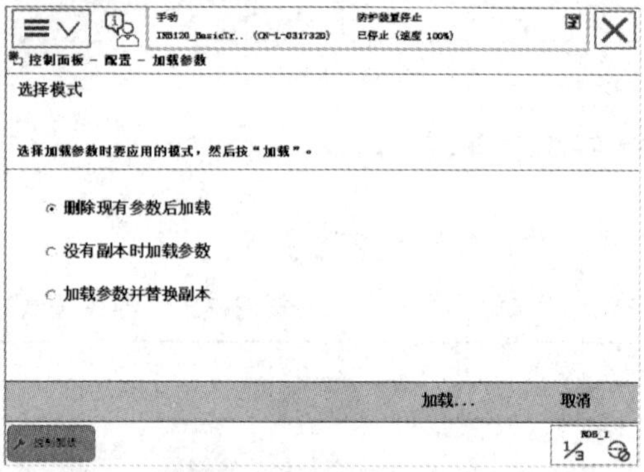
6	单击"加载…"	
7	在"备份目录/SYSPAR"路径下找到 EIO.cfg 文件	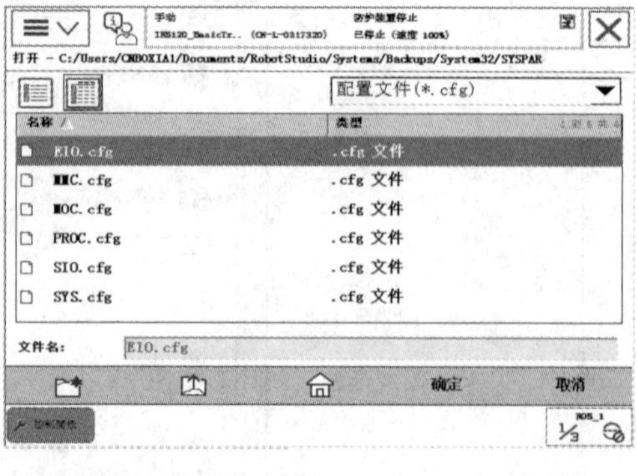
8	单击"确定"	

续表二　　　　　📝 笔记

步骤	操　作	图　　示
9	单击"是"，重启后完成导入	

📹 任务巩固

一、选择题

1. 机器人手操器在不使用时应放置的地方是(　　)。

　　A．示教器支架　　　　B．地上　　　　C．机器人本体上

2.【单选题】机器人系统时间在(　　)菜单中可以设置。

　　A．手动操纵　　　　B．控制面板　　　　C．系统信息

3.【单选题】机器人备份文件夹中的程序代码位于(　　)子文件中。

　　A．SYSPAR　　　　B．HOME　　　　C．RAPID

4.【单选题】机器人备份的内容不包括(　　)。

　　A．程序代码　　　　B．IO 参数设置

　　C．Robotware 系统库文件

5.【单选题】机器人手动状态下，可通过(　　)按钮控制电机上电。

　　A．电机上电按钮　　　　B．系统输入 MotorOn

　　C．使能装置按钮

二、应用本学校的工业机器人设置系统时间。

三、应用本学校的工业机器人进行系统备份与恢复。

任务二　工业机器人的手动操作方式

📹 任务导入

　　ABB 六轴工业机器人各轴示意图如图 2-17 所示，它是由六个转轴组成六杆开链机构，理论上可达到运动范围内空间的任何一个点；每轴均有 AC

笔记

伺服电机驱动，每一个电机后均有编码器；每个轴均带有一个齿轮箱，机械手运动精度可达±0.05 mm～±0.2 mm；设备带有24VDC，机器人均带有平衡气缸和弹簧；均带有手动松闸按钮，用于维修时使用；串口测量板(SMB)带有六节可充电的镍铬电池，起保存数据作用。

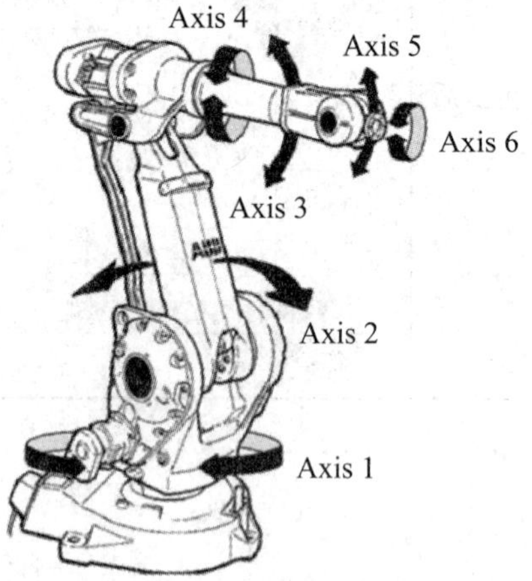

图 2-17　ABB 六轴工业机器人的轴

任务目标

知识目标	能力目标
1. 掌握手动操作工业机器人的形式	1. 会单轴运动的手动操作
2. 了解手动操作的快捷按钮和快捷菜单	2. 会线性运动的生动操作
	3. 会对工业机器人进行增量操作与重定位

任务准备

手动操纵机器人

一体化教学

带领学生到工业机器人边介绍，但应注意安全。

　　在手动操作模式下，选择不同的运动轴就可以手动操纵机器人运动。示教器上的摇杆具有三个自由度，因此可以控制三个轴的运动。当选择"轴 1-3"，在按下示教器的使能器给机器人上电后，拨动摇杆即可操纵机器人第1、2和3轴；选择"轴4-6"可操纵机器人第4、5和6轴。除在以下三种情况下不能操纵机器人外，无论何种窗口打开，都可以用摇杆操纵机器人。

　　(1) 自动模式下；

　　(2) 未按下使能器(MOTORS OFF)时；

(3) 程序正在执行时。

如果机器人或外部轴不同步，则只能同时驱动一个单轴，且各轴的工作范围无法检测，在到达机械停止位时机器人停止运动。因此，若发生不同步的状况，需要对机器人各电机进行校正。

📹 任务实施

根据实际情况，让学生在教师的指导下进行技能训练。

一、单轴运动机器人

1. ABB 机器人的关节轴

关节坐标系下操纵机器人就是选择单轴运动模式操纵机器人。ABB 机器人由六个伺服电动机驱动六个关节轴(见图 2-17)，可通过示教器上的操纵杆来控制每个轴的运动方向和运动速度。具体操作步骤如表 2-14 所示。

表 2-14　单轴操纵机器人的步骤

操作说明	操作界面
1. 将控制柜上的机器人状态钥匙切换到中间的手动限速状态，在状态栏中确认机器人状态已切换为"手动"	
2. 在 ABB 主菜单中单击"手动操纵"	

✐ 笔记

续表

操作说明	操作界面
3. 单击"动作模式"	
4. 选择"轴 1-3"(或"轴 4-6"),然后单击"确定"	
5. 手持示教器,按下使能按钮,进入"电动机开启"状态,在状态栏中确认"电动机开启"状态。手动操作示教器上的摇杆可控制机器人运动	

　　操纵杆的操纵幅度和机器人的运动速度相关,操作幅度越小,机器人运动速度越慢,操纵幅度越大,机器人运动速度越快。为了安全起见,在手动模式下,机器人的移动速度要小于 250 mm/s。操作人员应面向机器人站立,机器人的移动方向如表 2-15 所示。

表 2-15　操纵杆的操作说明

序号	摇杆操作方向	机器人移动方向
1	操作方向为操作者前后方向	沿 X 轴运动
2	操作方向为操作者的左右方向	沿 Y 轴运动
3	操作方向为操纵杆正反旋转方向	沿 Z 轴运动
4	操作方向为操纵杆倾斜方向	与摇杆倾斜方向相应的倾斜移动

2．线性运动模式机器人

直角坐标系下手动操纵机器人即选择线性运动模式操纵机器人。线性运动是指安装在机器人第六轴法兰盘上工具的 TCP 在空间做线性运动。这种运动模式的特点是不改变机器人第六轴加载工具的姿态，从一目标点直线运动至另一目标点。在手动线性运动模式下控制机器人运动的操作步骤如表 2-16 所示。

表 2-16　线性运动模式操纵机器人的步骤

操作说明	操作界面
1．将控制柜上的机器人状态钥匙切换到中间的手动限速状态，在状态栏中确认机器人状态已切换为"手动"	
2．在 ABB 主菜单中单击"手动操纵"	
3．单击"动作模式"	

✍ 笔记

操作说明	操作界面
4. 单击"线性",然后单击确定	
5. 单击"工具坐标"。机器人的线性运动要在工具坐标中选定相应的工具坐标系	
6. 在"工具名称"中选择相应的工具坐标系,单击"确定"	
7. 手持示教器,按下使能按钮,进入"电动机开启"状态,在状态栏中确认"电动机开启"状态。手动操作摇杆可控制机器人运动。此处显示轴 X、Y、Z 的操作杆方向,箭头代表正方向。操作示教器上的操纵杆,工具的 TCP 点在空间作线性运动	

二、重定位模式移动机器人

工具坐标系下手动操纵机器人即在重定位运动模式下操纵机器人。机器人的重定位运动是指机器人第六轴法兰盘上的工具 TCP 点在空间中绕着坐标轴旋转的运动，也可以理解为机器人绕着工具 TCP 点作姿态调整的运动。具体操作步骤如表 2-17 所示。

表 2-17　重定位运动模式操纵机器人的步骤

操作说明	操作界面
1. 将控制柜上的机器人状态钥匙切换到中间的手动限速状态，在状态栏中确认机器人状态已切换为"手动"	
2. 在 ABB 主菜单中单击"手动操纵"	
3. 单击"动作模式"	

笔记

工匠精神

新时代的工匠精神的基本内涵，主要包括爱岗敬业的职业精神，精益求精的品质精神，协同共进的团队精神，追求卓越的创新精神四个方面。

操作说明	操作界面
4. 选择"重定位"，然后单击确定	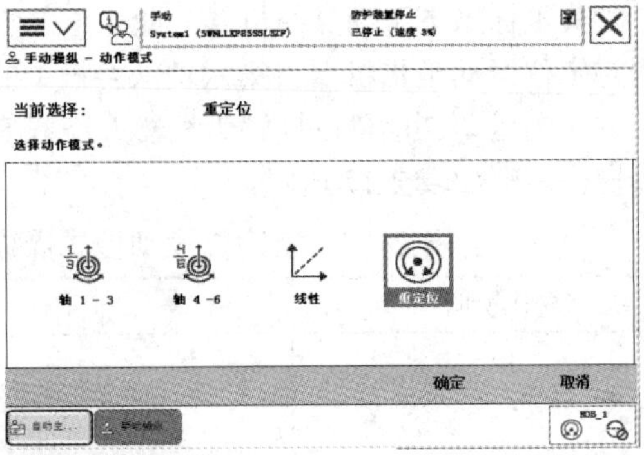
5. 单击"工具坐标"。机器人的线性运动要在工具坐标中选定相应的工具坐标系	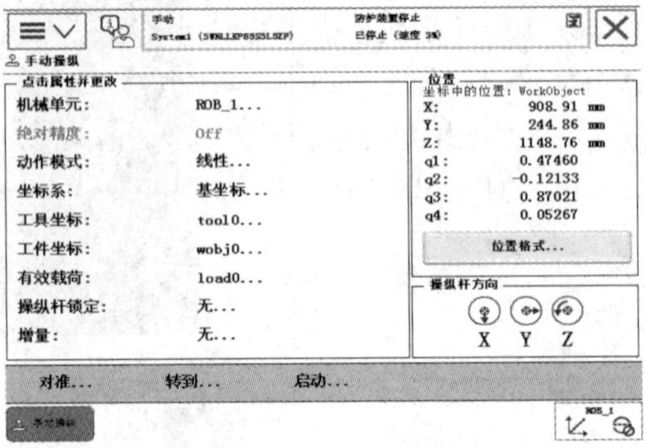
6. 在"工具名称"中选择相应的工具坐标系，单击"确定"	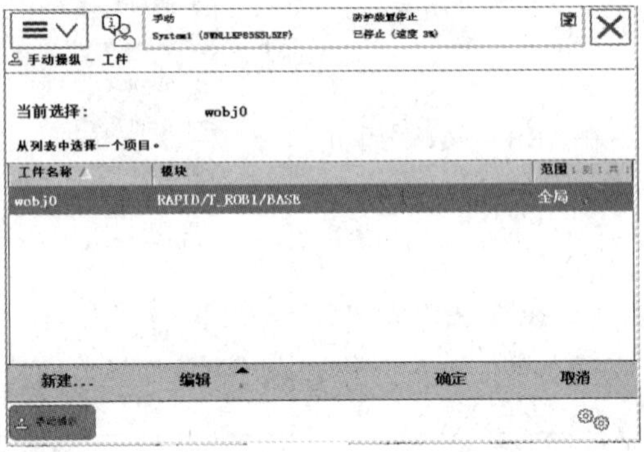
7. 手持示教器，按下使能按钮，进入"电动机开启"状态，在状态栏中确认"电动机开启"状态。手动操作摇杆可控制机器人运动。此处显示轴 X、Y、Z 的操作杆方向，箭头代表正方向。操作示教器上的操纵杆，机器人绕着工具 TCP 点作姿态调整运动	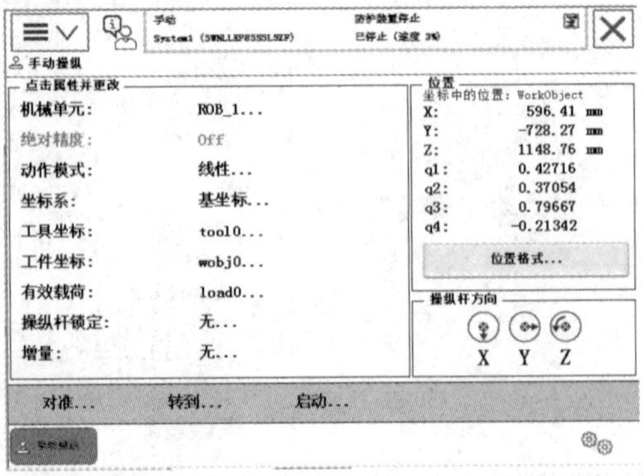

三、增量模式控制机器人运动

如果对使用操纵杆通过位移幅度来控制机器人运动的速度不熟练的话，那么可以使用"增量"模式来控制机器人的运动。在增量模式下，操纵杆每位移一次机器人就移动一步。如果操纵杆持续一秒或数秒后，机器人就会持续移动，移动速率为 10 步/秒。

增量模式控制机器人运动的操作步骤如表 2-18 所示。

表 2-18 增量模式控制机器人运动的步骤

操作说明	操作界面
1."手动操纵"界面中，选中"增量"	
2. 根据需要选择增量的移动距离，然后单击"确定" 增量 | 移动距离 Mm | 角度 ° 小 | 0.05 | 0.005 中 | 1 | 0.02 大 | 5 | 0.2 用户 | 自定义 | 自定义	

🎥 任务扩展

手动操作的快捷方式

1. 动操纵的快捷按钮

在示教器面板上设置有手动操纵的快捷键，具体布局及功能如图 2-18 所示。

✍ 笔记

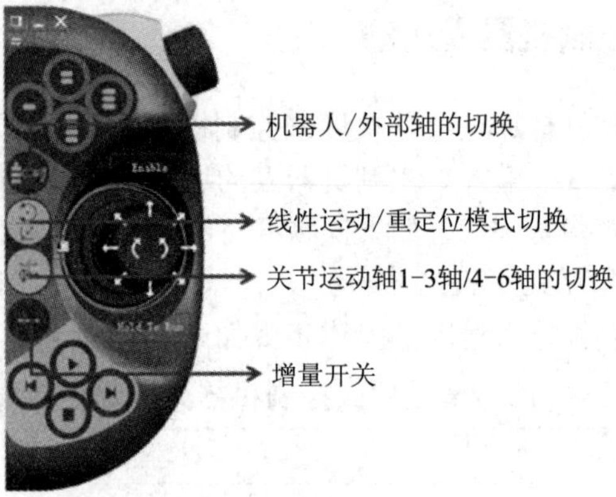

机器人/外部轴的切换

线性运动/重定位模式切换

关节运动轴1-3轴/4-6轴的切换

增量开关

图 2-18　快捷键及说明

2．动操纵的快捷菜单

快捷菜单提供较操作窗口更加快捷的操作按键，可用于选择机器人的运动模式、坐标系等，是"手动操作"的快捷操作界面，每项菜单使用一个图标显示当前的运行模式或设定值。快捷菜单如图 2-18 所示，各选项含义见表 2-4。具体操作步骤及界面说明如表 2-19 所示。

表 2-19　快捷键操作步骤

操作说明	操作界面
1. 单击快捷菜单按钮	
2. 单击"手动操纵"按钮；单击"显示详情"菜单	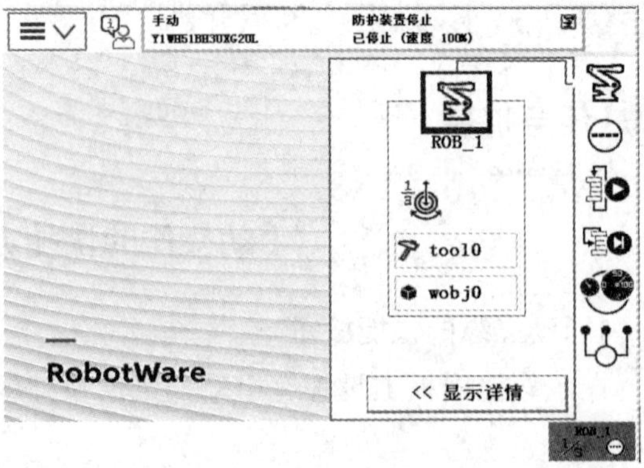

续表 　✎ 笔记

操作说明	操作界面
3. 界面说明 A：选择当前使用工具数据； B：选择当前使用的工件坐标； C：操纵杆速率； D：增量开关； E：碰撞监控开/关； F：坐标系选择	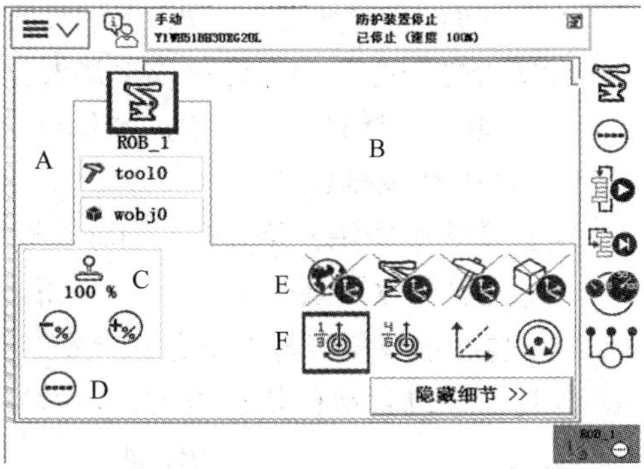
3. 单击"增量模式"按钮，选择需要的增量	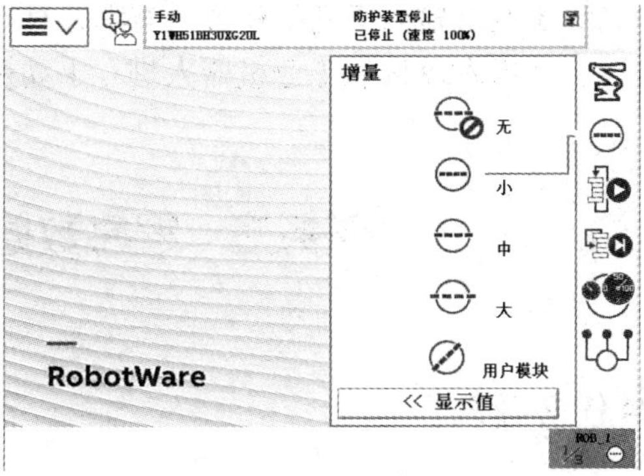
4. 自定义增量值的方法：选择"用户模块"，然后单击"显示值"就可以进行增量值的自定义了	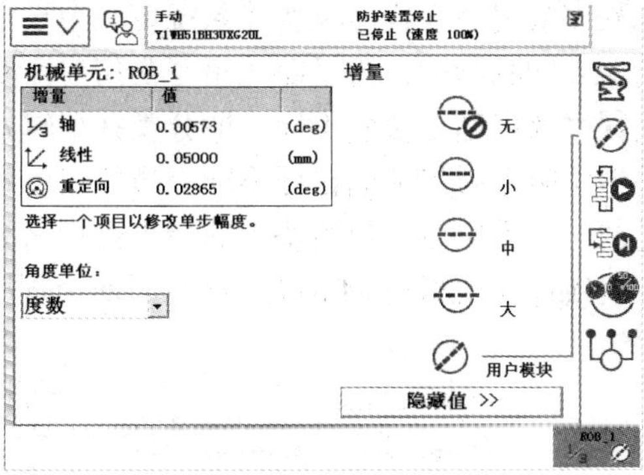

任务巩固

一、选择题

1. 机器人手动状态下，可通过( )控制电机上电。

　　A．电机上电按钮　　　　　　B．系统输入 MotorOn

　　C．使能装置按钮

2. 单轴操作，4-6 动作模式下，顺时针旋转摇杆，则机器人做( )运动。

✎ 笔记

A．4 轴正向旋转　　　B．6 轴负向旋转　　　C．6 轴正向旋转

3．单轴操作，1-3 动作模式下，向左推动摇杆，则机器人做(　　)运动。

A．1 轴正向旋转　　　B．1 轴负向旋转　　　C．2 轴正向旋转

4．机器人微调时，为保证移动准确及便捷，一般采用(　　)方法。

A．轻微推动摇杆　　　B．降低机器人运行速度

C．使用增量模式

5．增量模式中的用户增量(　　)可以设置其大小。

A．在程序数据菜单中　　　　　B．在手动操作菜单中

C．通过示教器屏幕右下角快捷键

6．为便于手动操纵的快捷设置，示教器上提供了(　　)个快捷键按钮。

A．2　　　　　　　　B．4　　　　　　　　C．6

二、工业机器人手动操作方式有哪几种？

三、应用本单位的工业机器人进行手动操作。

任务三　程序数据的设置

任务导入

　　程序数据是在程序模块或系统模块中设定的值和定义的一些环境数据。在机器人的编程中，为了简化指令语句，需要在语句中调用相关程序数据。这些程序数据都是按照不同功能分类并编辑好后存储在系统内的，因此我们要根据实际需要提前创建好不同类型的程序数据以备调用。创建的程序数据通过同一个模块或其他模块中的指令进行引用。例如图 2-19 是一条常用的机器人直线运动的指令 MoveL，调用了四个程序数据。指令中的指令说明见表 2-20。

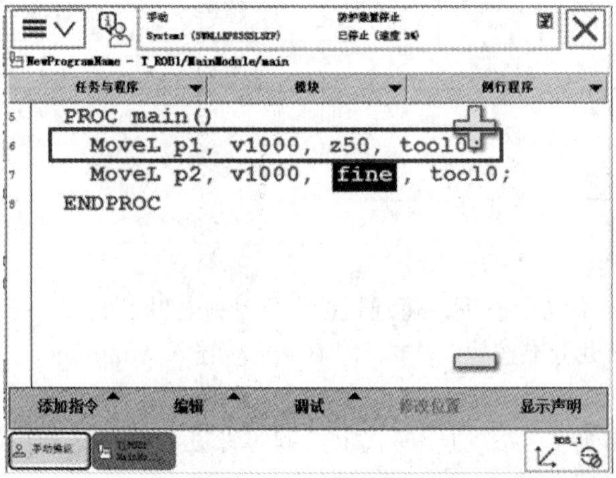

图 2-19　程序指令

表 2-20　指令说明

程序数据	数据类型	说　明
p1	robtarget	机器人运动目标位置数据
v1000	speeddata	机器人运动速度数据
z50	zonedata	机器人运动转弯数据
tool0	tooldata	机器人工作数据 TCP

📷 任务目标

知识目标	能力目标
1. 掌握数值数据 num 的含义 2. 掌握逻辑值数据 bool 的含义 3. 掌握字符串数据 string 的含义 4. 掌握关节位置数据 jointtarget 的含义 5. 掌握速度数据 speeddata 的含义 6. 掌握转角区域数据 zonedata 的含义 7. 掌握位置数据 robtarget 的含义	1. 建立 bool 类型程序数据的操作 2. 建立 num 类型程序数据的操作

📷 任务准备

带领学生到工业机器人边介绍，但应注意安全。

一、程序数据的类型

ABB 机器人的程序数据共有 100 个左右，程序数据可以根据实际情况进行创建，为 ABB 机器人的程序设计提供了良好的数据支持。

数据类型可以利用示教器主菜单中的"程序数据"窗口进行查看，也可以在该目录下进行创建所需要的程序数据，程序数据界面如图 2-20 所示。

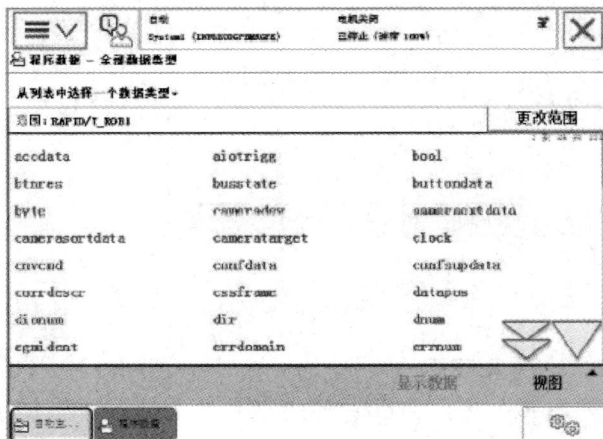

图 2-20　程序数据界面

✎ 笔记

按照存储类型,程序数据主要包括变量 VAR、可变量 PERS、常量 CONST 三种类型。

1. 变量 VAR

变量型数据在程序执行的过程中和停止时,会保持当前的值,但如果程序指针被移到主程序后,当前数值会丢失。以图 2-21 中变量型数据为例:

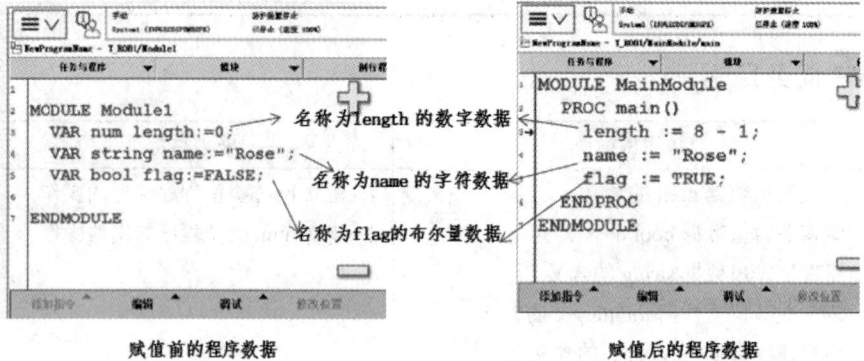

赋值前的程序数据   赋值后的程序数据

图 2-21 程序数据赋值前后对比

其中 VAR 表示存储类型为变量,num 表示程序数据类型。在定义数据时,可以定义变量数据的初始值,如 length 的初始值为 0,name 的初始值为 Rose,flag 的初始值为 FALSE。在程序中执行变量型数据的赋值,在指针复位后将恢复为初始值。

2. 可变量 PERS

可变量最大的特点是,无论程序的指针如何,都会保持最后赋予的值。可变量程序数据的赋值如图 2-22 所示。

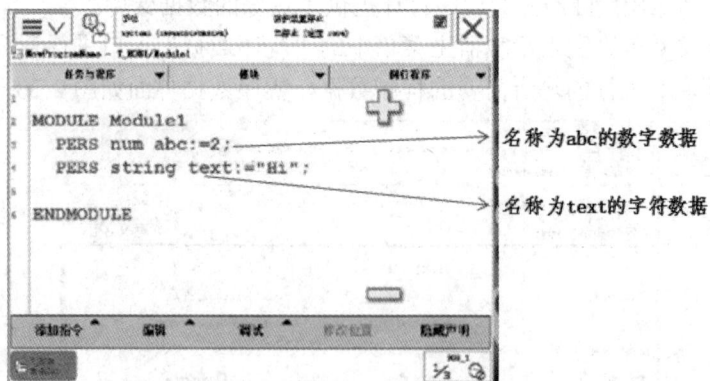

图 2-22 可变量程序数据的赋值

在机器人执行的 RAPID 程序中也可以对可变量存储类型的程序数据进行赋值的操作,PERS 表示存储类型为可变量。需要特别注意的是在程序执行完成以后,赋值的结果会一直保持不变,直到对其进行重新赋值。

3．常量 CONST

常量的特点是在定义时已赋予了数值，不允许在程序编辑中进行修改，修改时需要手动修改。常量程序数据的赋值如图 2-23 所示。

图 2-23　常量程序数据的赋值

二、常用程序数据说明举例

1．数值数据 num

num 用于存储数值数据；可分为整数(如图 2-24 所示)、小数或指数的形式写入。例如，2E3(=2*10^3=2000)，2.5E-2(=0.025)。

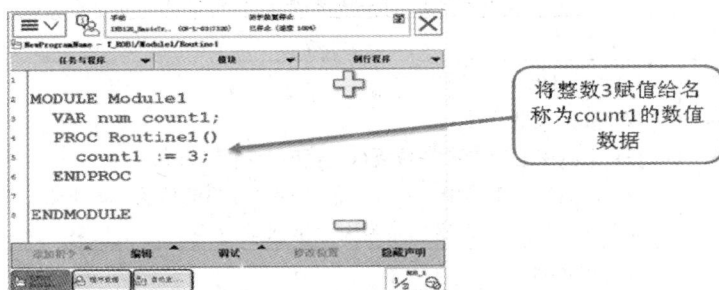

图 2-24　数值数据

2．逻辑值数据 bool

bool 用于存储逻辑值(真/假)数据，即 bool 型数据值可以为 TRUE 或 FALSE。如图 2-25 所示。

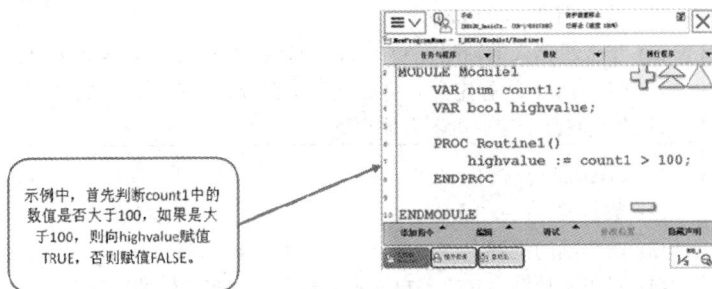

图 2-25　逻辑值数据

3. 字符串数据 string

string 用于存储字符串数据。

字符串是由一串前后附有引号("")的字符(最多 80 个)组成, 例如, "This is a character string"。如果字符串中包括反斜线(\), 则必须写两个反斜线符号, 例如, "This string contains a \\ character"。如图 2-26 所示。

将Start welding pipe 1赋值给text, 运行程序后, 在示教器中的操作员窗口将会显示start welding pipe 1这段字符串。

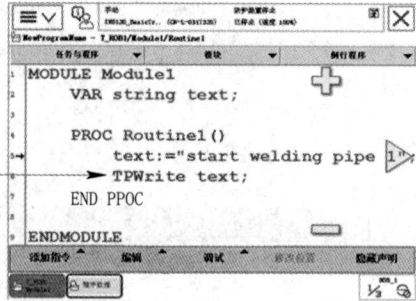

```
MODULE Module1
    VAR string text;

    PROC Routine1()
        text:="start welding pipe 1"
        TPWrite text;
    END PPOC

ENDMODULE
```

图 2-26 字符串数据

4. 位置数据 robtarget

robtarget(robot target)用于存储机器人和附加轴的位置数据。位置数据的内容是在运动指令中机器人和外轴将要移动到的位置。robtarget 由 4 个部分组成, 如表 2-21 所示。

表 2-21 位置数据 robtarget

组件	说　明
trans	(1) translation (2) 数据类型: pos (3) 工具中心点的所在位置(x、y和z), 单位为mm (4) 存储当前工具中心点在当前工件坐标系的位置。如果未指定任何工件坐标系, 则当前工件坐标系为大地坐标系
rot	(1) rotation (2) 数据类型: orient (3) 工具姿态, 以四元数的形式表示(ql、q2、q3和q4) (4) 存储相对于当前工件坐标系方向的工具姿态。如果未指定任何工件坐标系, 则当前工件坐标系为大地坐标系
robconf	(1) robot configuration (2) 数据类型: confdata (3) 工业机器人的轴配置(cf1、cf4、cf6和cfx)。以轴1、轴4和轴6当前四分之一旋转的形式进行定义。将第一个正四分之一旋转0°~90°定义为0°组件cfx的含义取决于工业机器人的类型
extax	(1) external axes (2) 数据类型: extjoint (3) 附加轴的位置 (4) 对于旋转轴, 其位置定义为从校准位置起旋转的度数 (5) 对于线性轴, 其位置定义为与校准位置的距离(mm)

笔记

位置数据 robtarget 示例如下：

CONST robtarget p15：=[[600，500，225.3]，[1，0，0，0]，[1，1，0，0]，[1l，12.3，9E9，9E9，9E9，9E9]]；

位置 P15 定义如下：

(1) 工业机器人在工件坐标系中的位置：x=600、y=500、z＝225.3mm。

(2) 工具的姿态与工件坐标系的方向一致。

(3) 工业机器人的轴配置：轴 1 和轴 4 位于 90°～180°，轴 6 位于 0°～90°。

(4) 附加逻辑轴 a 和 b 的位置以度或毫米表示(根据轴的类型)。

(5) 未定义轴 c 到轴 f。

5．关节位置数据 jointtarget

jointtarget 用于存储工业机器人和附加轴的每个单独轴的角度位置。通过 moveabsj 可以使工业机器人和附加轴运动到 jointtarget 关节位置处。jointtarget 由两个部分组成，见表 2-22。

表 2-22 关节位置数据 jointtarget

组　件	说　明
robax	(1) robot axes (2) 数据类型：robjoint (3) 工业机器人轴的轴位置，单位(°) (4) 将轴位定义为各轴(臂)从轴校准位置沿正方向或反方向旋转的度数
extax	(1) external axes (2) 数据类型：extjoint (3) 附加轴的位置 (4) 对于旋转轴，其位置定义为从校准位置起旋转的度数 (5) 对于线性轴，其位置定义为与校准位置的距离(mm)

关节位置数据 jointtarget 示例如下：

CONST jointtarget calib_pos：=[[0，0，0，0，0，0]，[0,9E9,9E9，9E9，,9E9，9E9，]]；

通过数据类型jointtarget在calib_pos存储了工业机器人的机械原点位置，同时定义外部轴 a 的原点位置 0(度或毫米)，未定义外轴 b 到 f。

6．速度数据 speeddata

speeddata 用于存储工业机器人和附加轴运动时的速度数据。速度数据定义了工具中心点移动时的速度、工具的重定位速度、线性或旋转外轴移动时的速度。speeddata 由 4 个部分组成，见表 2-23。

表 2-23　速度数据 speeddata

组　件	说　明
v_tcp	(1) velocity tcp (2) 数据类型：num (3) 工具中心点(TCP)的速度，单位 mm/s (4) 如果使用固定工具或协同的外轴，则是相对于工件的速率
v_ori	(1) external axes (2) 数据类型：num (3) TCP的重定位速度，单位°/s (4) 如果使用固定工具或协同的外轴，则是相对于工件的速率
v_leax	(1) velocity linear external axes (2) 数据类型：num (3) 线性外轴的速度，单位 mm/s
v_leax	(1) velocity rotational external axes (2) 数据类型：num (3) 旋转外轴的速率，单位°/s

速度数据 speeddata 示例如下：

VAR speedda　vmedium:=[1000, 30, 200, 15];

使用以下速度，定义了速度数据 vmedium：

(1) TCP 速度为 1000 mm/s。

(2) 工具的重定位速度为 30°/s。

(3) 线性外轴的速度为 200 mm/s。

(4) 旋转外轴速度为 15°/s。

7．转角区域数据 zonedata

zonedata 用于规定如何结束一个位置，也就是在朝下一个位置移动之前，工业机器人必须解决如何接近编程位置。

可以以停止点或飞越点的形式来终止一个位置。停止点意味着工业机器人和外轴必须在使用下一个指令来继续程序执行之前到达指定位置(静止不动)。飞越点意味着从未达到编程位置，而是在到达该位置之前改变运动方向。zonedata 由 7 个部分组成，见表 2-24。

表 2-24　转角区域数据 zonedata

组　件	说　明
finep	(1) fine point (2) 数据类型：bool (3) 规定运动是否以停止点(fine点)或飞越点结束 ① TRUE：运动随停止点而结束，且程序执行将不再继续，直至工业机器人达到停止点。未使用区域数据中的其他组件数据 ② FALSE：运动随飞越点而结束，且程序执行在工业机器人到达区域之前继续进行大约100 ms

组件	说明
pzone_tcp	(1) path zoneTCP (2) 数据类型：num (3) TCP区域的尺寸(半径)，单位mm (4) 根据组件pzone_ori、pzone_eax、zonc_ori、zone_leax、zone_reax和编程运动，将扩展区域定义为区域的最小相对尺寸
pzone_ori	(1) path zone orientation (2) 数据类型：num (3) 有关工具重新定位的区域半径。将半径定义为TCP距编程点的距离，单位mm (4) 数值必须大于pzone_tcp的对应值。如果低于，则数值自动增加，以使其与pzone_tcp相同
pzone_eax	(1) path zone external axes (2) 数据类型：num (3) 有关外轴的区域半径。将半径定义为TCP距编程点的距离，单位mm (4) 数值必须大于pzone_tcp的对应值。如果低于，则数值自动增加，以使其与pzone_tcp相同
zone_ori	(1) zone orientation (2) 数据类型：num (3) 工具重定位的区域半径大小，单位(°) (4) 如果工业机器人正夹持着工件，则是指工件的旋转角度
zone_leax	(1) zone linear external axes (2) 数据类型：num (3) 线性外轴的区域半径大小，单位mm
zone_reax	(1) zone rotational external axes (2) 数据类型：num (3) 旋转外轴的区域半径大小，单位(°)

转角区域数据 zonedata 示例如下：

VAR zonedata path=[FALSE，25，40，40，10，35，5]；

通过以下数据，定义转角区域数据 path：

(1) TCP 路径的区域半径为 25 mm。

(2) 工具重定位的区域半径为 40 mm(TCP 运动)。

(3) 外轴的区域半径为 40 mm(TCP 运动)。

如果 TCP 静止不动，或存在大幅度重新定位，或存在有关该区域的外轴大幅度运动，则应用以下规定：

(1) 工具重定位的区域半径为 10°。

(2) 线性外轴的区域半径为 35 mm。

(3) 旋转外轴的区域半径为 5°。

笔记

📹 任务实施

程序数据的建立

根据实际情况,让学生在教师的指导下进行技能训练。

技能训练

在 ABB 机器人系统中可以通过直接在示教器中的程序数据画面中建立程序数据,也可以在建立程序指令时,同时自动生成对应的程序数据。

一、建立 bool 类型程序数据

建立 bool 数据的操作步骤如表 2-25 所示。设定程序数据中的参数及说明见表 2-26。

表 2-25　bool 数据的建立

操作说明	操作界面
1. 在 ABB 主菜单栏中单击"程序数据"	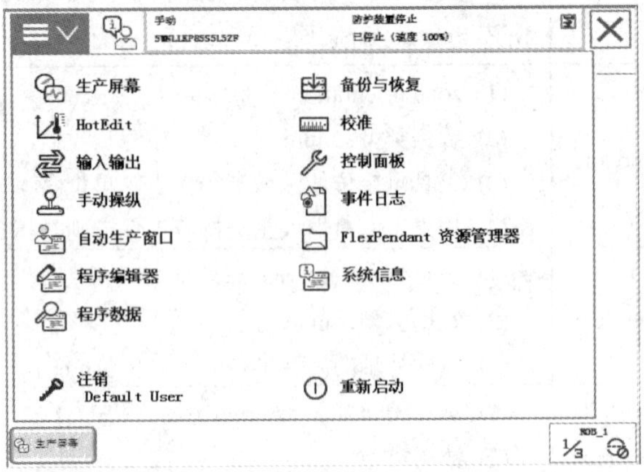
2. 选择数据类型"bool",单击"显示数据"	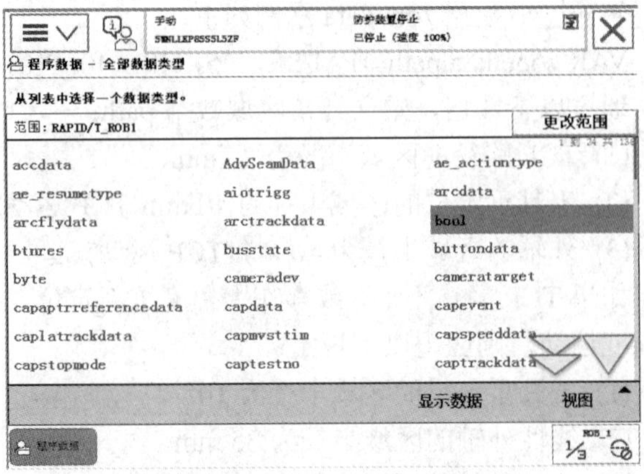

✐ 笔记

操作说明	操作界面
3. 单击"新建..."	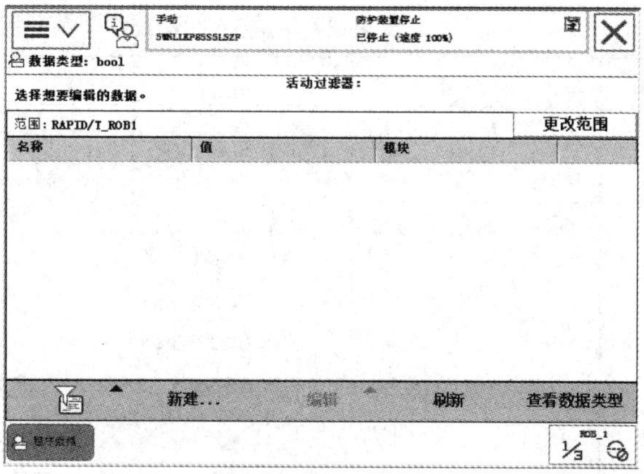
4. 进行名称的设定、单击下拉菜单选择对应的参数,设定完成后单击"确定"完成设定。数据参数及具体说明见表2-26	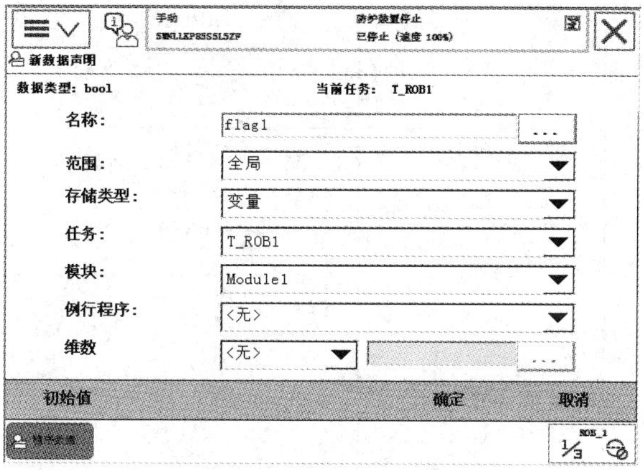

表 2-26　设定程序数据中的参数及说明

设定参数	参数说明
名称	设定数据的名称
范围	设定数据可使用的范围
存储类型	设定数据的可存储类型
任务	设定数据所在的任务
模块	设定数据所在的模块
例行程序	设定数据所在的例行程序
维数	设定数据的维数
初始值	设定数据的初始值

笔记

二、建立 num 类型程序数据

建立 num 类型程序数据见表 2-27。

表 2-27　建立 num 类型程序数据

步骤	说　明	图　示
1	单击左上角主菜单按钮	
2	选择"程序数据"	
3	选择数据类型"num"	
4	单击"显示数据"	
5	单击"新建…"	

步骤	说 明	图 示
6	单击此按钮进行名称的设定	
7	单击下拉菜单选择对应的参数	
8	单击"确定"完成设定	

图示内容:

手动 LAPTOP-D8TO5FPN　防护装置停止 已停止(速度 100%)

新数据声明

数据类型: num　　　当前任务: T_ROB1

名称: reg6 ...

范围: 全局

存储类型: 变量

任务: T_ROB1

模块: Module1

例行程序: <无>

维数: <无>

初始值　　　　确定　　取消

1/3

任务扩展

常用的程序数据

根据不同的数据用途,可定义不同类型的程序数据。系统中还有针对一些特殊功能的程序数据,在对应的功能说明书中会有相应的详细介绍,详情可查看随机光盘电子版说明书,也可根据需要新建程序数据类型。常用的程序数据如表 2-28 所示。

表 2-28　常用的程序数据

程序数据	说 明	程序数据	说 明
bool	布尔量	byte	整数数据 0～255
num	数值数据	pose	坐标转换
clock	计时数据	robjoint	机器人轴角度数据
dionum	数字输入/输出信号	robtarget	机器人与外轴的位置数据
intnum	中断标志符	speeddata	机器人与外轴的速度数据
extjoint	外轴位置数据	string	字符串
jointtarget	关节位置数据	tooldata	工具数据
orient	姿态数据	trapdata	中断数据
mecunit	机械装置数据	wobjdata	工件数据
pos	位置数据(只有X、Y和Z)	zonedata	TCP 转弯半径数据
loaddata	负荷数据		

任务巩固

一、选择

1. 下列( )个转角半径数据会使得运动更为流畅。

   A．fine   B．z10   C．z50

2. 对于速度数据 v1000 描述错误的是( )。

   A．1000 的单位是 mm/s

   B．1000 描述的是 TCP 的线性移动速度

   C．使用 v1000 移动 1000mm 需要耗时 1 秒钟

二、问答题

1. 常用的程序数据有哪几个？
2. 程序数据分为几类？有哪几种存储类型？

三、应用题

1. 应用本单位的工业机器人建立 num 类型程序数据。
2. 应用本单位的工业机器人建立 bool 类型程序数据。

任务四　工业机器人坐标系的确定

任务导入

工业机器人在生产中，一般需要配备除了自身性能特点要求作业外的外围设备，如转动工件的回转台，移动工件的移动台等。这些外围设备的运动和位置控制都需要与工业机器人相配合并要求相应的精度。通常机器人运动轴按其功能可划分为机器人轴、基座轴和工装轴，基座轴和工装轴统称外部轴，如图 2-27 所示。

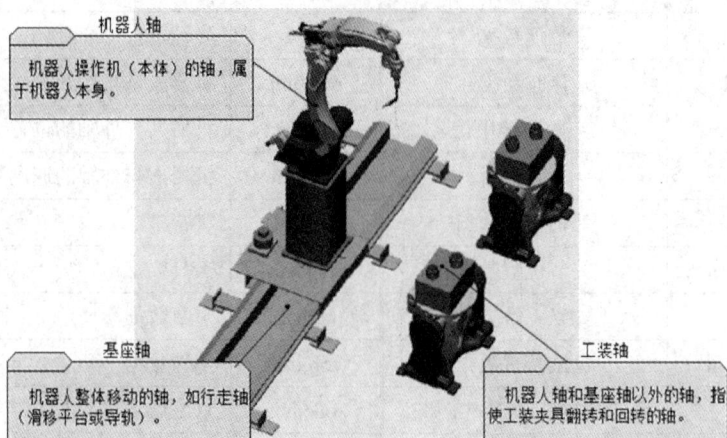

图 2-27　机器人系统中各运动轴

■ 任务目标

知识目标	能力目标
1. 掌握机器人坐标系的确定原则 2. 掌握工业机器人坐标系的确定原则 3. 掌握工业机器人常用坐标系的确定方法	1. 会进行机器人坐标系的设置及选择 2. 能进行工具坐标 tooldata 的设定 3. 能进行工件坐标 wobjdata 的设定

■ 任务准备

带领学生到工业机器人边介绍，但应注意安全。

　　工业机器人轴是指操作本体的轴，属于机器人本身，目前商用的工业机器人大多以 8 轴为主。基座轴是使机器人移动轴的总称，主要指行走轴(移动滑台或导轨)，工装轴是除机器人轴、基座轴以外轴的总称，指使工件、工装夹具翻转和回转的轴，如回转台、翻转台等。实际生产中常用的是 6 关节工业机器人，所谓 6 轴关节性机器人操作机有 6 个可活动的关节(轴)。表 2-29 为常见工业机器人本体运动轴的定义，图 2-28 为典型机器人各运动轴，不同的工业机器人本体运动轴的定义是不同的，KUKA 机器人 6 轴分别定义为 A1、A2、A3、A4、A5 和 A6；ABB 工业机器人则定义为轴 1、轴 2、轴 3、轴 4、轴 5 和轴 6。其中 A1、A2 和 A3 轴(轴 1、轴 2 和轴 3)称为基本轴或主轴，用于保证末端执行器达到工作空间的任意位置；A4、A5 和 A6 轴(轴 4、轴 5 和轴 6)称为腕部轴或次轴，用于实现末端执行器的任意空间姿态。图 2-29 是 YASKAWA 工业机器人各运动轴的关系。

表 2-29　常见工业机器人本体运动轴的定义

轴类型	轴名称				动作说明
	ABB	FANUC	YASKAWA	KUKA	
主轴 (基本轴)	轴 1	J1	S 轴	A1	本体回旋
	轴 2	J2	L 轴	A2	大臂运动
	轴 3	J3	U 轴	A3	小臂运动
次轴 (腕部运动)	轴 4	J4	R 轴	A4	手腕旋转运动
	轴 5	J5	B 轴	A5	手腕上下摆运动
	轴 6	J6	T 轴	A6	手腕圆周运动

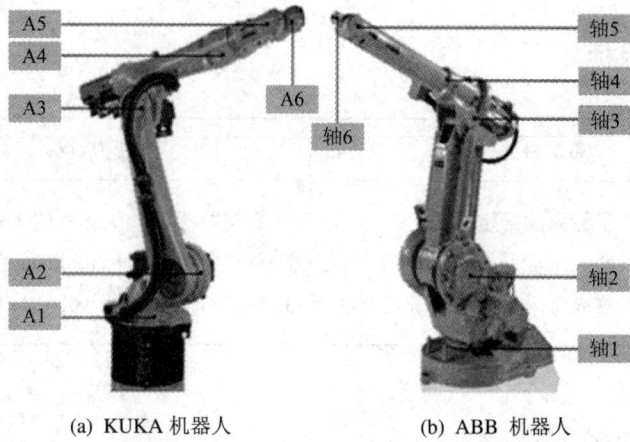

(a) KUKA 机器人   (b) ABB 机器人

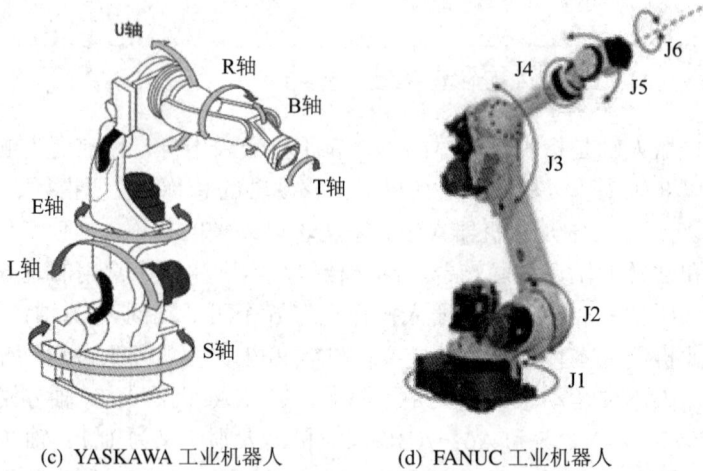

(c) YASKAWA 工业机器人   (d) FANUC 工业机器人

图 2-28 典型机器人各运动轴

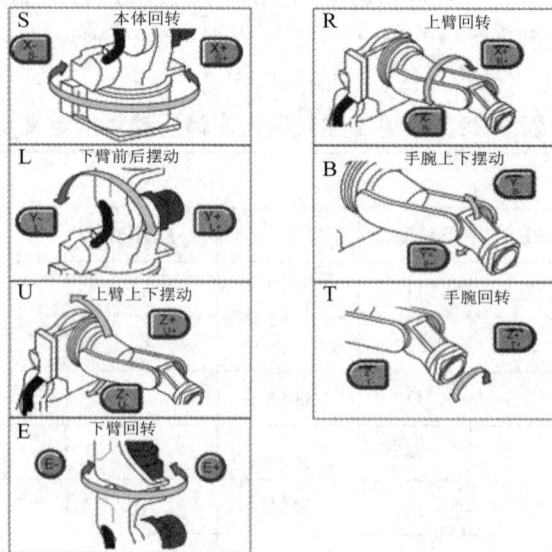

图 2-29 YASKAWA 工业机器人各运动轴的关系

一、机器人坐标系的确定

1. 机器人坐标系的确定原则

机器人程序中所有点的位置都是和一个坐标系相联系的，同时，这个坐标系也可能和另外一个坐标系有联系。

机器人的各种坐标系都由正交的右手定则来决定，如图 2-30 所示。当围绕平行于 X、Y、Z 轴线的各轴旋转时，分别定义为 A、B、C。A、B、C 的正方向分别以 X、Y、Z 的正方向上右手螺旋前进的方向为正方向，如图 2-31 所示。

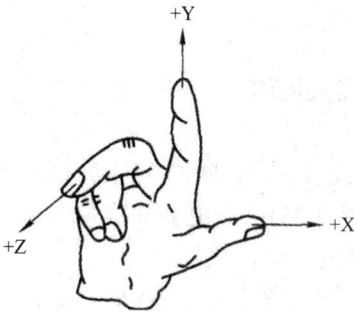

图 2-30　右手坐标系

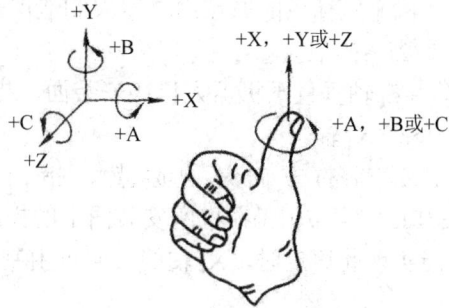

图 2-31　旋转坐标系

2. 常用坐标系的确定

常用的坐标系有绝对坐标系、机座坐标系、机械接口坐标系和工具坐标系，坐标系示例如图 2-32 所示。

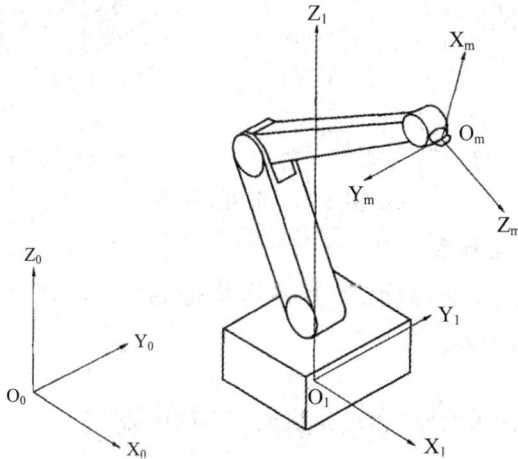

图 2-32　坐标系示例

1) 绝对坐标系

绝对坐标系是与机器人的运动无关，而是以地球为参照系的固定坐标系。其符号：O_0—X_0—Y_0—Z_0。

(1) 原点 O_0。

绝对坐标系的原点 O_0 由用户根据需要来确定。

(2) $+Z_0$轴。

$+Z_0$轴与重力加速度的矢量共线，但其方向相反。

(3) $+X_0$轴。

$+X_0$轴根据用户的使用要求来确定。

2) 机座坐标系

机座坐标系是以机器人机座安装平面为参照系的坐标系。其符号：O_1—X_1—Y_1—Z_1。

(1) 原点 O_1。

机座坐标系的原点由机器人制造厂规定。

(2) $+Z_1$轴。

$+Z_1$轴垂直于机器人机座安装面，指向机器人机体。

(3) X_1轴。

X_1 轴 的 方 向 是 由 原 点、指 向 机 器 人 工 作 空 间 中 心 点 C_w(见 GB/T12644—2013)在机座安装面上的投影(见图 2-33)。当由于机器人的构造不能实现此约定时，X_1轴的方向可由制造厂规定。

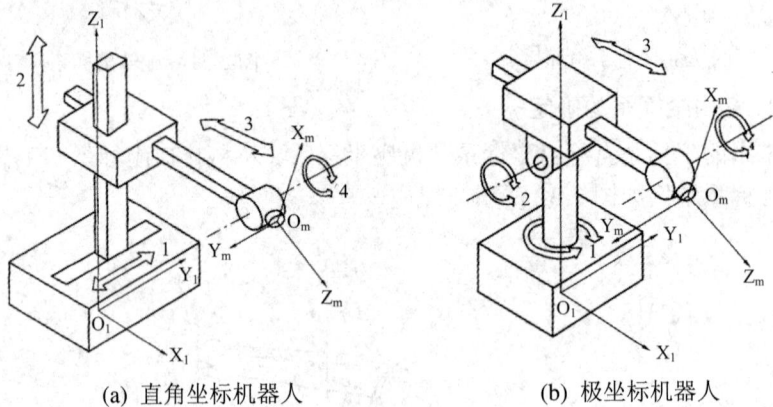

(a) 直角坐标机器人   (b) 极坐标机器人

图 2-33 机座坐标系

3) 机械接口坐标系

如图 2-34 所示，机械接口坐标系是以机械接口为参照系的坐标系。其符号：O_m—X_m—Y_m—Z_m。

(1) 原点 O_m。

机械接口坐标系的原点 O_m 是机械接口的中心。

(2) $+Z_m$轴。

$+Z_m$轴的方向，垂直于机械接口中心，并由此指向末端执行器。

(3) $+X_m$轴。

$+X_m$轴是由机械接口平面和 X_1、Z_1 平面(或平行于 X_1、Z_1 的平面)的交线来定义的。同时机器人的主、副关节轴处于运动范围的中间位置。当机器人的构造不能实现此约定时，应由制造厂规定主关节轴的位置。$+X_m$轴的指向是远离 Z_1 轴。

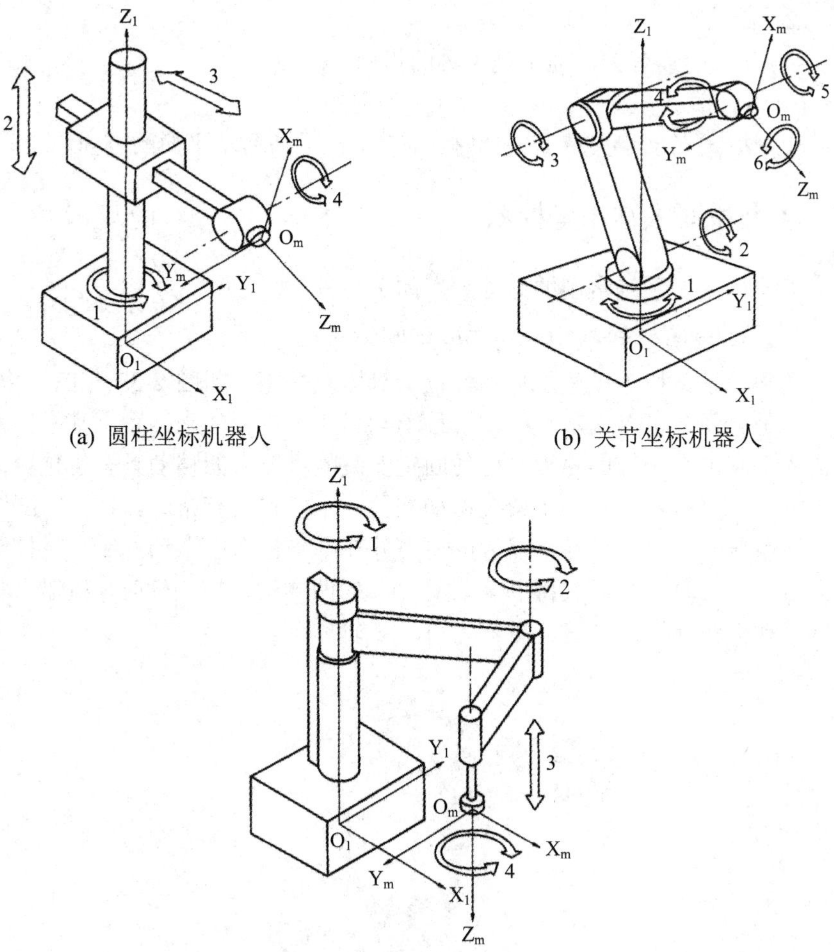

(a) 圆柱坐标机器人　　　　　　　　(b) 关节坐标机器人

(c) SCARA 机器人

图 2-34　机械接口坐标系

4) 工具坐标系

工具坐标系是以安装在机械接口上的末端执行器为参照系的坐标系。其符号：O_t—X_t—Y_t—Z_t。

(1) 原点 O_t。

原点 O_t 是工具中心点(TCP)，见图 2-35。

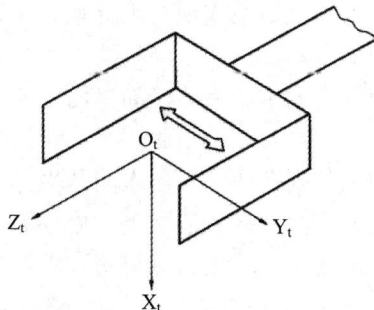

图 2-35　工具坐标系

(2) +Z_t 轴。

+Z_t 轴与工具有关，通常是工具的指向。

(3) +Y_t 轴。

在平板式夹爪型夹持器夹持时。+Y_t 是在手指运动平面的方向。

二、工业机器人常用坐标系

工业机器人系统常用的坐标系有如下几种。

1. 基坐标系(Base Coordinate System)

基坐标系又称为机座坐标系，位于机器人基座。如图 2-33 与图 2-36 所示，它是最便于机器人从一个位置移动到另一个位置的坐标系。基坐标系在机器人基座中有相应的零点，这使固定安装的机器人的移动具有可预测性，因此它对于将机器人从一个位置移动到另一个位置很有帮助。在正常配置的机器人系统中，当人站在机器人的前方并在基坐标系中微动控制，将控制杆拉向自己一方时，机器人将沿 X 轴移动；向两侧移动控制杆时，机器人将沿 Y 轴移动；扭动控制杆时，机器人将沿 Z 轴移动。

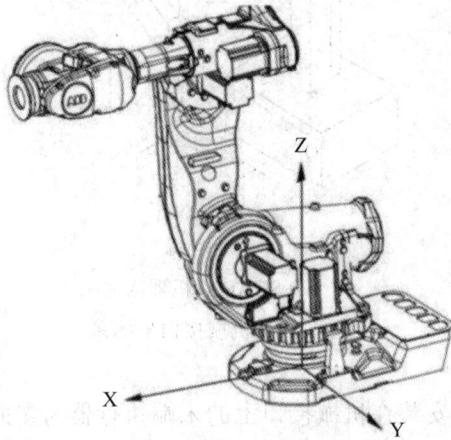

图 2-36　机器人的基坐标系

2. 世界坐标系(World Coordinate System)

世界坐标系又称为大地坐标系或绝对坐标系。如果机器人安装在地面，在基坐标系下示教编程很容易。然而，当机器人吊装时，机器人末端移动直观性差，因而示教编程较为困难。另外，如果两台或更多台机器人共同协作完成一项任务时，例如，一台安装于地面，另一台倒置，倒置机器人的基坐标系也将上下颠倒。如果分别在两台机器人的基坐标系中进行运动控制，则很难预测相互协作运动的情况。在此情况下，可以定义一个世界坐标系，选择共同的世界坐标系取而代之。若无特殊说明，单台机器人世界坐标系和基坐标系是重合的。如图 2-32 与图 2-37 所示，当在工作空间内同时有几台机器人时，使用公共的世界坐标系进行编程有利于机器人程序间的交互。

笔记

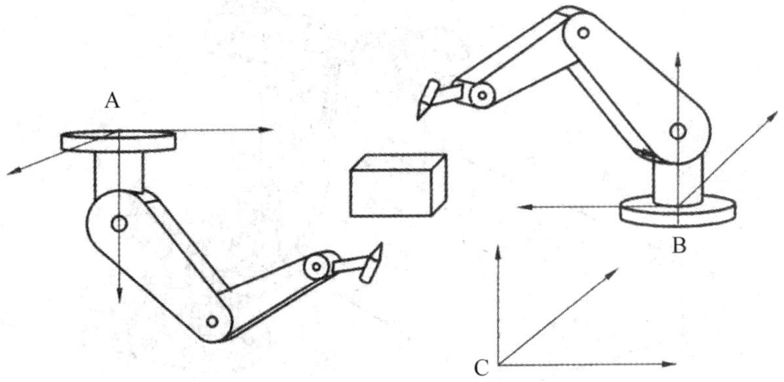

A—基坐标系；B—基坐标系；C—世界坐标系

图 2-37　世界坐标系

3．用户坐标系(User Coordinate System)

机器人可以和不同的工作台或夹具配合工作，在每个工作台上建立一个用户坐标系。机器人大部分采用示教编程的方式，步骤烦琐，对于相同的工件，如果放置在不同的工作台上，在一个工作台上完成工件加工示教编程后，如果用户的工作台发生变化，不必重新编程，只需相应地变换到当前的用户坐标系下。用户坐标系是在基坐标系或者世界坐标系下建立的。如图 2-38 所示，用两个用户坐标系来表示不同的工作平台。

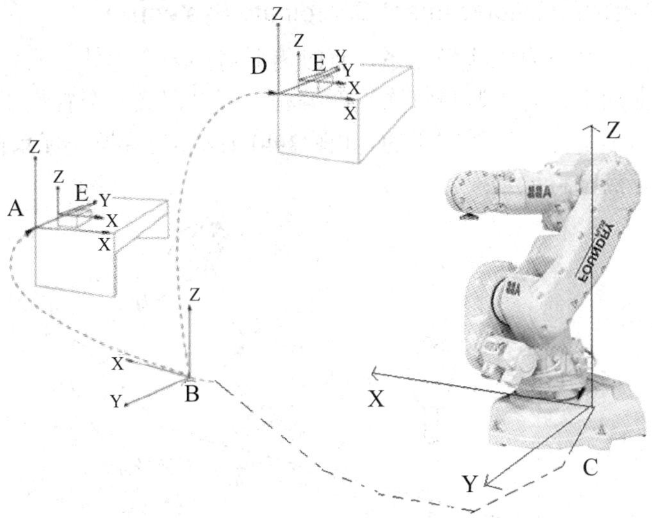

A—用户坐标系；B—大地坐标系；C—基坐标系；D—移动用户坐标系；E—工件坐标系

图 2-38　用户坐标系

工匠精神

当前，我国正处在从工业大国向工业强国迈进的关键时期，培育和弘扬严谨认真，精益求精，追求完美的工匠精神，对于建设制造强国具有重要的意义。

4．工件坐标系(object Coordinate System)

工件坐标系与工件相关，通常是最适于对机器人进行编程的坐标系。

工件坐标系对应工件：它定义工件相对于大地坐标系(或其他坐标系)的位置，如图 2-39 所示。

A—大地坐标系；B—工件坐标系 1；C—工件坐标系 2

图 2-39　工件坐标系

工件坐标系是拥有特定附加属性的坐标系，它主要用于简化编程，工件坐标系拥有两个框架：用户框架(与大地基座相关)和工件框架(与用户框架相关)。机器人可以拥有若干工件坐标系，可表示不同工件，也可表示同一工件在不同位置的若干副本。对机器人进行编程时就是在工件坐标系中创建目标和路径。这带来很多优点：重新定位工作站中的工件时，只需更改工件坐标系的位置，所有路径将即刻随之更新。允许操作以外轴或传送导轨移动的工件，因为整个工件可连同其路径一起移动。

5. 置换坐标系(Displacement Coordinate System)

置换坐标系又称为位移坐标系，有时需要对同一个工件、同一段轨迹在不同的工位上加工，为了避免每次重新编程，可以定义一个置换坐标系。置换坐标系是基于工件坐标系定义的。如图 2-40 所示，当置换坐标系被激活后，程序中的所有点都将被置换。

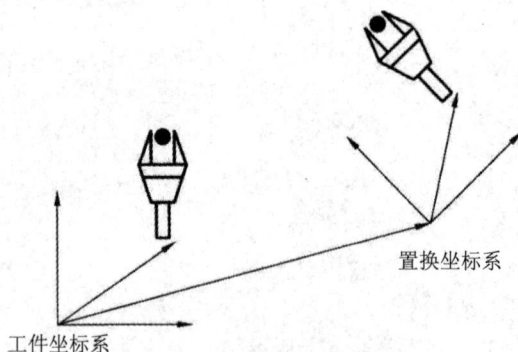

置换坐标系

工件坐标系

图 2-40　置换坐标系

6. 腕坐标系(Wrist Coordinate System)

腕坐标系和工具坐标系都是用来定义工具的方向的。在简单的应用中，腕坐标系可以定义为工具坐标系，腕坐标系和工具坐标系重合。腕坐标系的Z轴和机器人的第 6 根轴重合，如图 2-41 所示，坐标系的原点位于末端法兰盘的中心, X 轴的方向与法兰盘上标识孔的方向相同或相反, Z 轴垂直向外, Y 轴符合右手法则。

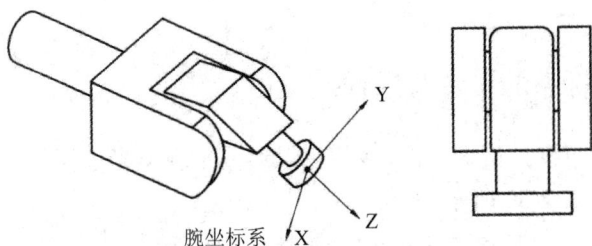

图 2-41　腕坐标系

7. 工具坐标系(Tool Coordinate System)

安装在末端法兰盘上的工具需要在其中心点(TCP)定义一个工具坐标系, 通过坐标系的转换, 可以操作机器人在工具坐标系下运动, 以方便操作。如果工具磨损或更换, 只需重新定义工具坐标系, 而不用更改程序。工具坐标系建立在腕坐标系下, 即两者之间的相对位置和姿态是确定的。图 2-35 与图 2-42 表示不同工具的工具坐标系的定义。

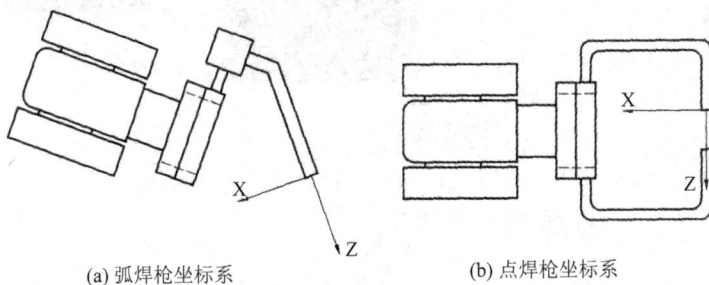

(a) 弧焊枪坐标系　　　　　　(b) 点焊枪坐标系

图 2-42　工具坐标系

8. 关节坐标系(Joint Coordinate System)

关节坐标系用来描述机器人每个独立关节的运动, 如图 2-43 所示。所有关节类型可能不同(如移动关节、转动关节等)。假设将机器人末端移动到期望的位置, 如果在关节坐标系下操作, 可以依次驱动各关节运动, 从而引导机器人末端到达指定的位置。

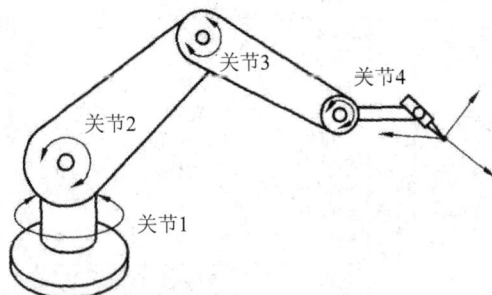

图 2-43　关节坐标系

✎ 笔记

📷 **任务实施**

一、机器人坐标系的设置及选择

在手动模式下操控机器人时，我们可以通过示教器来选择相应的坐标系，具体操作步骤如表 2-30 所示。

表 2-30　坐标系选取的步骤

操作说明	操作界面
1. 将控制柜上的机器人状态钥匙切换到中间的手动限速状态，在状态栏中确认机器人状态已切换为"手动"	手动限速模式
2. 在 ABB 主菜单栏中单击"手动操纵"	
3. 在手动操纵界面下，单击"坐标系"	

续表　　　　✍ 笔记

操作说明	操作界面
4. 单击需要设定的坐标系，单击"确定"	
5. 工具坐标系和工件坐标系的选择请参照上述步骤操作	

二、工具坐标tooldata的设定

工具坐标系的工具数据 tooldata 是用于描述安装在机器人第六轴上的工具 TCP、重量、重心等参数数据。所有机器人在手腕处都有一个预定义工具坐标系(tool0)，默认工具 (tool0) 的工具中心点位于机器人安装末端执行器法兰盘的中心，与机器人基座方向一致。创建新工具时，tooldata 工具类型变量将随之创建。该变量名称将成为工具的名称。新工具具有质量、框架、方向等初始默认值，这些值在工具使用前必须进行定义。

标定工具坐标系，需要标定特殊空间点，空间点的个数从三点直到九点，标定的点数越多，TCP 的设定越准确，相应的操作难度越大。标定工具坐标系时，首先在机器人工作范围内找一个精确的固定点做参考点；然后在工具上确定一个参考点即 TCP 点(最好是工具中心点)，例如在焊接机器人中，常定义焊丝端头为焊枪工具的 TCP 点；用手动操纵机器人的方法，移动工具上

✎ 笔记

的 TCP 点通过 N 种不同姿态同固定点相碰，得出多组解，通过计算得出当前 TCP 与机器人手腕中心点(tool0)的相应位置，坐标系方向与 tool0 一致。可以采用三点法标定 TCP 点，一般为了获得更精确的 TCP，我们常使用六点法进行操作，第四点是用工具的参考点垂直于固定点，第五点是工具参考点从固定点向将要设定为 TCP 的 X 方向移动，第六点是工具参考点从固定点向将要设定为 TCP 的 Z 方向移动。六点法标定工具坐标系的操作步骤见表 2-31。

表 2-31　六点法标定工具坐标系

操作说明	操作界面
1. 将控制柜上的机器人状态钥匙切换到中间的手动限速状态，在状态栏中确认机器人状态已切换为"手动"	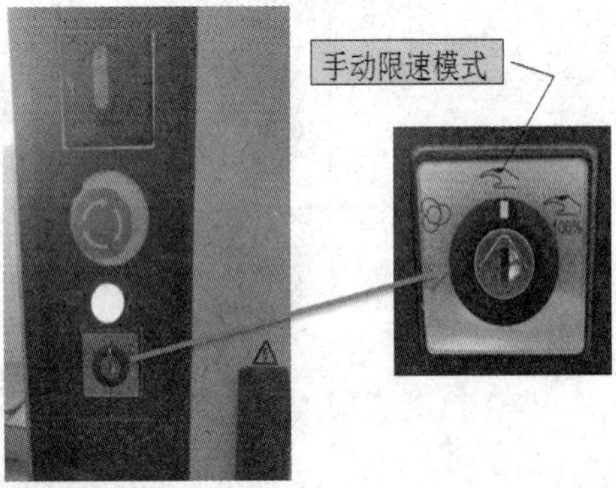 手动限速模式
2. 在 ABB 主菜单中单击"手动操纵"	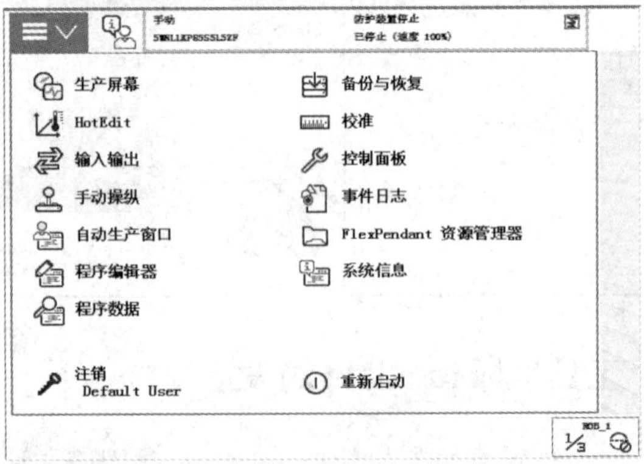
3. 单击"工具坐标"	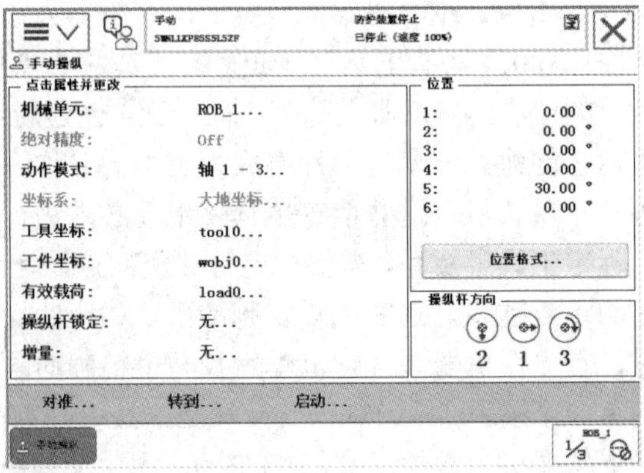

　　✍ 笔记

操作说明	操作界面
4. 单击"新建…"	
5. 新工具坐标系命名为"tool1"，单击"初始值"	
6. 在"mass"后输入末端装置(手抓)的质量	
7. 在"cog"目录下输入焊枪相对于法兰盘的位置偏移量。单击"确定"	

续表二

操作说明	操作界面
8. 单击"确定"	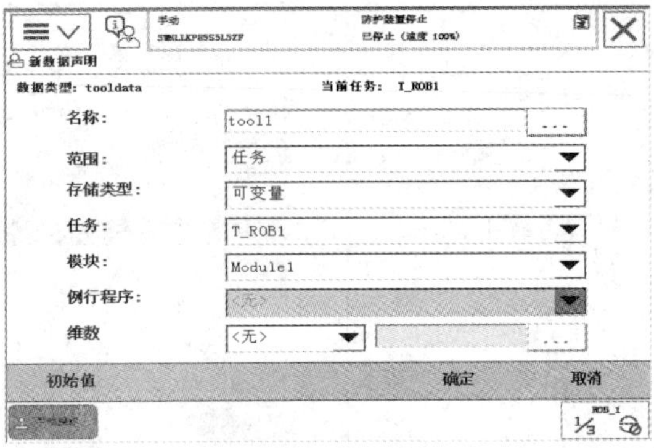
9. 选中"tool1"，单击"编辑"，单击"定义..."	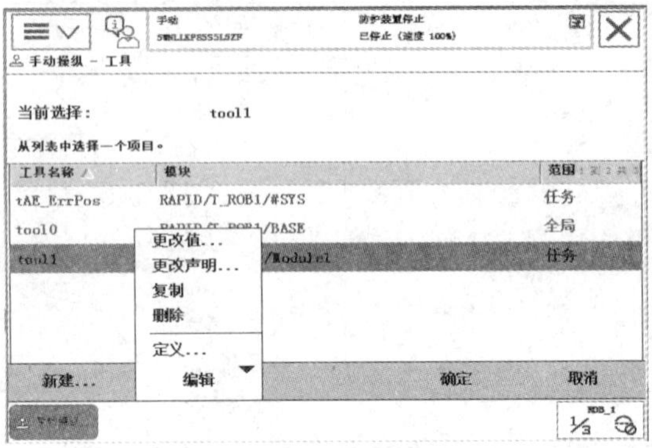
10. 在"方法"下拉菜单中选择"TCP 和 Z，X"	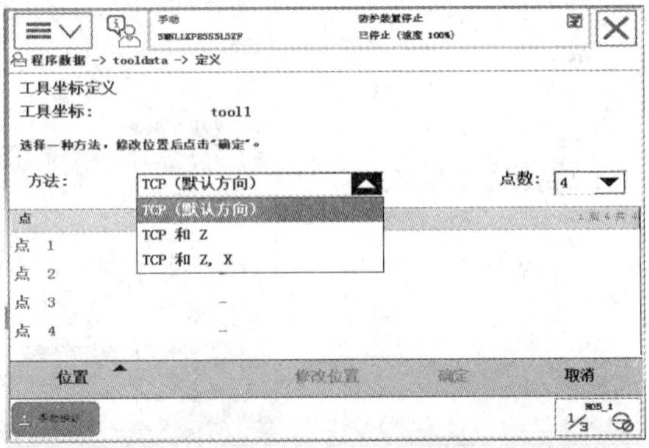
11. 手动操纵机器人，使焊枪以一种常见姿态无限接近一空间点(图中为瓶子的顶端点)	

续表三　　　✍ 笔记

操作说明	操作界面
12. 在示教器中选中"点1"，单击"修改位置"，记录下该空间点	
13. 同理，改变焊枪姿态，手动操纵机器人 TCP 点无限接近设定的空间点后，分别记录下点 2 和点 3。注意，在三个记录点上焊枪姿态相差越大，设定的工具坐标系越精准	
14. 手动操纵机器人使 TCP 点垂直并无限接近于设定的空间点，记录下第 4 点	
15. 手动操纵机器人 TCP 点从第 4 点沿设定的 X 方向移动一段距离后，记录为 5 点	

✎ 笔记

操作说明	操作界面
16. 手动操纵机器人 TCP 点重新回到记录的第 4 点，然后操纵 TCP 沿设定的 Z 方向移动一定距离，记录为第 6 点	
17. 六点全部记录后，在示教器窗口中，单击"确定"。工具坐标系 tool1 标定完成	

三、工件坐标 wobjdata 的设定

工件坐标系的设置步骤见表 2-32。

表 2-32　工件坐标系的设置步骤

操作说明	操作界面
1. 将控制柜上的机器人状态钥匙切换到中间的手动限速状态，在状态栏中确认机器人状态已切换为"手动"	

操作说明	操作界面
2. 在 ABB 主菜单中单击"手动操纵"	
3. 单击"工件坐标"	
4. 单击"新建..."	

续表二

操作说明	操作界面
5. 新工具坐标系命名为"wobj1"，单击"初始值"	
6. 设置好相应属性后，单击"确定"	
7. 选中新建的工件坐标"wobj1"，单击"编辑"，单击"定义..."	

续表三　　　✍ 笔记

操作说明	操作界面
8. 在"方法"下拉菜单中选择"3 点"	
9. 手动操纵机器人，使 TCP 点靠近工件坐标的 X1 点	
10. 在示教器中选中"用户点 X1"，单击"修改位置"，记录下该空间点	

笔记

续表四

操作说明	操作界面
11. 手动操纵机器人，使 TCP 点靠近工件坐标的 X2 点	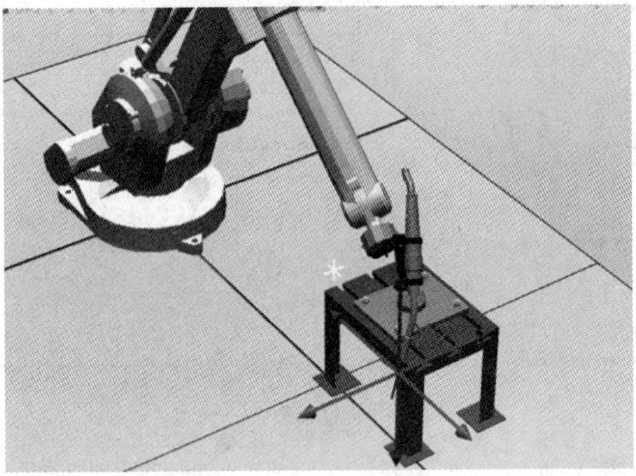
12. 在示教器中选中“用户点 X2”，单击“修改位置”，记录下该空间点	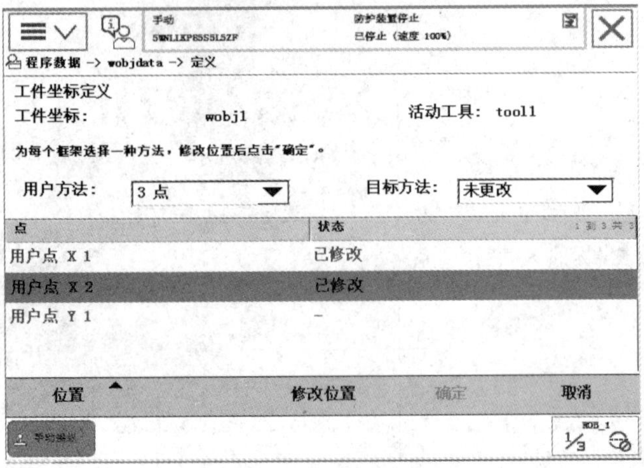
13. 手动操纵机器人，使 TCP 点靠近工件坐标的 Y1 点	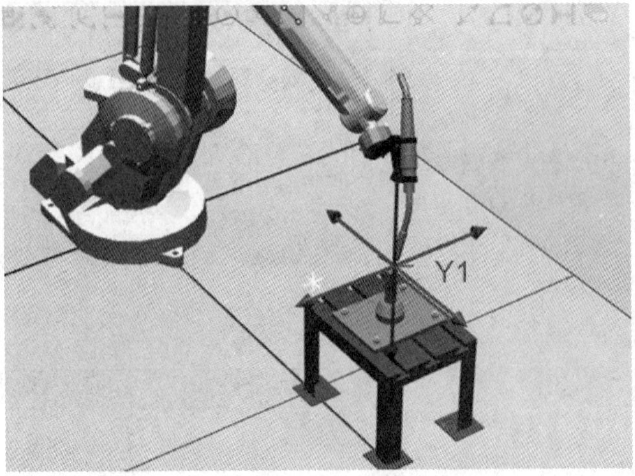

续表五　　✍ 笔记

操作说明	操作界面
14. 单击"修改位置",记录下该空间点,然后单击确定。工件坐标系创建完成	**工件坐标定义** 工件坐标: wobj1　　　活动工具: tool1 为每个框架选择一种方法,修改位置后点击"确定"。 用户方法: 3 点　　　目标方法: 未更改 点 / 状态 用户点 X 1　已修改 用户点 X 2　已修改 用户点 Y 1　— 位置　修改位置　确定　取消　1/3
15. 选中 wobj1,单击"确定"	**手动操纵 - 工件** 当前选择: wobj1 从列表中选择一个项目。 工件名称 / 模块 / 范围 obAE_BrkPos　RAPID/T_ROB1/#SYS　任务 obAE_ErrPos　RAPID/T_ROB1/#SYS　任务 wobj0　RAPID/T_ROB1/BASE　全局 wobj1　RAPID/T_ROB1/Module1　任务 新建... 编辑 确定 取消　1/3
16. 返回手动操纵界面,可以看到工件坐标选项为"wobj1"。使用线性运动模式,体验新建立的工件坐标系	**手动操纵** 点击属性并更改 机械单元: ROB_1... 绝对精度: Off 动作模式: 轴 1 - 3... 坐标系: 大地坐标... 工具坐标: tool1... 工件坐标: wobj1... 有效载荷: load0... 操纵杆锁定: 无... 增量: 无... 位置: 1: 0.00° 2: 0.00° 3: 0.00° 4: 0.00° 5: 30.00° 6: 0.00° 位置格式... 对准... 转到... 启动...　1/3

131

四、有效载荷 loaddata 的设定

对于搬运应用的机器人，应正确设定夹具的质量、重心 tooldata、搬运对象的质量和重心数据 loaddata 等。有效载荷 loaddata 的设定步骤如表 2-33 所示。

表 2-33　有效载荷的设定步骤

操作说明	操作界面
1. 将控制柜上的机器人状态钥匙切换到中间的手动限速状态，在状态栏中确认机器人状态已切换为"手动"	
2. 在 ABB 主菜单中单击"手动操纵"	
3. 单击"有效载荷"	

续表　　　✍ 笔记

操作说明	操作界面
4. 单击"新建…"	
5. 对有效载荷数据属性进行设定，单击"初始值"	
6. 对有效载荷的数据根据实际的情况进行确定，各参数代表的含义请参考表的有效载荷参数表	

笔记

📹 **任务扩展**

工具自动识别

自动识别 tooldata 与 loaddata 需要用户自己测量工具的质量和重心，然后填写参数进行设置。这样必然会产生一定的误差。工具自动识别程序 LoadIdentify 是 ABB 机器人自带了自动测量工具、夹具或搬运重物的重量、重心的例行测量程序。

操作步骤如下：

(1) 使机器人 6 轴回到原点位置，该位置为测试位置；

(2) 在手动操作界面选择需要被测量的工具坐标或有效载荷；

(3) 任意打开一个程序，单击"调试"中的"调用例行程序"(如果该项不可用则先 PP 移至例行程序)，然后再选择"LoadIdentify"，进入 ABB 机器人自带的重量、重心的例行测量程序。

(4) 按下使能键(在实际应用中，要一直按着使能键，直到测试结束)，再按下连续运行键(即播放键)。

测试中如果发现任何问题要立刻按下示教器上的"停止"按钮。这个慢速的测试过程大约会持续 10 min 左右，整个过程中都要按住使能键。如果低速测试过程没有问题，即可进入提示将机器人转到自动或手动全速方式，建议转到自动方式。然后按下上电按钮，接着再次按下连续运行键，最后单击"MOVE"按钮。

测试完成后回到调用例行程序界面，单击"取消调用例行程序"，回到原来的例行程序。

📹 **任务巩固**

一、填空题

1. 机器人运动轴按其功能通常可划分为_____、基座轴和工装轴，_____和_____统称外部轴。

2. 机器人的各种坐标系都由正交的_____来决定。

3. 绝对坐标系是与机器人的运动无关，以_____为参照系的固定坐标系。

4. 机座坐标系是以机器人_____为参照系的坐标系。

5. 工具坐标系是以安装在机械接口上的_____为参照系的坐标系。

6. 置换坐标系是基于_____定义的。

7. 腕坐标系和工具坐标系都是用来定义工具的_____的。

8. 关节坐标系用来描述机器人每个_____的运动。

二、选择题

1. 水平安装机器人，线性操作，参考基坐标系方向，逆时针旋转摇杆，则机器人会(　　)。

  A．向上移动   B．向下移动

  C．朝机器人正前方移动

2．重定位运动时，参考(　　)点旋转工具姿态。

  A．法兰盘中心点   B．当前选中的工具坐标系原点

  C．基座中心点

三、问答题

1．世界坐标系有什么作用？

2．工件坐标系有什么作用？

3．工具坐标系有什么作用？

四、应用题

1．根据本单位的情况设置工具坐标系。

2．根据本单位的情况设置工件坐标系。

模块二资源

操 作 与 应 用

工 作 单

姓　名		工作名称	工业机器人基本操作	
班　级		小组成员		
指导教师		分工内容		
计划用时		实施地点		
完成日期		备　注		
工作准备				
资料		工具	设备	

笔记

工作内容与实施	
工作内容	实　　施
1. 工业机器人手动操作方式有哪种？	
2. 常用的程序数据有哪几个？	
3. 程序数据分为几类？有哪几种存储类型？	
4. 对图1所示工业机器人进行基本操作	
5. 对图1所示工业机器人进行工具坐标系的设定	
6. 对图1所示工业机器人进行工件坐标系的设定	图1　喷涂工业机器人
注：可根据实际情况选用不同的机器人	

工 作 评 价

	评价内容				
	完成的质量(60分)	技能提升能力(20分)	知识掌握能力(10分)	团队合作(10分)	备注
自我评价					
小组评价					
教师评价					

1. 自我评价

班级　　　　　　　姓名　　　　　　　工作名称　工业机器人基本操作

自我评价表

序号	评价项目	是	否
1	是否明确人员的职责		
2	能否按时完成工作任务的准备部分		
3	工作着装是否规范		
4	是否主动参与工作现场的清洁和整理工作		
5	是否主动帮助同学		
6	是否正确操作工业机器人		
7	是否正确设置工业机器人工具坐标系		
8	是否正确设置工业机器人工件坐标系		
9	是否完成了清洁工具和维护工具的摆放		
10	是否执行6S规定		
评价人		分数	时间　年　　月　　日

2. 小组评价

小组评价表

序号	评价项目	评价情况
1	与其他同学的沟通是否顺畅	
2	是否尊重他人	
3	工作态度是否积极主动	
4	是否服从教师的安排	
5	着装是否符合标准	
6	能否正确地理解他人提出的问题	
7	能否按照安全和规范的规程操作	
8	能否保持工作环境的干净整洁	
9	是否遵守工作场所的规章制度	
10	是否有工作岗位的责任心	
11	是否全勤	
12	是否能正确对待肯定和否定的意见	
13	团队工作中的表现如何	
14	是否达到任务目标	
15	存在的问题和建议	

✍ 笔记

3. 教师评价

课程	工业机器人操作与应用	工作名称	工业机器人基本操作	完成地点	
姓名		小组成员			
序号	项　目		分值	得分	
1	简答题		20		
2	正确操作工业机器人		40		
3	正确设置工业机器人工具坐标系		20		
4	正确设置工业机器人工件坐标系		20		

自 学 报 告

自学任务	KUKA工业机器人的基本操作
自学内容	
收　获	
存在问题	
改进措施	
总　结	

模块三

工业机器人通信

任务一　标准 I/O 板的配置

📹 任务导入

I/O 是 Input/Output 的缩写，即输入输出端口，机器人可通过 I/O 与外部设备进行交互。例如，数字量输入：各种开关信号反馈，如按钮开关，转换开关，接近开关等；传感器信号反馈，如光电传感器，光纤传感器；接触器，继电器触点信号反馈；另外还有触摸屏里的开关信号反馈。数字量输出：控制各种继电器线圈，如接触器，继电器，电磁阀；控制各种指示类信号，如指示灯，蜂鸣器。ABB 机器人的标准 I/O 板的输入输出都是PNP 类型。

📹 任务目标

知识目标	能力目标
1. 了解三种主要的通信方式 2. 掌握现场总线通信模块的选项及接口 3. 了解 ABB 标准 I/O 板的种类 4. 掌握 DSQC651 板的接口定义	1. 能定义数字输入信号 di1 2. 能定义数字输出信号 do1 3. 能定义组输入信号 gi1 4. 能定义组输出信号 go1 5. 能定义模拟输出信号 ao1 6. 能对 I/O 信号进行监控与操作

🎥**任务准备**

一、ABB 机器人 I/O 通讯的种类

一体化教学

带领学生到工业机器人边介绍，但应注意安全。

ABB 机器人提供了丰富的 I/O 通讯接口，如 ABB 的标准通讯，与 PLC 的现场总线通讯，还有与 PC 机的数据通讯，如图 3-1 所示，它们可以轻松地实现与周边设备的通信，I/O 通讯接口举例见图 3-2。

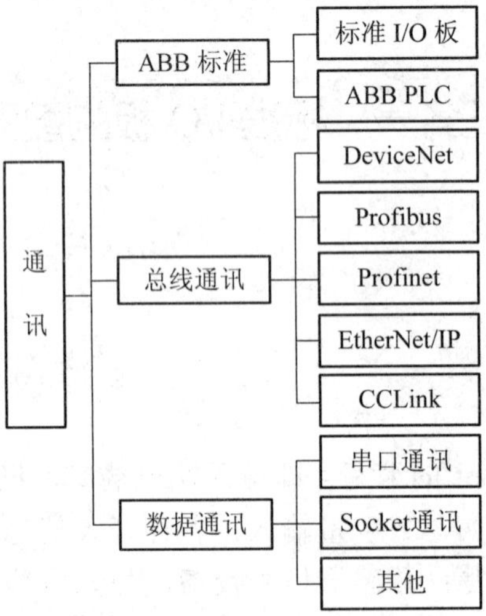

图 3-1　ABB 机器人 I/O 通讯种类

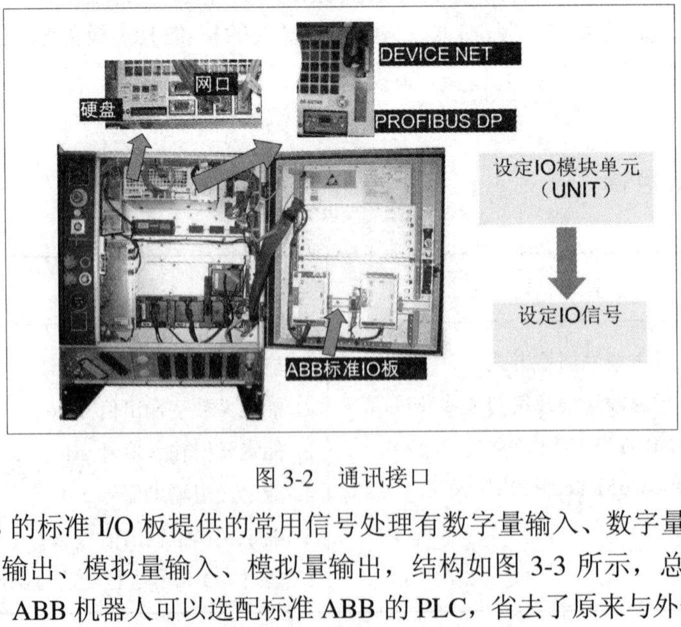

图 3-2　通讯接口

ABB 的标准 I/O 板提供的常用信号处理有数字量输入、数字量输出、组输入、组输出、模拟量输入、模拟量输出，结构如图 3-3 所示，总线板如图 3-4 所示。ABB 机器人可以选配标准 ABB 的 PLC，省去了原来与外部 PLC 进行通信设置的麻烦，并且在机器人的示教器上就能实现与 PLC 的相关操作。

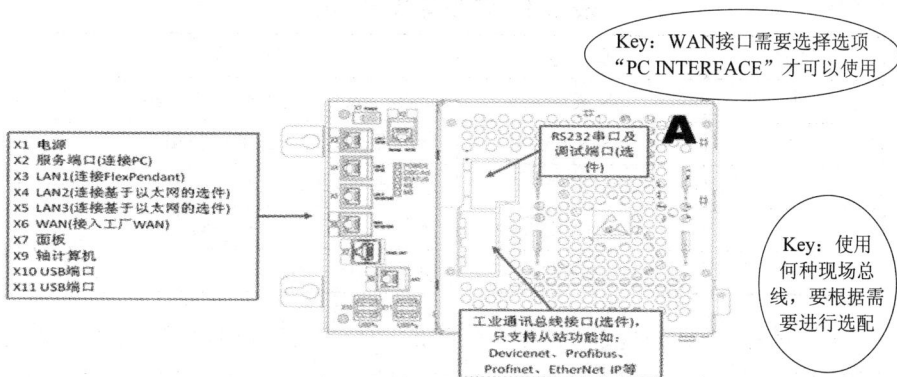

图 3-3　结构

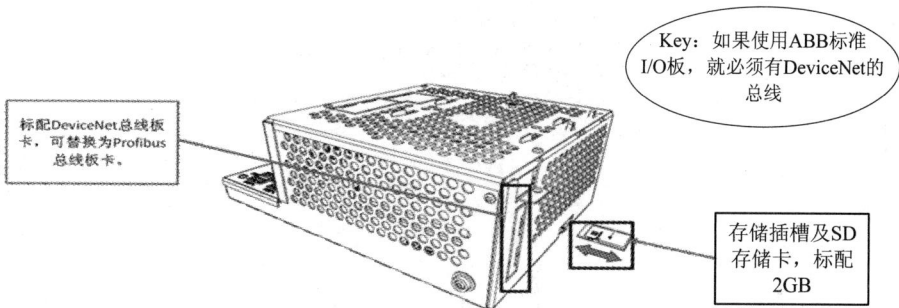

图 3-4　总线板

图 3-5 为 ABB 标准 I/O 板 DSQC651。常用标准 I/O 板见表 3-1。DSQC651 板主要提供 8 个数字输入信号、8 个数字输出信号和 2 个模拟输出信号的处理。

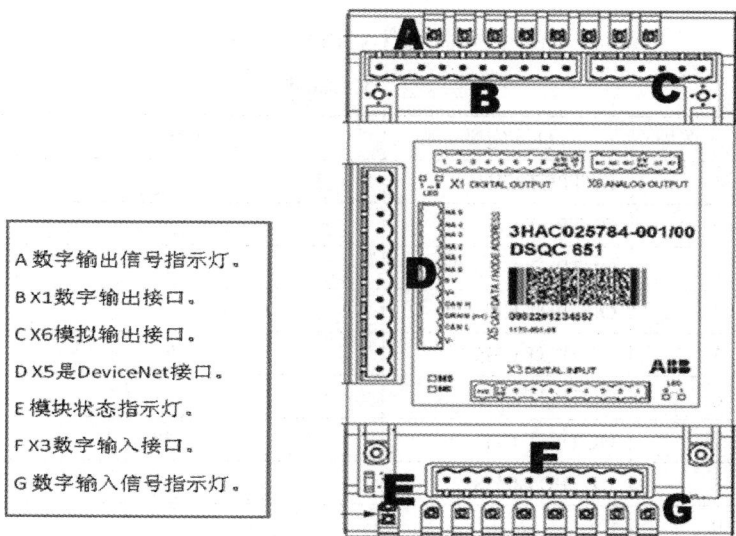

A 数字输出信号指示灯。

B X1 数字输出接口。

C X6 模拟输出接口。

D X5 是 DeviceNet 接口。

E 模块状态指示灯。

F X3 数字输入接口。

G 数字输入信号指示灯。

图 3-5　ABB 标准 I/O 板 DSQC651

表 3-1　常用标准 I/O 板

序号	型　号	说　明
1	DSQC651	分布式 I/O 模块 di8、do8、ao2
2	DSQC652	分布式 I/O 模块 di16、do16
3	DSQC653	分布式 I/O 模块 di8、do8 带继电器
4	DSQC355A	分布式 I/O 模块 ai4、ao4
5	DSQC377A	输送链跟踪单元

不同的接口其具体要求也是不一样的，最常用的 ABB 标准 I/O 板为 DSQC651。图 3-6 为 ABB 标准 I/O 板 DSQC651 的 X5 的接口要求。X1 端子见表 3-2、X3 端子说明见表 3-3、X5 端子说明见表 3-4、X6 端子说明见表 3-5。

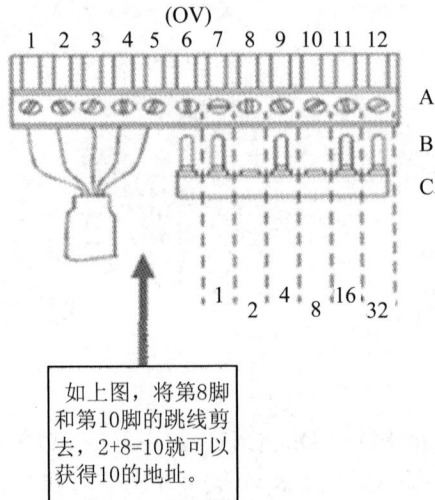

如上图，将第8脚和第10脚的跳线剪去，2+8=10就可以获得10的地址。

图 3-6　ABB 标准 I/O 板 DSQC651 的 X5 的接口要求

表 3-2　X1 端子

X1 端子编号	使用定义	地址分配
1	OUTPUT CH1	32
2	OUTPUT CH2	33
3	OUTPUT CH3	34
4	OUTPUT CH4	35
5	OUTPUT CH5	36
6	OUTPUT CH6	37
7	OUTPUT CH7	38
8	OUTPUT CH8	39
9	0V	
10	24V	

表 3-3　X3 端子

X3 端子编号	使用定义	地址分配
1	INPUT CH1	0
2	INPUT CH2	1
3	INPUT CH3	2
4	INPUT CH4	3
5	INPUT CH5	4
6	INPUT CH6	5
7	INPUT CH7	6
8	INPUT CH8	7
9	0V	
10	未使用	

表 3-4　X5 端子

X5 端子编号	使 用 定 义
1	0V BLACK(黑色)
2	CAN 信号线 low BLUE(蓝色)
3	屏蔽线
4	CAN 信号线 high WHITE(白色)
5	24 V RED(红色)
6	GND 地址选择公共端
7	模块 ID bit 0 (LSB)
8	模块 ID bit 1 (LSB)
9	模块 ID bit 2 (LSB)
10	模块 ID bit 3 (LSB)
11	模块 ID bit 4 (LSB)
12	模块 ID bit 5 (LSB)

表 3-5　X6 端子

X6 端子编号	使用定义	地址分配
1	未使用	
2	未使用	
3	未使用	
4	0 V	
5	模拟输出 AO1	0~15
6	模拟输出 AO2	16~31

笔记

ABB 标准 I/O 板是挂在 DeviceNet 网络上的，所以要设定模块在网络中的地址。端子 X5 的 6～12 的跳线就是用来决定模块的地址的，地址可用范围为 10～63，如表 3-6 所示。如图 3-6 所示，将第 8 脚和第 10 脚的跳线剪去，2+8=10 就可以获得 10 的地址。

表 3-6　模块在网络中的地址

参数名称	设定值	说　明
Name	board10	设定 I/O 板在系统中的名字
Type of Unit	d651	设定 I/O 板的类型
Connected to Bus	DeviceNet1	设定 I/O 板连接的总线
DeviceNet Address	10	设定 I/O 板在总线中的地址

二、信号定义

现场教学

1. 定义数字输入/输出信号

ABB 机器人标准 I/O di1 数字输入信号与输出信号如表 3-7 与表 3-8 所示，其位置如图 3-7、图 3-8 所示。

表 3-7　ABB 机器人标准 I/O di1 数字输入信号

参数名称	设定值	说　明
Name	di1	设定数字输入信号的名字
Type of Signal	Digital Input	设定信号的类型
Assigned to Unit	board10	设定信号所在的 I/O 模块
Unit Mapping	0	设定信号所占用的地址

表 3-8　ABB 机器人标准 I/O do1 数字输出信号

参数名称	设定值	说　明
Name	do1	设定数字输出信号的名字
Type of Signal	Digital Output	设定信号的类型
Assigned to Unit	board10	设定信号所在的 I/O 模块
Unit Mapping	32	设定信号所占用的地址

图 3-7 ABB 机器人标准 I/O di1 接口

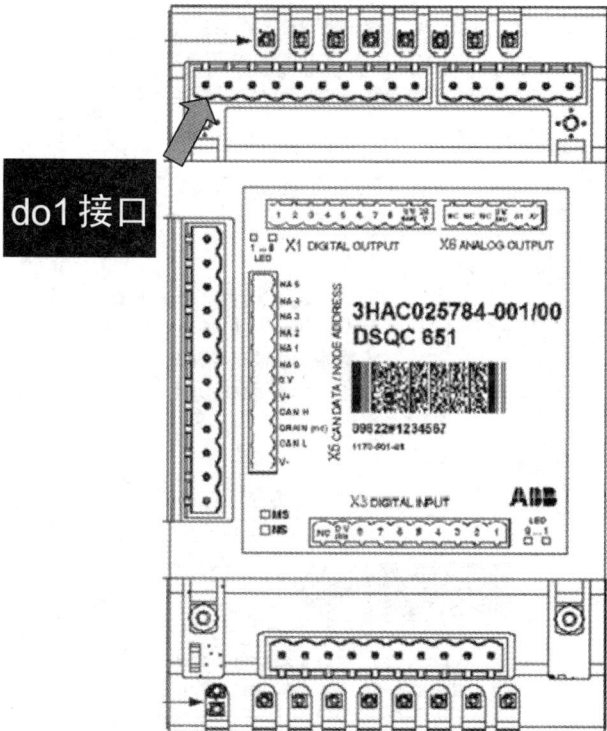

图 3-8 ABB 机器人标准 I/O do1 接口

工匠精神

工作不仅仅是我们赚钱谋生之道，更应该是我们追求目标、梦想，实现人生价值的舞台。

笔记

2. 定义组输入/输出信号

1) 定义组输入信号

组输入信号就是将几个数字输入信号组合起来使用，用于接受外围设备输入的 BCD 编码的十进制数。其相关参数及状态见表 3-9、表 3-10。此例中，gi1 占用地址 1～4 共 4 位，可以代表十进制数 0～15。如此类推，如果占用地址 5 位的话，可以代表十进制数 0～31，其位置如图 3-9 所示。

表 3-9　ABB 机器人标准 I/O gi1 组输入信号

参数名称	设定值	说　明
Name	gi1	设定组输入信号的名字
Type of Signal	Group Input	设定信号的类型
Assigned to Unit	board10	设定信号所在的 I/O 模块
Unit Mapping	1-4	设定信号所占用的地址

表 3-10　外围设备输入的 BCD 编码的十进制数

状态	地址 1	地址 2	地址 3	地址 4	十进制数
	1	2	4	8	
状态 1	0	1	0	1	2+8=10
状态 2	1	0	1	1	1+4+8=13

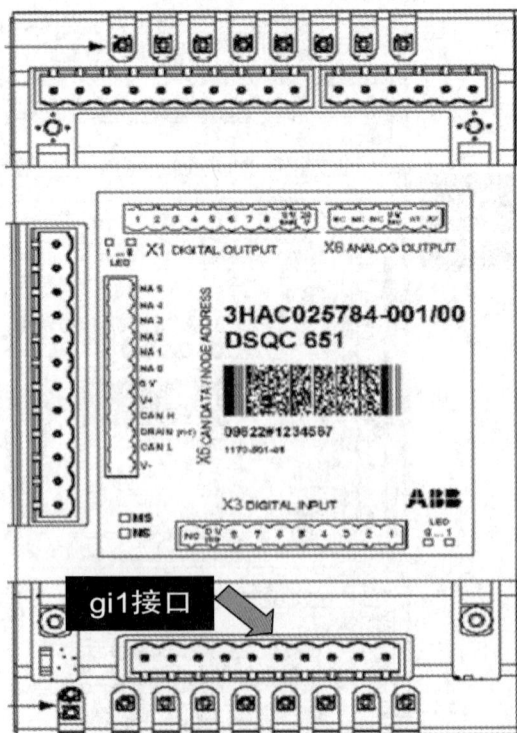

图 3-9　ABB 机器人标准 I/O gi1 接口

2) 定义组输出信号

组输出信号就是将几个数字输出信号组合起来使用，用于输出 BCD 编码的十进制数。如表 3-11 所示。此例中，go1 占用地址 33~36 共 4 位，可以代表十进制数 0~15。如此类推，如果占用地址 5 位的话，可以代表十进制数 0~31，如表 3-12 所示。其位置如图 3-10 所示。

表 3-11 ABB 机器人标准 I/O go1 组输出信号

参数名称	设定值	说　　明
Name	go1	设定组输出信号的名字
Type of Signal	Group Output	设定信号的类型
Assigned to Unit	board10	设定信号所在的 I/O 模块
Unit Mapping	33-36	设定信号所占用的地址

表 3-12 输出 BCD 编码的十进制数

状　态	地址 33	地址 34	地址 35	地址 36	十进制数
	1	2	4	8	
状态 1	0	1	0	1	2+8=10
状态 2	1	0	1	1	1+4+8=13

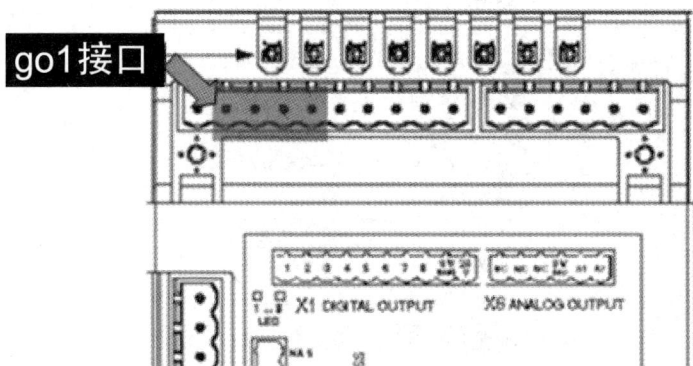

图 3-10 ABB 机器人标准 I/O go1 接口

📹 任务实施

根据实际情况，让学生在教师的指导下进行以下技能训练。

一、ABB 标准 I/O 板的设置

ABB 标准 I/O 板的设置见表 3-13。

表 3-13　标准 I/O 板(DSQC651 板)的设置

步骤	说　明	图　示
1	在示教器中选择"控制面板"	ABB 手动 System2 (MAJT-PC) 防护装置停止 已停止 (速度 100%) HotEdit　　　　备份与恢复 输入输出　　　　校准 手动操纵　　　　控制面板 自动生产窗口　　事件日志 程序编辑器　　　FlexPendant 资源管理器 程序数据　　　　系统信息 注销 Default User　　重新启动
2	选择"配置"	ABB 手动 System2 (MAJT-PC) 防护装置停止 已停止 (速度 100%) 控制面板 名称　　　　　备注　　　　　1 到 10 共 10 外观　　　　　自定义显示器 监控　　　　　动作监控和执行设置 FlexPendant　配置 FlexPendant 系统 I/O　　　　　配置常用 I/O 信号 语言　　　　　设置当前语言 ProgKeys　　 配置可编程按键 日期和时间　　设置机器人控制器的日期和时间 诊断　　　　　系统诊断 配置　　　　　配置系统参数 触摸屏　　　　校准触摸屏
3	双击"DeviceNet Device"，进行 DSQC651 模块的设定	ABB 手动 System2 (MAJT-PC) 防护装置停止 已停止 (速度 100%) 控制面板 - 配置 - I/O 每个主题都包含用于配置系统的不同类型。 当前主题：　　　　　I/O 选择您需要查看的主题和实例类型。 　　　　　　　　　　　　　　　　1 到 11 共 11 Access Level　　　　　　Bus Cross Connection　　　　Fieldbus Command Fieldbus Command Type　Route Signal　　　　　　　　　System Input System Output　　　　　DeviceNet Device Unit Type 文件　　主题　　　　　　显示全部　　关闭 控制面板

笔记

步骤	说　明	图　示
4	单击"添加"	
5	双击"Name"进行 DSQC651板在系统中的名字的设定	
6	设定为"board10"，单击"确定"	

笔记   续表二

步骤	说　明	图　　示
7	单击"Type of Unit"，选择"d651"	
8	双击"Connected to Bus"，选择"deviceNet1"然后单击"确定"	
9	在弹出窗口中单击"是"，完成对DSQC651板的总线连接操作	

二、定义输入/输出信号

1. 添加数字输入信号 di1

添加数字输入信号 di1 见表 3-14。

表 3-14　添加数字输入信号 di1

步骤	说　明	图　示
1	选择"控制面板"	
2	选择"配置"	
3	双击"Signal"	

笔记

步骤	说　明	图　　示
4	单击"添加"	
5	双击"Name"	
6	输入"di1"，然后单击"确定"	

续表二   ✍ 笔记

步骤	说　明	图　　示
7	双击"Type of Signal"，选择"Digital Input"	
8	双击"Assigned to Unit"，选择"board10"	
9	双 击 " Unit Mapping"	

✍ 笔记

步骤	说　明	图　示
10	输入"0"，单击"确定"	
11	在弹出窗口中单击"是"重启控制器以完成设置	

2. 添加数字输出信号 do1

添加数字输出信号 do1 见表 3-15。

表 3-15　添加数字输出信号 do1

步骤	说　明	图　示
1	单击左上角主菜单按钮	
2	选择"控制面板"	

续表一　　　　✍ 笔记

步骤	说　明	图　示
3	选择"配置"	
4	双击"Signal"	
5	单击"添加"	

续表二

步骤	说　明	图　　示
6	双击"Name"	
7	输入"do1"，然后单击"确定"	
8	双击"Type of Signal"，选择"Digital Output"	

续表三 ✍ 笔记

步骤	说　明	图　　示
9	双击"Assigned to Device",选择"board10"	
10	双击"Device Mapping"	
11	输入"32",然后单击"确定"	

✍ 笔记   续表四

步骤	说 明	图 示
12	单击"确定"	控制面板 - 配置 - I/O System - Signal - 添加 新增时必须将所有必要输入项设置为一个值。 双击一个参数以修改。 参数名称 值 Name do1 Type of Signal Digital Output Assigned to Device board10 Signal Identification Label Device Mapping 32 Category 确定　取消
13	单击"是",完成设定	控制面板 - 配置 - I/O System - Signal - 添加 重新启动 更改将在控制器重启后生效。 是否现在重新启动? 是　否

三、定义组输入/输出信号

1. 添加组输入信号 gi1

添加组输入信号 gi1 表 3-16。

表 3-16　添加组输入信号 gi1

步骤	说 明	图 示
1	单击左上角主菜单按钮	
2	选择"控制面板"	HotEdit　备份与恢复 输入输出　校准 手动操纵　控制面板 自动生产窗口　事件日志 程序编辑器　FlexPendant 资源管理器 程序数据　系统信息 注销 Default User　重新启动

续表一　　　✍ 笔记

步骤	说　明	图　　示
3	选择"配置"	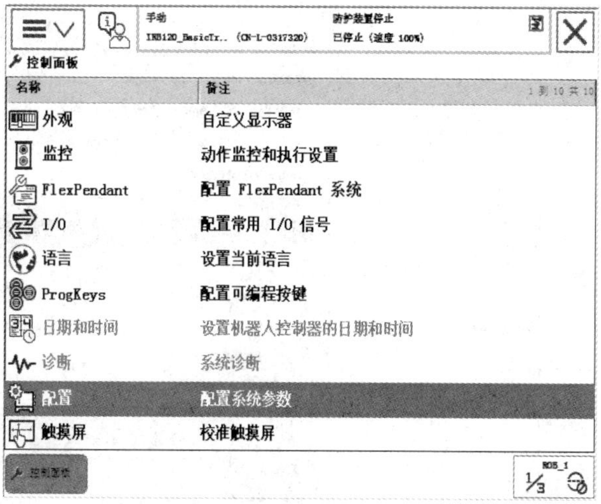
4	双击"Signal"	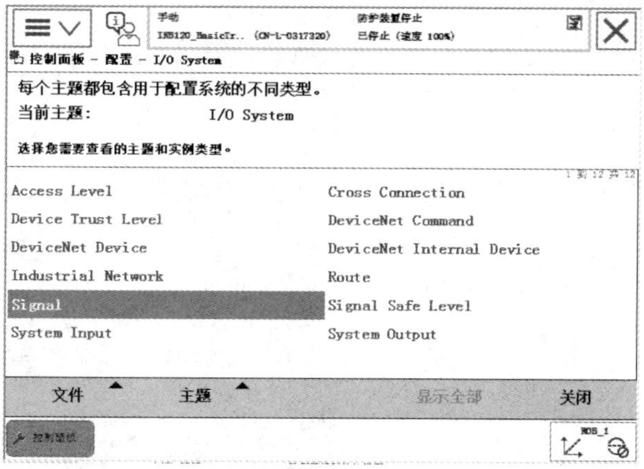
5	单击"添加"	

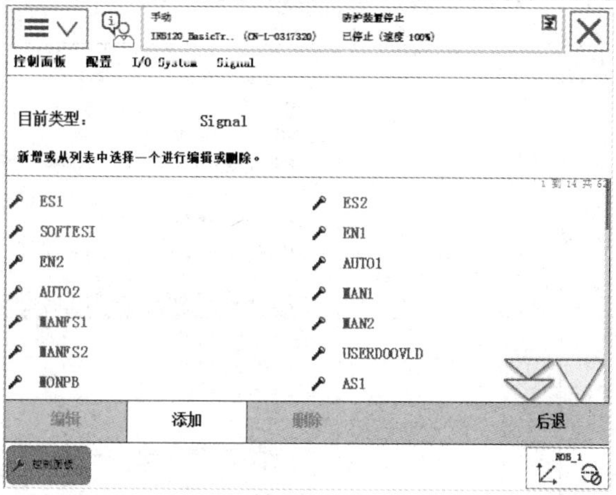

课程思政

新时代我国社会主要矛盾

人民日益增长的美好生活需要和不平衡不充分的发展之间的矛盾。

✍ 笔记

步骤	说　明	图　　示
6	双击"Name"	
7	输入"gi1"，然后单击"确定"	
8	双击"Type of Signal"，选择"Group Input"	

续表三　　　　　　　　✍ 笔记

步骤	说　明	图　　示
9	双击"Assigned to Device"，选择"board10"	
10	双击"Device Mapping"	
11	输入"1-4"，然后单击"确定"	

✐ 笔记

步骤	说　明	图　　示
12	单击"确定"	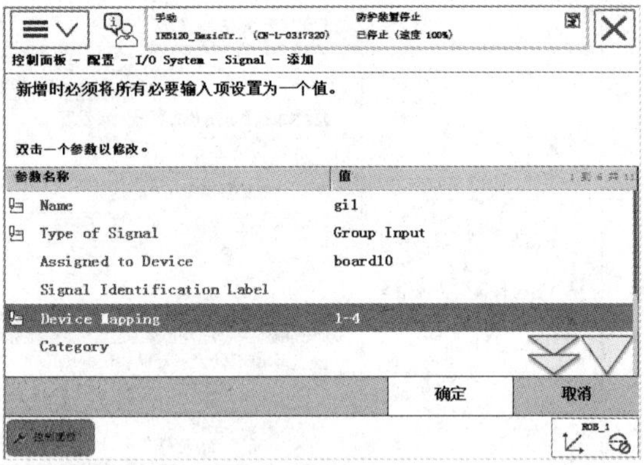
13	单击"是",完成设定	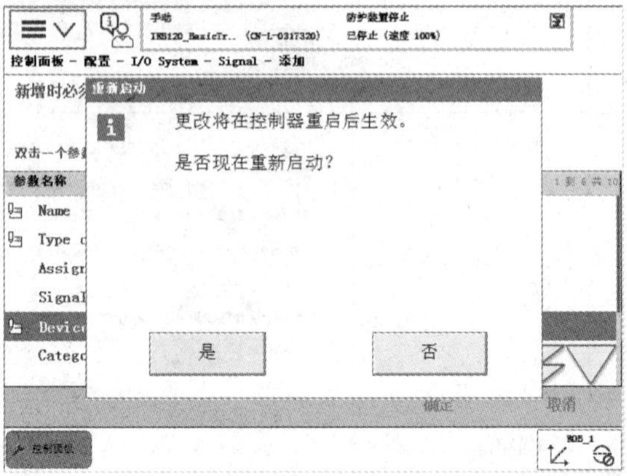

2. 添加组输出信号 go1

添加组输出信号 go1 见表 3-17。

表 3-17　添加组输出信号 go1

步骤	说　明	图　　示
1	单击左上角主菜单按钮	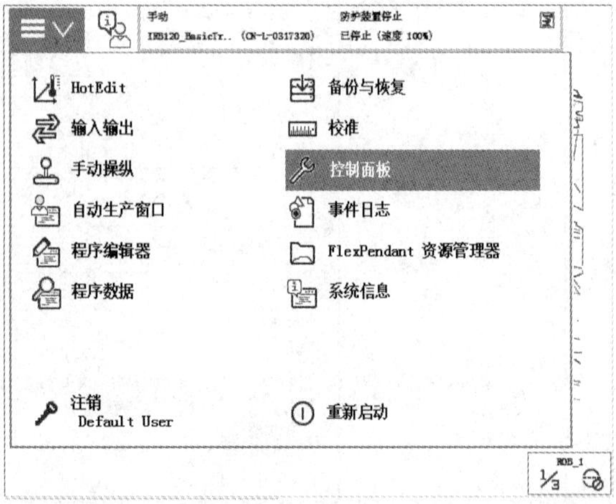
2	选择"控制面板"	

续表一　　笔记

步骤	说　明	图　　示
3	选择“配置”	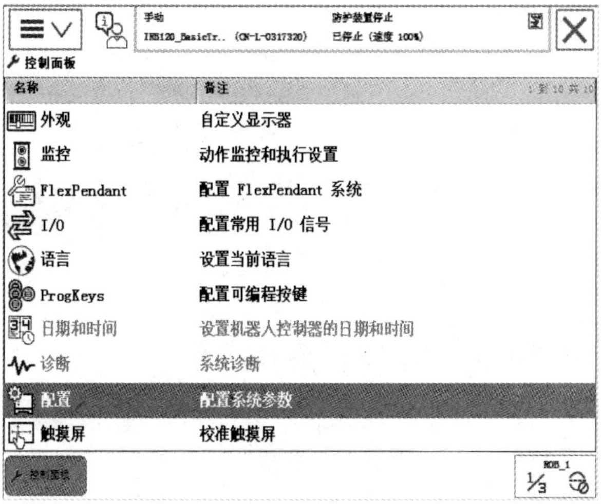
4	双击“Signal”	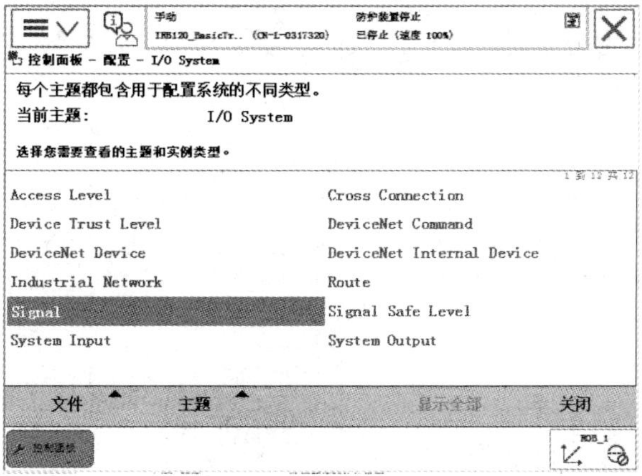
5	单击“添加”	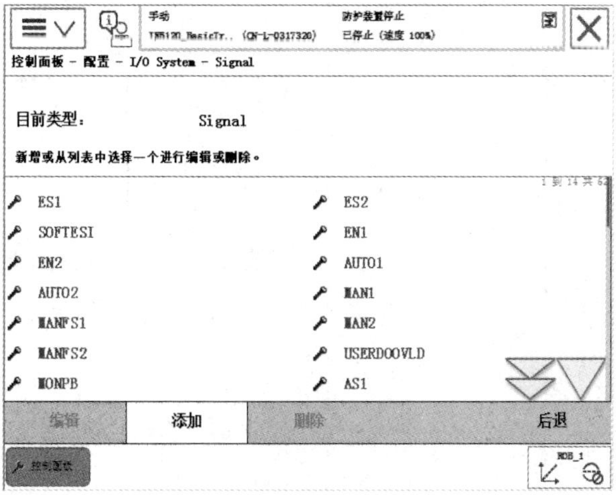

✐ 笔记

步骤	说　明	图　　示
6	双击"Name"	
7	输入"go1"，然后单击"确定"	
8	双击"Type of Signal"，选择"Group Output"	

续表三　　　　　　　🖋 笔记

步骤	说　明	图　　示
9	双击"Assigned to Device",选择"board10"	
10	双击"Device Mapping"	
11	输入"33-36",然后单击"确定"	

笔记

续表四

步骤	说　明	图　示
12	单击"确定"	控制面板 - 配置 - I/O System - Signal - 添加 新增时必须将所有必要输入项设置为一个值。 双击一个参数以修改。 Name　go1 Type of Signal　Group Output Assigned to Device　board10 Signal Identification Label Device Mapping　33-36 Category 确定　　取消
13	单击"是"，完成设定	控制面板 - 配置 - I/O System - Signal - 添加 重新启动 更改将在控制器重启后生效。 是否现在重新启动？ 是　　否

工匠精神

工匠精神的价值在于精益求精，对匠心、精品的坚持和追求，专业、专注、一丝不苟且孜孜不倦。

四、I/O 信号监控与操作

I/O 信号监控与操作见表 3-18。

表 3-18　I/O 信号监控与操作

步骤	说　明	图　示
1	选择"输入输出"	HotEdit　　备份与恢复 输入输出　　校准 手动操纵　　控制面板 自动生产窗口　事件日志 程序编辑器　FlexPendant 资源管理器 程序数据　　系统信息 注销 Default User　重新启动

续表一

笔记

步骤	说　明	图　　示
2	打开“视图”菜单	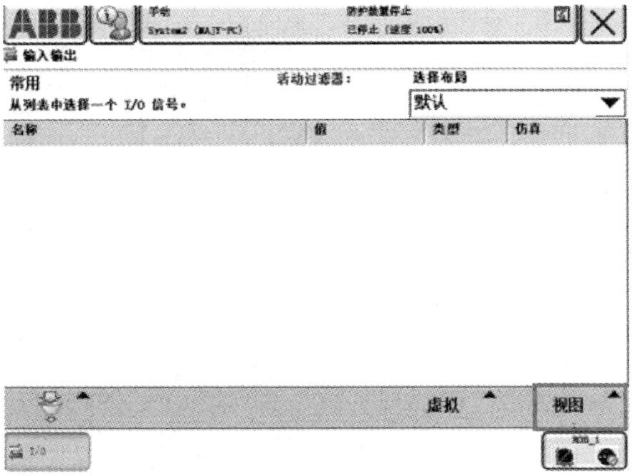
3	选择“I/O 单元”	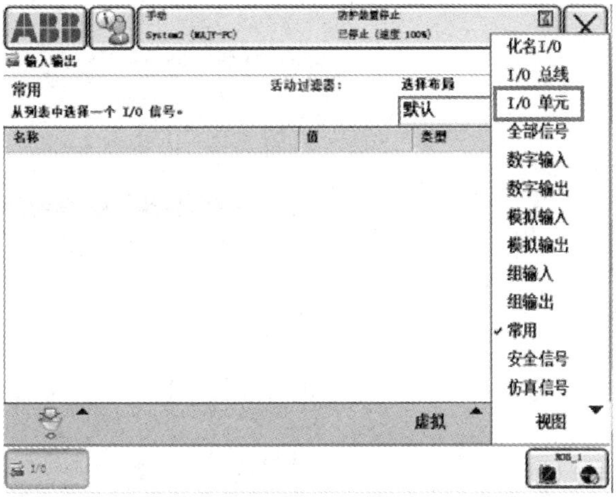
4	选择“board10”，然后单击“信号”	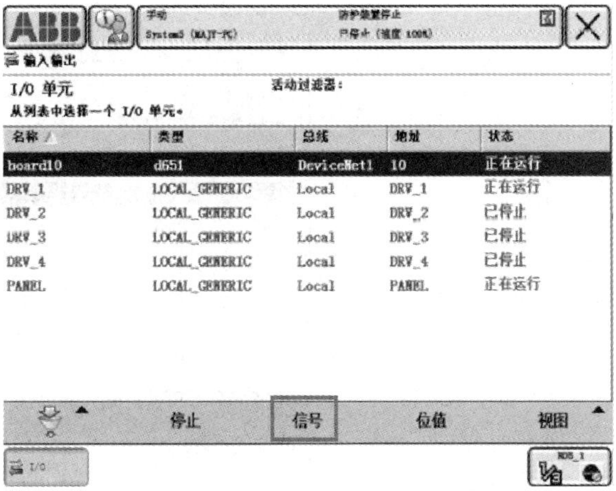

✍ 笔记

步骤	说　明	图　示
5	通过该窗口可对信号进行监控、仿真和强制操作	
6	对 di1 进行仿真操作，先选中"di1"，然后单击"仿真"	
7	单击"0"或"1"，将 di1 的状态仿真置为 0 或 1	

续表三

步骤	说　明	图　示
8	仿真结束后，单击"清除仿真"取消仿真	
9	对 ao1 进行强制操作	
10	输入需要的数值，然后单击"确定"	

笔记

步骤	说　明	图　示
11	ao1 强制设置输出为 2.00	

任务扩展

定义模拟输出信号 ao1

技能训练

　　模拟输出信号常应用于控制焊接电源电压，其位置如图 3-11 所示。这里以创建焊接电源电压输出与机器人输出电压的如图 3-12 所示的线性关系为例，定义模拟输出信号 ao1，相关参数见表 3-19，其设置见表 3-20。

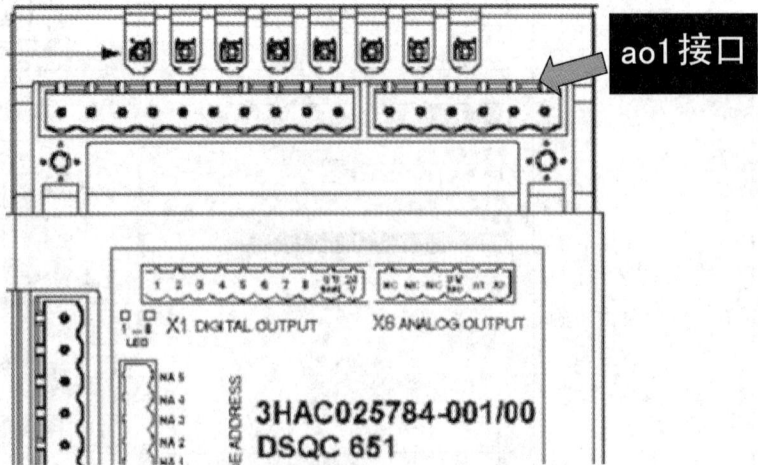

图 3-11　ABB 机器人标准 I/O ao1 接口

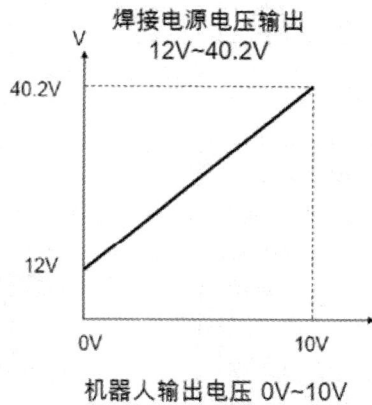

图 3-12　电压

表 3-19　ABB 机器人标准 I/O ao1 模拟输出信号参数

参数名称	设定值	说　明
Name	ao1	设定模拟输出信号的名字
Type of Signal	Analog Output	设定信号的类型
Assigned to Device	board10	设定信号所在的 I/O 模块
Device Mapping	0-15	设定信号所占用的地址
Default Value	12	默认值，不得小于最小逻辑值
Analog Encoding Type	Unsigned	默认值，不得小于最小逻辑值
Maximum Logical Value	40.2	最大逻辑值，焊机最大输出电压 40.2 V
Maximum Physical Value	10	最大物理值，焊机最大输出电压时所对应 I/O 板卡最大输出电压值
Maximum Physical Value Limit	10	最大物理限值，I/O 板卡端口最大输出电压值
Maximum Bit Value	65535	最大逻辑位值，16 位
Minimum Logical Value	12	最小逻辑值，焊机最小输出电压 12 V
Minimum Physical Value	0	最小物理值，焊机最小输出电压时所对应 I/O 板卡最小输出电压值
Minimum Physical Value Limit	0	最小物理限值，I/O 板卡端口最小输出电压
Minimum Bit Value	0	最小逻辑位值

笔记

笔记　　　　　表 3-20　机器人标准 I/O ao1 模拟输出信号的设置

步骤	说　明	图　示
1	选择"控制面板"	
2	选择"配置"	
3	双击"Signal"	

续表一

<table>
<tr><th>步骤</th><th>说　明</th><th>图　　示</th></tr>
<tr><td>4</td><td>单击“添加”</td><td>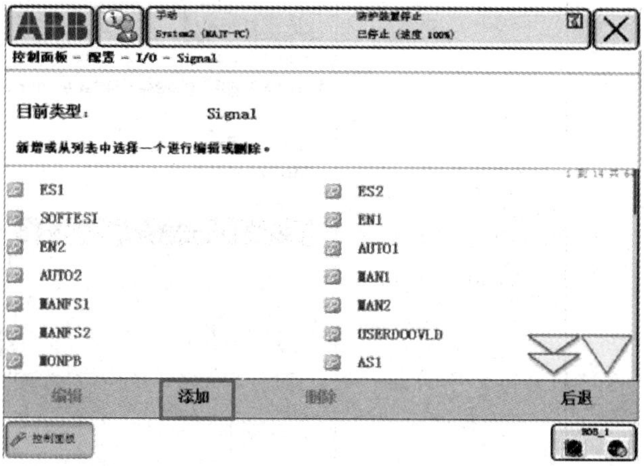
</td></tr>
<tr><td>5</td><td>双击“Name”</td><td>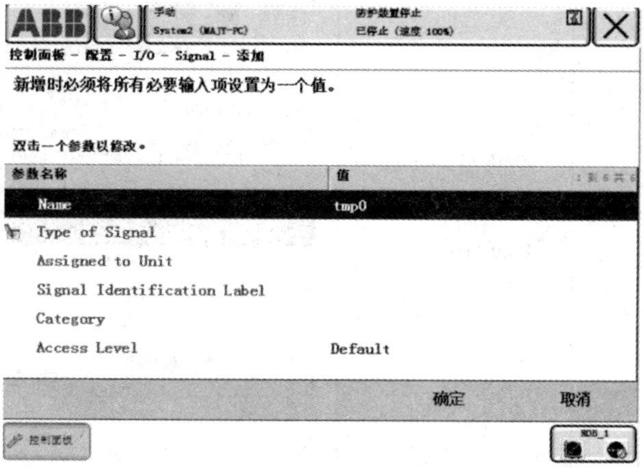
</td></tr>
<tr><td>6</td><td>输入“ao1”，然后单击“确定”</td><td>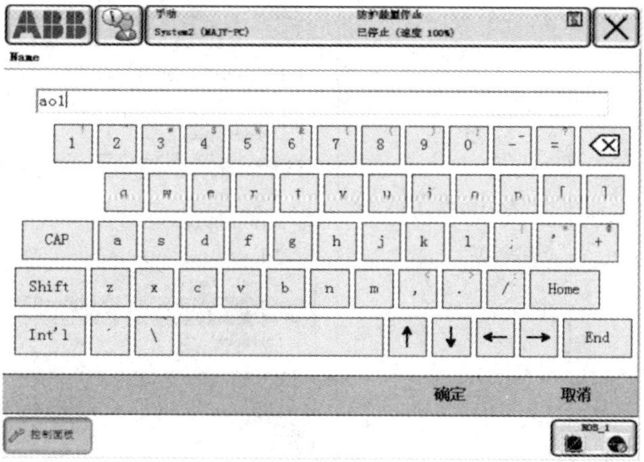
</td></tr>
</table>

笔记

企业文化

传承文化，牢记使命，忠于职守，爱岗敬业。

步骤	说　明	图　　示
7	双击"Type of signal"，然后选择"Analog Output"	
8	双击"Assigned to Unit"，然后选择"board10"	
9	双击"Device Mapping"	

续表三　　　　　✍笔记

步骤	说　明	图　　示
10	输入"0-15"，然后单击"确定"	
11	双击"Default Value"，然后输入"12"	
12	双击"Analog Encoding Type"，然后选择"Unsigned"	

✍ 笔记

步骤	说　明	图　　示
13	双击"Maximum Logical Value",然后输入"40.2"	
14	双击"Maximum Physical Value",然后输入"10"	
15	双击"Maximum Physical Value Limit",然后输入"10"	

续表五

步骤	说　明	图　　示
16	双击"Maximum Bit Value",然后输入"65535"	
17	双击"Minimum Logical Value",然后输入"12"	
18	单击"是"重启控制器以完成设置	

📹 任务巩固

一、填空题

1. ABB 的标准 I/O 板提供的常用信号处理有_____输入、数字量输出、组输入、_____输出、模拟量输入、_____输出。

2. DSQC651 板主要提供_____个数字输入信号、_____个数字输出信号和_____个模拟输出信号的处理。

3. 组输入信号就是将几个_____信号组合起来使用，用于接受外围设备输入的_____编码的_____进制数。

二、选择题

1. ABB 机器人标配的工业总线为(   )。
   A. Profibus DP   B. CC-Link   C. DeviceNet

2. 若机器人需要与第三方视觉进行通讯，则需要配置(   )选项。
   A. FTP/NFS Client   B. PC Interface
   C. FlexPendant Interface

3. 在 6.xx 系统中创建 DeviceNet 类型的 I/O 从站，在(   )里面进行设置。
   A. Unit   B. DeviceNet Command
   C. DeviceNet Device

4. ABB 提供的标准 I/O 板卡一般为(   )。
   A. PNP 类型   B. NPN 类型
   C. PNP\NPN 通用类型

5. 一般焊接应用，机器人常使用(   )标准 I/O 板卡。
   A. DSQC651   B. DSQC652   C. DSQC653

6. 标准 I/O 板卡 651 提供的两个模拟量输出电压范围为(   )。
   A. 正负 10v   B. 0 到正 10 V   C. 0 到正 24 V

7. 创建信号组输出 go1，地址占用 2、4、5、7，则地址正确写法为(   )。
   A. 2、4、5、7   B. 2,4,5,7   C. 2-7

8. 标准 I/O 板卡总线端子上，剪断第 8、10、11 针脚产生的地址为(   )。
   A. 11   B. 26   C. 29

三、应用题

1. 以 DSQC652 板为例定义 I/O 总线。
2. 增加数字输入与输出信号。
3. 定义组输入与组输出信号。

任务二 工业机器人与 PLC 的通信

📷 任务导入

图 3-13 是工业机器人在冲压流水线上的应用，各工业机器人之间动作的协调和工业机器人与冲压设备之间动作的协调，一般是靠 PLC 来实现的。

冲压流水线

图 3-13 冲压流水线

📷 任务目标

知识目标	能力目标
1. 掌握工业机器人端配置的参数	1. 能配置工业机器人端的参数
2. 掌握 PLC 端配置的参数	2. 能配置 PLC 端的参数

📷 任务准备

DSQC667 模块安装在电柜中的主机上，最多支持 512 个数字输入和 512 个数字输出。除了可以通过 ABB 机器人提供的标准 I/O 板进行与外围设备进行通讯，ABB 机器人还可以使用 DSQC667 模块通过 Profibus 与 PLC 进行快捷和大数据量的通讯，如图 3-14 所示。其接口位置如图 3-15 所示。Profibus 适配器的设定见表 3-21。

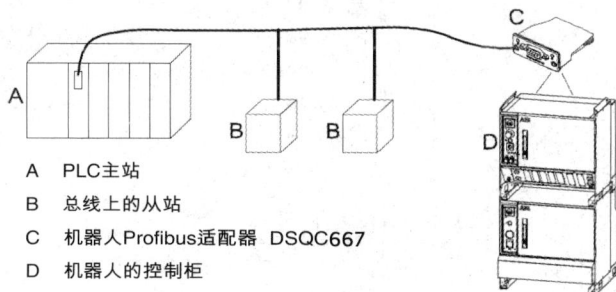

A　PLC主站
B　总线上的从站
C　机器人Profibus适配器 DSQC667
D　机器人的控制柜

图 3-14 Profibus 适配器的连接

图 3-15　Profibus 适配器的接口

表 3-21　Profibus 适配器的设定

参数名称	设定值	说　明
Name	profibus8	设定 I/O 板在系统中的名字
Type of Unit	DP_SLAVE	设定 I/O 板的类型
Connected to Bus	Profibus1	设定 I/O 板连接的总线
Profibus Address	8	设定 I/O 板在总线中的地址

在完成了 ABB 机器人上的 Profibus 适配器模块设定以后，应在 PLC 端完成相关的操作。ABB 机器人中设置的信号要与 PLC 端设置的信号一一对应。

📹 任务实施

一、工业机器人端相关的设定操作

工业机器人相关的设定操作见表 3-22。

表 3-22　相关的设定操作

步骤	说　明	图　示
1	单击左上角主菜单按钮	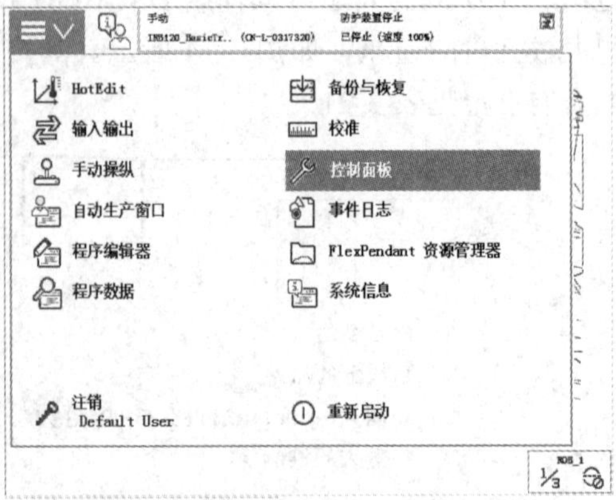
2	选择"控制面板"	

续表一　　　 笔记

步骤	说　明	图　　示
3	选择"配置"	
4	"控制面板—配置—I/OSystem 界面"	
5	双击"PROFIBUS_Anybus"	

笔记

续表二

步骤	说　明	图　　示
6	双击“Address”	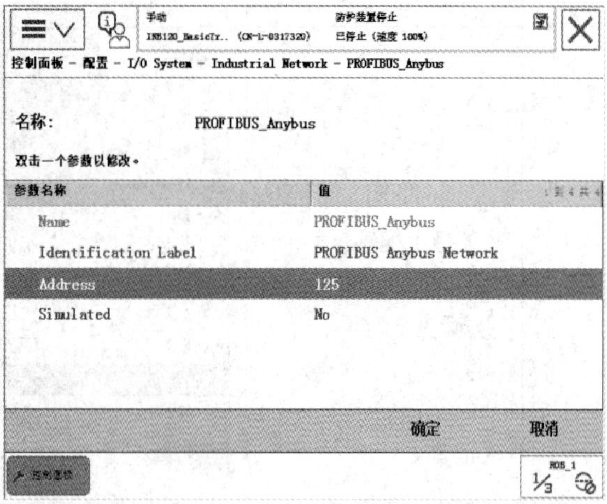
7	输入“8”，然后单击“确定”	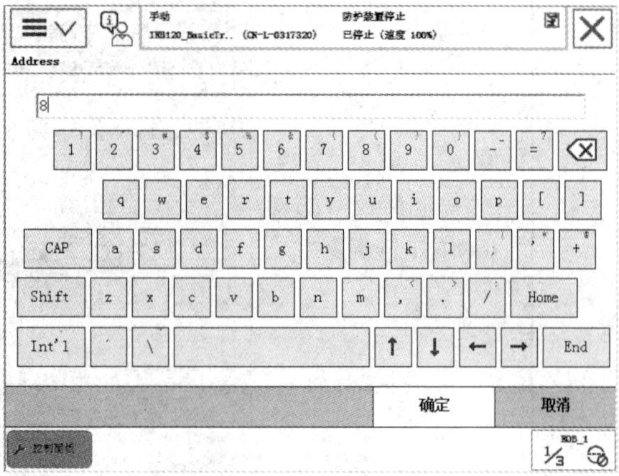
8	单击“确定”	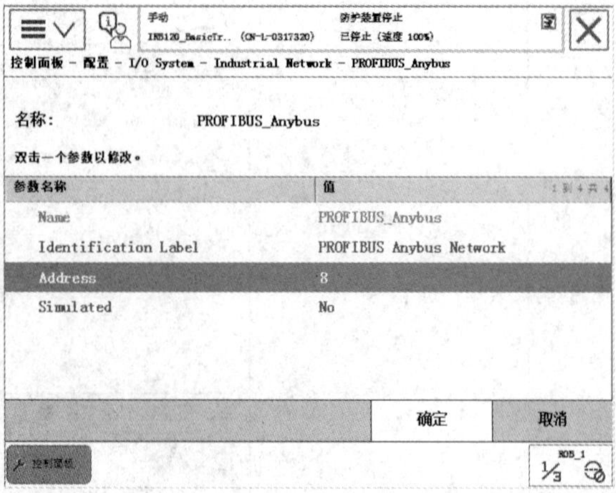

续表三

步骤	说　明	图　　示
9	单击"否"，待所有参数设定完毕再重启	
10	单击"后退"	
11	双击"PROFIBUS Internal Anybus Device"	

续表四

步骤	说　明	图　　示
12	双击"PB_Internal_Anybus"	
13	将"Input Size(bytes)"和"Output Size(bytes)"设定为"4"。这样，该Profibus通讯支持32个数字输入信号和32个数字输出信号	
14	单击"确定"	
15	单击"是"	

　　✍ 笔记

步骤	说　明	图　　示
16	基于 Profibus 设定信号的方法和 ABB 标准 I/O 板上设定信号的方法基本一样。 　　要注意的区别就是在"Assigned to Device"中选择"PB_Internal_Anybus"	

二、PLC 端配置

在完成了 ABB 机器人上的 Profibus 从站的设定后，也需要在 PLC 端完成相应的操作，如图 3-16 所示。

(1) 将 ABB 机器人的 DSQC667 配置文件安装到 PLC 组态软件中。

(2) 添加输入输出模块(这里添加总数各 4 字节的输入输出模块)。

(3) ABB 机器人中设置的信号与 PLC 端设置的信号是一一对应的(低位对低位)。

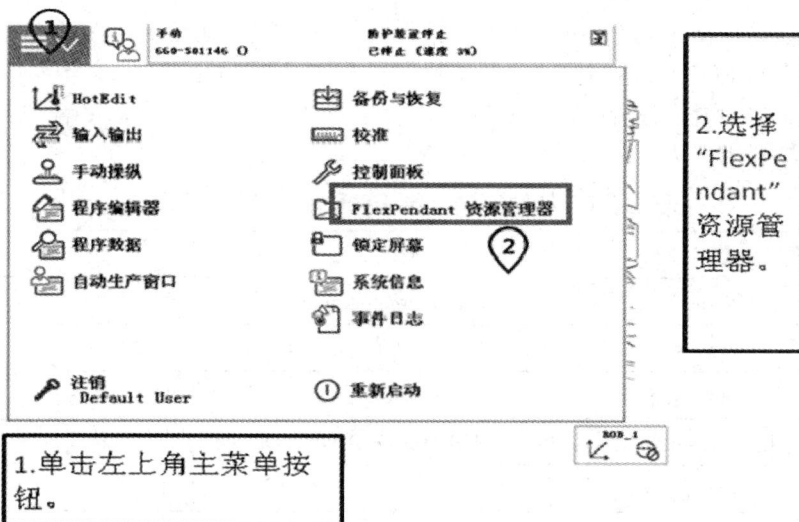

图 3-16　PLC 端的设置

笔记

任务扩展

工匠精神

真正的践行者，一定是工匠精神的受益者，用修行的价值观代替浮躁功利的工作观。用一生为代价去做一件事情，那是一种纯粹的伟大。

ABB 工业机器人 DSQC688 模块与 PLC 的通信

ABB 机器人还可以使用 DSQC688 模块通过 Profinet 与 PLC 进行快捷和大数据量的通信，如图 3-17 所示。

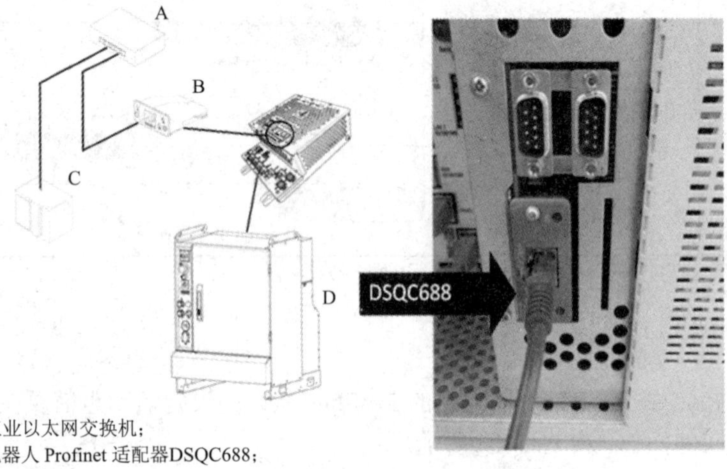

A—工业以太网交换机；
B—机器人 Profinet 适配器DSQC688；
C—PLC 主站；
D—机器人控制柜

图 3-17　DSQC688 模块与 PLC 的通信

1. 机器人端配置

从站机器人端 Profinet 地址参数设置见表 3-23。这里设置为“4”，表示机器人与 PLC 通讯支持 32 个数字输入和 32 个数字输出。

该参数允许设置的最大值为 64，意味着最多支持 512 个数字输入和 512 个数字输出。

表 3-23　从站机器人端 Profinet 地址参数设置

参数名称	设定值	说　明
Name	PN_Internal_Anybus	板卡名称
Network	PROFINET_Anybus	总线网络
VendorName	ABB Robotics	供应商名称
ProductName	PROFINET Internal Anybus Device	产品名称
Label		标签
Input Size(bytes)	4	输入大小(字节)
Output Size(bytes)	4	输出大小(字节)

2. PLC 端配置

在完成了 ABB 机器人上的 Profinet 适配器的设定后，也需要在 PLC 端完成相应的操作：

(1) 将 ABB 机器人的 DSQC688 配置文件安装到 PLC 组态软件中。

(2) 编辑节点，分配 IP 地址和设备名称给扫描出来的机器人控制器上的 Profinet 适配器接口。

(3) 在组态软件中将新添加的"DSQC688"加入到工作站中并设置该机器人站点的 IP 地址及设备名称(与上一步分配的 IP 地址、设备名称保持一致)。

(4) 添加输入输出模块(这里添加总数各 4 字节的输入输出模块)。

(5) ABB 机器人中设置的信号与 PLC 端设置的信号是一一对应的(低位对低位)。

任务巩固

进行 ABB 工业机器人 DSQC688 模块与 PLC 通信的相关设置。

任务三 关 联 信 号

任务导入

如图 3-18 所示，是焊接工业机器人上变位器的应用，要求变位器电动机与工业机器人进行关联。如图 3-19 所示是工业机器人上的末端夹持装置夹爪，可用编程方式控制，对于初学者来说，也可以应用示教器上的按键控制。

图 3-18 变位器

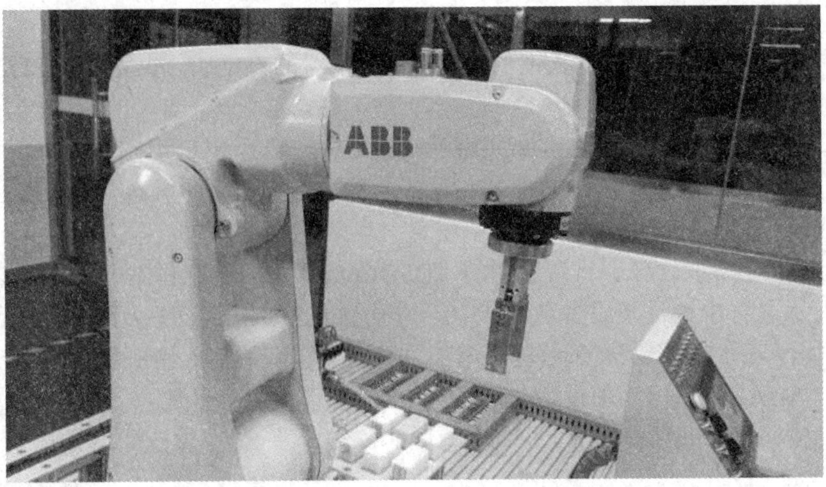

图 3-19　夹爪

任务目标

知识目标	能力目标
1. 掌握关联信号的应用 2. 掌握可编程按键的应用	1. 建立系统输入"电机开启"与数字输入信号 di1 的关联 2. 建立系统输出"电机开启"状态与数字输出信号 do1 的关联 3. 定义 do1 到可编程按键 1

任务准备

教师讲解

一、系统输入/输出与 I/O 信号的关联

将数字输入信号与系统的控制信号关联起来,就可以对系统进行控制(例如电动机的开启、程序启动等)。系统的状态信号也可以与数字输出信号关联起来,将系统的状态输出给外围设备,以作控制之用。

二、定义可编程按键

为了方便对 I/O 信号进行强制与仿真操作,可将可编程按键分配给想要快捷控制的 I/O 信号。示教器上的可编程按键如图 3-20 所示。

笔记

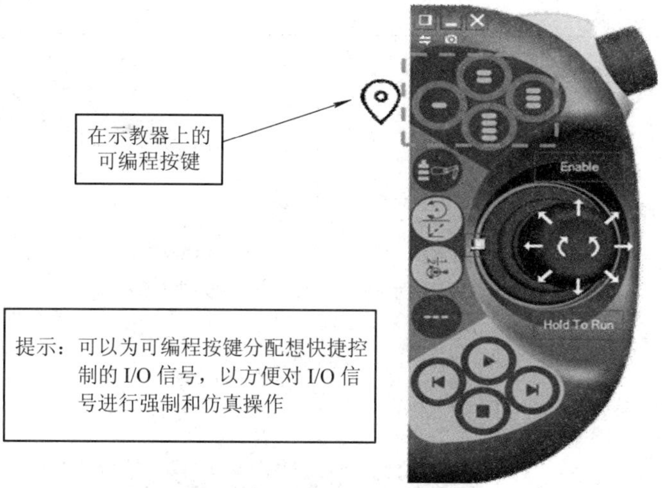

图 3-20　示教器上的可编程按键

任务实施

技能训练

一、关联步骤

1. 建立系统输入“电动机开启”与数字输入信号 di1 的关联

具体操作步骤见表 3-24。

表 3-24　建立系统输入“电动机开启”与数字输入信号 di1 的关联具体操作步骤

步骤	说　明	图　示
1	单击左上角主菜单按钮	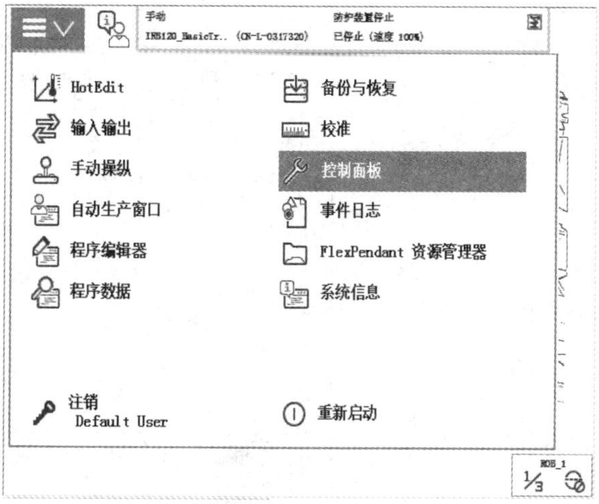
2	选择“控制面板”	

✍ 笔记 　　　　　　　　　　　　　　　　　　　　　　　　　　　　续表一

步骤	说　明	图　　示
3	选择"配置"	
4	双击"System Input"	
5	单击"添加"	

续表二　　　　✍ 笔记

步骤	说　明	图　　示
6	单击"Signal Name"，选择"di1"	
7	双击"Signal Name"	
8	选择"di1"	
9	单击"确定"	

笔记

步骤	说　明	图　　示
10	双击"Action"	
11	选择"Motors On"	
12	单击"确定"	
13	单击"确定"	

续表四 　🖉 笔记

步骤	说　明	图　示
14	单击"是"，完成设定	

2. 建立系统输出"电动机开启"与数字输出信号 do1 的关联

具体操作见表 3-25。

表 3-25　建立系统输出"电动机开启"与数字输出
信号 do1 的关联具体操作

步骤	说　明	图　示
1	进入"控制面板—配置—I/O"界面，双"System Output"	

续表一

✍ 笔记

步骤	说　明	图　　示
2	单击"添加"	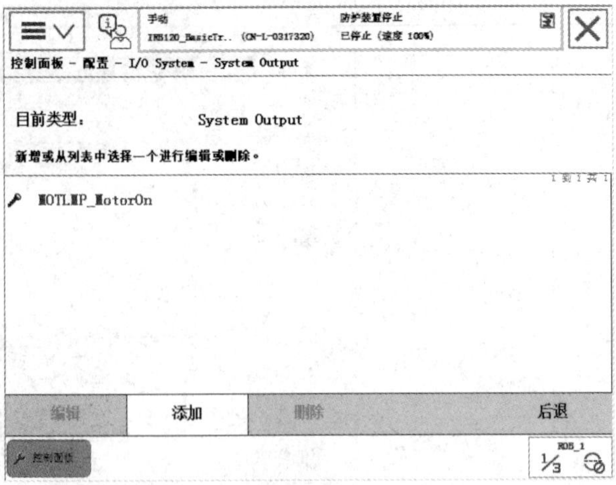
3	单击"Signal Name"，选择"do1"	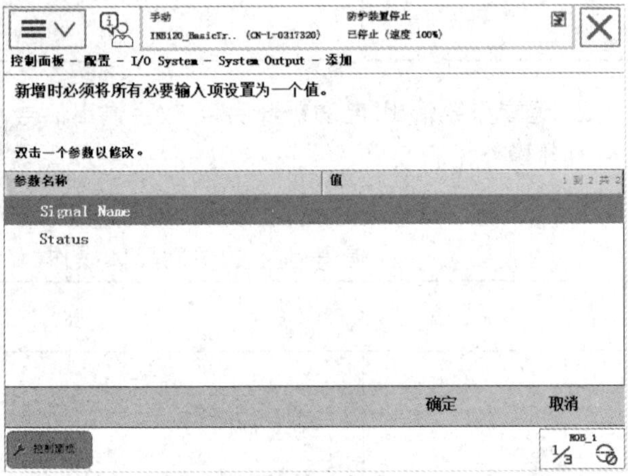
4	双击"Status"	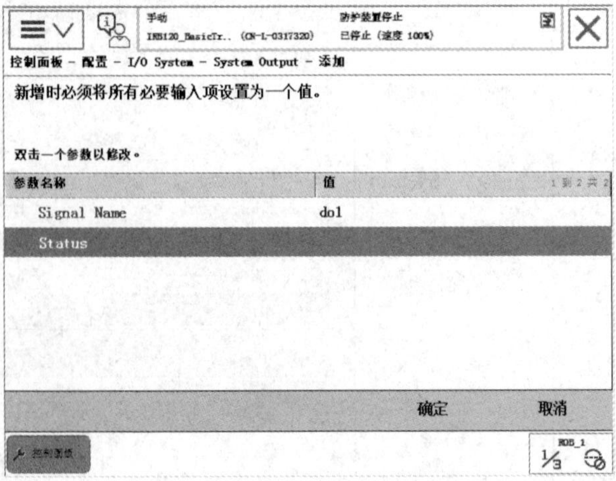

续表二 ✍ 笔记

步骤	说　明	图　示
5	选 择 " Motor On State"，单击 "确定"	
6	确认设定的信息，单击"确定"完成设定并重启系统	

二、定义 do1 到可编程按键 1

定义 do1 到可编程按键 1 具体操作见表 3-26。

表 3-26　为可编程按键 1 配置数字输出信号 do1 的操作

步骤	说　明	图　示
1	在"控制面板"中选择"配置可编程按键"	

步骤	说　明	图　　示
2	点击"类型"，在下拉列表中选择"输出"	
3	选中"do1"	
4	在"按下按键"列表下选择"按下/松开"。也可根据实际需要选择按键的动作特性	
5	单击"确定"，完成设定。现在可通过可编程按键"1"在手动状态下对数字输出信号"do1"进行强制操作	
6	打开主菜单后选择"输入输出"	

续表二

步骤	说　明	图　示
7	单击右下角"视图"，在弹出的列表中选择"数字输出"	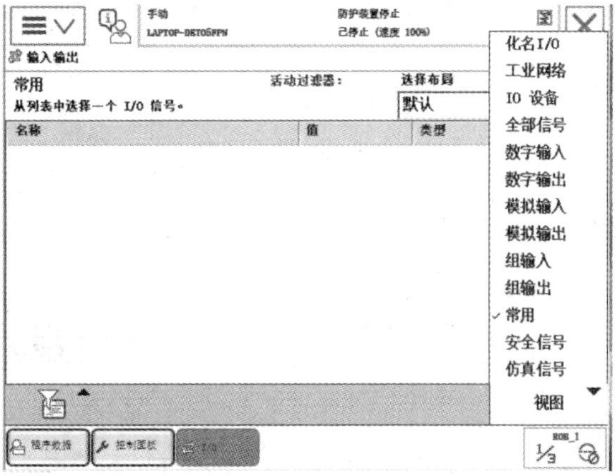
8	单击所设定按键进行仿真，"do1"数值就会显示为"1"，松开鼠标，"do1"数值又会变为"0"	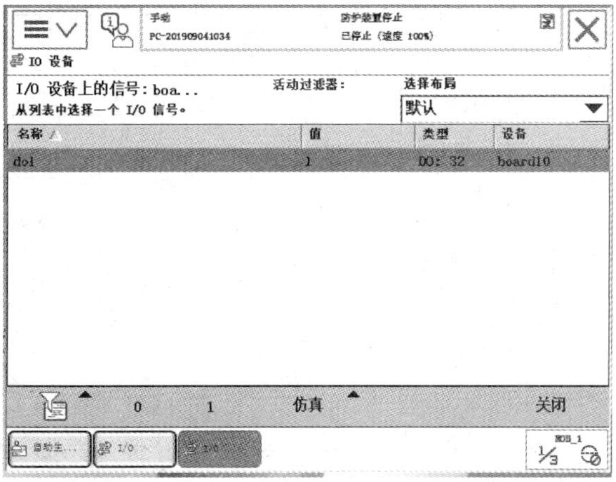

任务扩展

紧急停止回路的典型配置

机器人紧急停止回路需要在 X1、X2 端子上面跳接，而且采用的是双回路控制，如图 3-21 所示，利用双常闭触点的紧急停止按钮作为外部急停控制，说明见表 3-27。X1、X2 端子出厂默认短接状态如图 3-22 所示。如图 3-23 所示，ES1 和 ES2 分别接入 X1 上面的 3-4 和 X2 上面的 3-4，ES1 和 ES2 的另外一端接在急停按钮的常闭触点上，当急停按钮被按下，则机器人进入紧急停止状态。急停恢复首先需要先将急停按钮松开，然后点击控制柜上面的马达上电按钮才可消除急停状态，若是自动模式，则电机直接上电，若是手动模式仍需要通过使能上电。

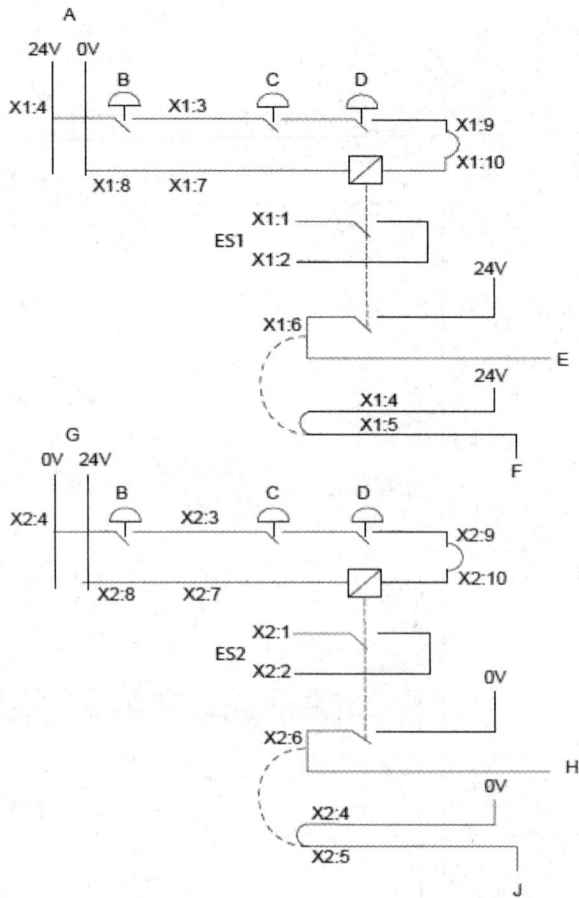

图 3-21　急停

表 3-27　急 停 说 明

A	内部 24V 电源	G	内部 24 V 电源
B	外接紧急停止	H	紧急停止内部回路 2
C	示教器紧急停止	J	运行链 2 Top
D	控制柜紧急停止	ES1	急停输出回路 1
E	紧急停止内部回路 1	ES2	急停输出回路 2
F	运行链 1Top		

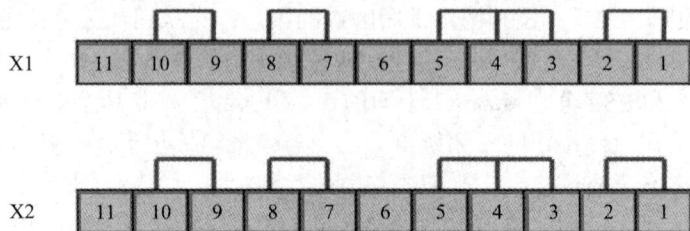

图 3-22　出厂默认短接状态

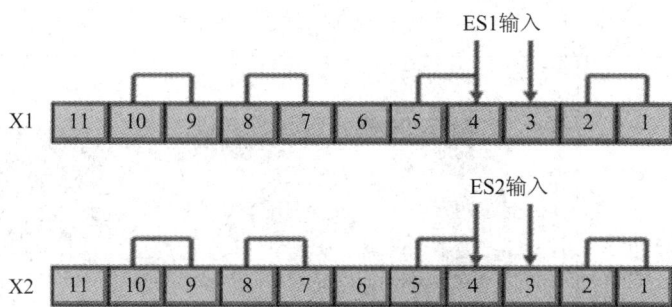

图 3-23 ES1 和 ES2 的接入

任务巩固

1. 定义 do1 到可编程按键 1。
2. 建立系统输入"夹爪开"与数字输入信号 di1 的关联。
3. 建立系统输入"夹爪闭"与数字输入信号 do1 的关联。

模块三资源

操 作 与 应 用

工 作 单

姓 名		工作名称	ABB工业机器人的通信	
班 级		小组成员		
指导教师		分工内容		
计划用时		实施地点		
完成日期		备 注		
工作准备				
资 料		工 具	设 备	

工作内容与实施	
工作内容	实　施
1. 根据图 1 设置示教器上可编程按键，使其控制夹爪的开与合	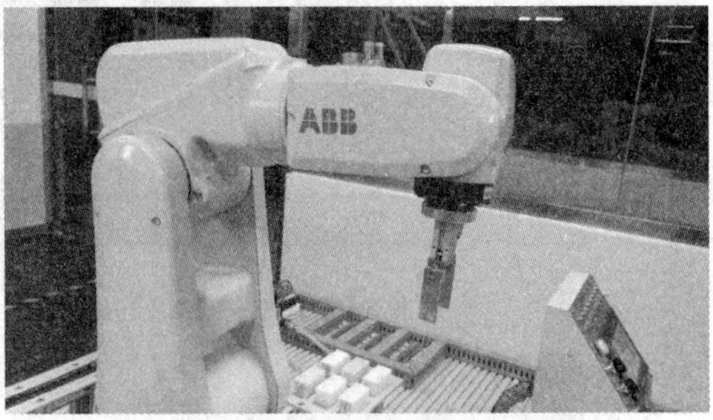 图 1　码垛工作站
2. 根据图 2 设置 DSQC651 板的 I/O 总线 注：可根据实际情况选用不同的机器人	 图 2　焊接工作站

工作评价

	评价内容				
	完成的质量 (60分)	技能提升能力 (20分)	知识掌握能力 (10分)	团队合作 (10分)	备注
自我评价					
小组评价					
教师评价					

1. 自我评价

班级　　　　　　　姓名　　　　　　工作名称　**ABB 工业机器人的通信**

自我评价表

序号	评 价 项 目	是	否
1	是否明确人员的职责		
2	能否按时完成工作任务的准备部分		
3	工作着装是否规范		
4	是否主动参与工作现场的清洁和整理工作		
5	是否主动帮助同学		
6	是否能对I/O信号进行设置		
7	是否能完成标准I／O板的配置		
8	是否能完成关联信号的设置		
9	是否完成了清洁工具和维护工具的摆放		
10	是否执行6S规定		

评价人		分数		时间	年　　　月　　　日	

2. 小组评价

小组评价表

序号	评价项目	评价情况
1	与其他同学的沟通是否顺畅	
2	是否尊重他人	
3	工作态度是否积极主动	
4	是否服从教师的安排	
5	看装是合符合标准	
6	能否正确地理解他人提出的问题	
7	能否按照安全和规范的规程操作	
8	能否保持工作环境的干净整洁	
9	是否遵守工作场所的规章制度	
10	是否有工作岗位的责任心	
11	是否全勤	
12	是否能正确对待肯定和否定的意见	
13	团队工作中的表现如何	
14	是否达到任务目标	
15	存在的问题和建议	

🖊 笔记

3. 教师评价

课程	工业机器人操作与应用	工作名称	ABB 工业机器人的通信	完成地点	
姓名		小组成员			
序号	项 目		分值	得 分	
1	对 I/O 信号进行设置		40		
2	完成标准 I/O 板的配置		30		
3	完成关联信号的设置		30		

自 学 报 告

自学任务	完成一种其他工业机器人的通信
自学内容	
收 获	
存在问题	
改进措施	
总 结	

模块四

工业机器人在线程序的编制

课程思政

五大发展理念
创新、协调、
绿色、开放、
共享。

任务一　工业机器人运动轨迹编程

任务导入

无论工业机器人做什么工作，首先都需要编制程序。基础编程是运动轨迹程序的编制，有些工业机器人的运动轨迹比较简单，如上下料，有些运动轨迹则非常复杂，比如雕刻工业机器人的复杂型面的雕刻。但复杂轨迹是由简单轨迹构成的，故轨迹编程一般借助轨迹训练模型来完成。轨迹训练模型由优质铝材加工制造，表面经过阳极氧化处理，通过在平面、曲面上蚀刻不同图形规则的图案(平行四边形、五角星、椭圆、风车图案、凹字形图案等多种不同轨迹图案)来完成轨迹训练模型的制造，如图 4-1 所示。该模型右下角配有 TCP 示教辅助装置，可通过末端夹持装置(如焊枪、笔等)进行轨迹程序的编制，以此对机器人基本的点示教、平面直线、曲线运动/曲面直线、曲线运动的轨迹示教。

图 4-1　轨迹训练模型

笔记

📹 任务目标

知识目标	能力目标
1. 掌握运动指令的编程方式	1. 能创建运动指令
2. 掌握 FUNCTION 功能指令的编程方式	2. 能创建 FUNCTION 功能指令
3. 掌握赋值指令的编程方式	3. 能创建赋值指令

📹 任务准备

一、常用运动指令

1. 绝对位置运动指令 MoveAbsJ

绝对位置运动指令是机器人的运动使用 6 个轴和外轴的角度值来定义目标位置数据，MoveAbsJ 常用于机器人 6 个轴回到机械零点(0°)的位置，如图 4-2 所示。指令解析见表 4-1。当然，也有 6 个轴不回到机械零点的，比如搬运工业机器人可设置为第五轴为 90°，其他轴为 0°。

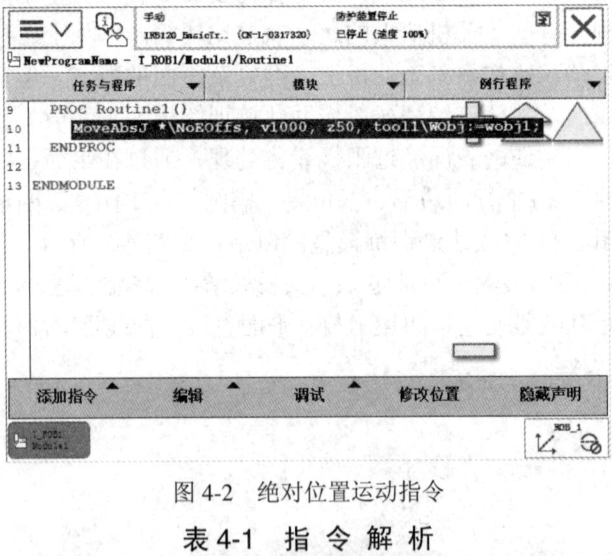

图 4-2　绝对位置运动指令

表 4-1　指　令　解　析

序号	参数	定　义
1	*	目标点名称，位置数据。也可进行定义，如定义为 jpos10
2	\NoEOffs	外轴不带偏移数据
3	V1000	运动速度数据，1000 m/s
4	Z50	转弯区数据，转弯区的数值越大，机器人的动作越圆滑与流畅
5	Tool1	工具坐标数据
6	Wobj1	工件坐标数据

注意：运动指令后+DO，其功能为到达目标点触发 DO 信号。如果有转弯数据 z，则在转弯中间点触发；如果 z 为 fine，则到达目标点触发 DO。

2．线性运动指令(MoveL)

线性运动指令也称直线运动指令。工具的 TCP 按照设定的姿态从起点匀速移动到目标位置点，TCP 运动路径是三维空间中 p10 点到 p20 点的直线运动，如图 4-3 所示。直线运动的起始点是前一运动指令的示教点，结束点是当前指令的示教点，运动特点如下：

(1) 运动路径可预见。

(2) 在指定的坐标系中实现插补运动。

(3) 机器人以线性方式运动至目标点，当前点与目标点两点决定一条直线，机器人运动状态可控，运动路径保持唯一，可能出现死点，常用于机器人在工作状态移动。

p10(起点)　　　　　　p20(终点)

图 4-3　直线运动指令示例图

1) 标准指令格式

MoveL[\Conc,]ToPoint,Speed[\V] [\T],Zone[\Z] [\Inpos],Tool[\Wobj] [\Corr];

指令格式说明：

(1) [\Conc,]：协作运动开关。

(2) ToPoint：目标点，默认为*，也可进行定义。

(3) Speed：运行速度数据。

(4) [\V]：特殊运行速度，单位为 mm/s。

(5) [\T]：运行时间控制，单位为 s。

(6) Zone：运行转角数据。如图 4-4 所示为 Zone 取不同数值时 TCP 点运行的轨迹。Zone 指机器人 TCP 不达到目标点，而是在距离目标点一定距离(通过编程确定，如 z10)处圆滑绕过目标点，即圆滑过渡，如图 4-4 中的 p1 点。fine 指机器人 TCP 达到目标点(见图 4-4 中的 p2 点)，在目标点速度降为零。机器人动作有停顿，焊接编程结束时，必须用 fine 参数。

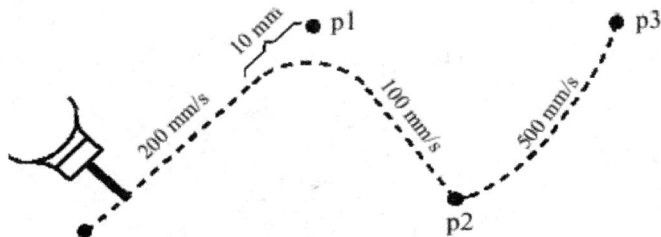

图 4-4　不同转弯半径时的 TCP 轨迹示意图

(7) [\Z]：特殊运行转角(mm)。

(8) [\Inpos]：运行停止点数据。

(9) Tool：工具中心点(TCP)。根据机器人使用工具的不同选择合适的工具坐标系。机器人示教时，要首先确定好工具坐标系。

(10) [\Wobj]：工件坐标系。

(11) [\Corr]：修正目标点开关。

例如：

MoveL p1,v2000,fine,grip1;

MoveL \Conc, p1,v2000,fine,grip1;

MoveL p1,v2000\V:=2200,z40\z:45,grip1;

MoveL p1,v2000,z40,grip1\Wobj:=wobjTable;

MoveL p1,v2000,fine\ Inpos:=inpos50, grip1;

MoveL p1,v2000,z40,grip1\Corr;

2) 常用指令格式

MoveL 直线运动指令的常用格式如图 4-5 所示。

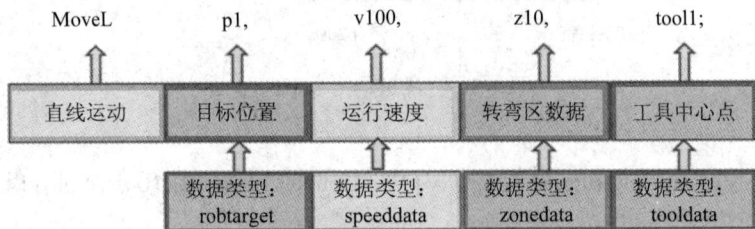

图 4-5　直线运动指令示意图

在图 4-5 中，MoveL 表示直线运动指令；p1 表示一个空间点，即直线运动的目标位置；v100 表示机器人运行速度为 100 mm/s；z10 表示转弯半径为 10 mm；tool1 表示选定的工具坐标系。

3. 关节运动指令(MoveJ)

程序一般起始点使用 MoveJ 指令。机器人将 TCP 沿最快速轨迹送到目标点，机器人的姿态会随意改变，TCP 路径不可预测。机器人最快速的运动轨迹通常不是最短的轨迹，因而关节轴运动不是直线。由于机器人轴的旋转运动，弧形轨迹会比直线轨迹更快。运动示意图如图 4-6 所示。

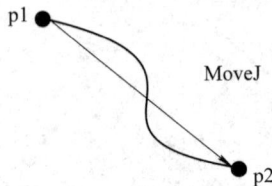

图 4-6　运动指令示意图

图 4-6 的运动特点如下：

(1) 运动的具体过程是不可预见的。

(2) 6 个轴同时启动并且同时停止。

(3) 机器人以最快捷的方式运动至目标点，机器人运动状态不完全可控，但运动路径保持唯一，常用于机器人在空间大范围移动。

使用 MoveJ 指令可以使机器人的运动更加高效快速，也可以使机器人的运动更加柔和，但是关节轴运动轨迹是不可预见的，所以使用该指令之前务必确认机器人与周边设备不会发生碰撞。

1) 标准指令格式

MoveJ[\Conc,]ToPoint,Speed[\V] [\T],Zone[\Z] [\Inpos],Tool[\Wobj];

指令格式说明：

(1) [\Conc,]：协作运动开关。

(2) ToPoint：目标点，默认为*。

(3) Speed：运行速度数据。

(4) [\V]：特殊运行速度，单位为 mm/s。

(5) [\T]：运行时间控制，单位为 s。

(6) Zone：运行转角数据。

(7) [\Z]：特殊运行转角，单位为 mm。

(8) [\Inpos]：运行停止点数据。

(9) Tool：工具中心点(TCP)。

(10) [\Wobj]：工件坐标系。

例如：

MoveJ p1,v2000,fine,grip1;

MoveJ\Conc, p1,v2000,fine,grip1;

MoveJ p1,v2000\V:=2200,z40\z:45,grip1;

MoveJ p1,v2000,z40,grip1\Wobj:=wobjTable;

MoveJ\Conc, p1,v2000,fine\ Inpos:=inpos50, grip1;

2) 常用指令格式

MoveJ 关节运动指令的说明如图 4-7 所示。

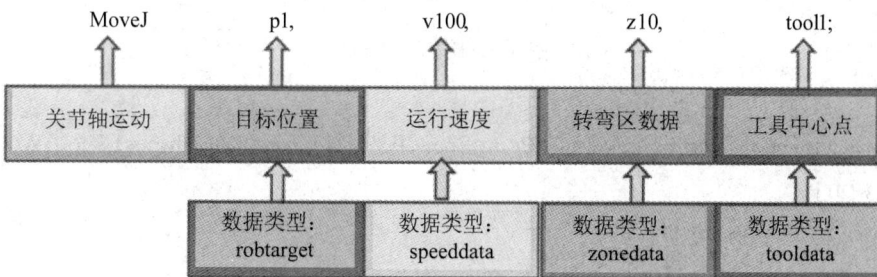

图 4-7 直线运动指令示意图

3) 编程实例

根据如图 4-8 所示的运动轨迹，写出其关节指令程序。

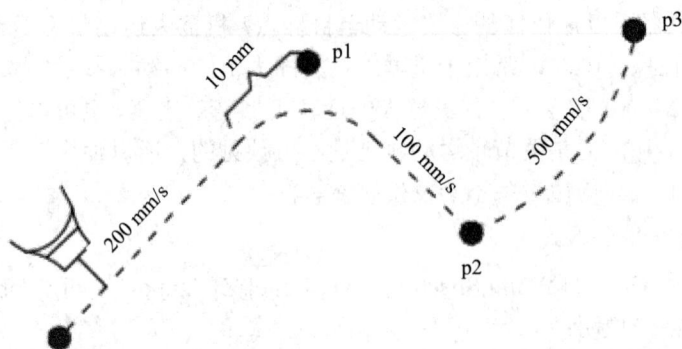

图 4-8　运动轨迹

图 4-8 所示的运动轨迹的指令程序如下：

MoveL p1,v200,z10,tool1;

MoveL p2,v100,fine,tool1;

MoveJ p3,v500,fine,tool1;

4. 圆弧运动指令(MoveC)

圆弧运动指令也称为圆弧插补运动指令。三点确定唯一圆弧，因此，圆弧运动需要示教三个圆弧运动点，起始点 p1 是上一条运动指令的末端点，p2 是中间辅助点，p3 是圆弧终点、如图 4-9 所示。机器人通过中心点以圆弧移动方式运动至目标点，当前点、中间点与目标点三点决定一段圆弧，机器人运动状态可控，运动路径保持唯一，常用于机器人在工作状态移动。

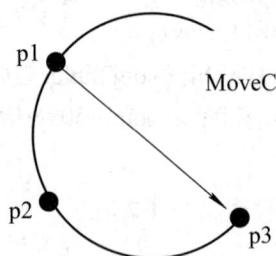

图 4-9　圆弧运动轨迹

1) 标准指令格式

MoveC[\Conc,] CirPoint,ToPoint,Speed[\V] [\T],Zone[\Z] [\Inpos],Tool[\Wobj]
[\Corr];

指令格式说明：

(1) [\Conc,]：协作运动开关。

(2) CirPoin：中间点默认为*。

(3) ToPoint：目标点默认为*。

笔记

(4) Speed：运行速度数据。

(5) [\V]：特殊运行速度，单位为 mm/s。

(6) [\T]：运行时间控制，单位为 s。

(7) Zone：运行转角数据。

(8) [\Z]：特殊运行转角，单位为 mm。

(9) [\Inpos]：运行停止点数据。

(10) Tool：工具中心点(TCP)。

(11) [\Wobj]：工件坐标系。

(12) [\Corr]：修正目标点开关。

例如：

MoveC p1,p2,v2000,fine,grip1;

MoveC \Conc, p1,p2,v200, \V:=500,z1\zz:=5,grip1;

MoveC p1,p2,v2000,z40,grip1\Wobj:=wobjTable;

MoveC p1,p2,v2000,fine\ Inpos:= 50, grip1;

MoveC p1,p2,v2000, fine,grip1\corr;

2) 常用指令格式

MoveC 圆弧运动指令的说明如图 4-10 所示。

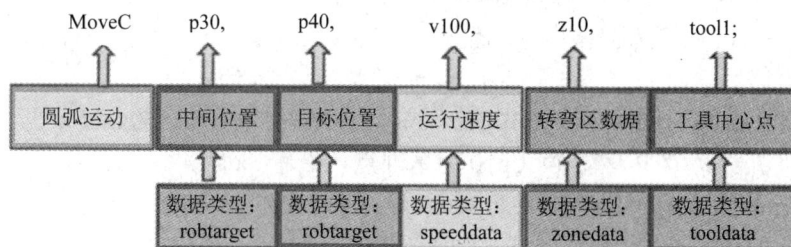

图 4-10　圆弧运动指令示意图

在图 4-10 中，MoveC 表示圆弧运动指令；p30 表示中间空间点；p40 为目标空间点；v100 表示机器人运行速度为 100 mm/s；z10 表示转弯半径为 10 mm；tool1 表示选定的工具坐标系。

3) 限制

不可能通过一个 MoveC 指令完成一个圆，如图 4-11 所示。

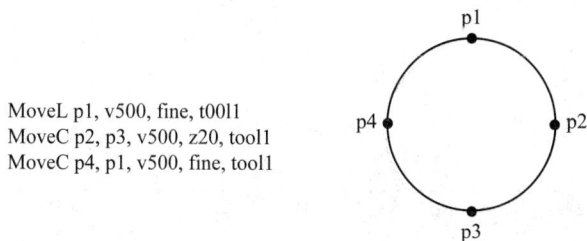

MoveL p1, v500, fine, t00l1
MoveC p2, p3, v500, z20, tool1
MoveC p4, p1, v500, fine, tool1

图 4-11　MoveC 指令的限制

✍ 笔记

4) 位置调整指令

可选变量 Wrist 允许改变工具的姿态；Off 不允许改变工具姿态。

注意：只对 MoveL 和 MoveC 有效。

实例：

Singarea Wrist

MoveL....

MoveC......

Singarea Off

二、FUNCTION 功能

1. Offs：工件坐标系偏移功能

Offs 函数的作用是以选定的目标点为基准，沿着选定工件坐标系的 X、Y、Z 轴方向偏移一定的距离。如：

MoveL Offs(p10，0，0，10)，v1000，z50，tool0\Wobj:=wobj1;

表示将机器人 TCP 移动至以 p10 为基准点，沿着 wobj1 的 Z 轴正方向偏移 10 mm 的位置。

2. RelTool：工具坐标系偏移功能

RelTool 同样为偏移指令，而且可以设置角度偏移，但其参考的坐标系为工具坐标系。如：

MoveL RelTool (p10,0,0,10\Rx:=0\Ry:=0\Rz=45),v1000,z50,tool1;

表示将机器人 TCP 移动至以 p10 为基准点，沿着 tool1 坐标系 Z 轴正方向偏移 10 mm 的位置，且 TCP 沿着 tool1 坐标系 Z 轴旋转 45°。

3. Abs：取绝对值

Abs 函数的作用是取绝对值反馈一个参变量。如对操作数 reg5 进行取绝对值的操作，然后将结果赋予 reg1，如图 4-12 所示。

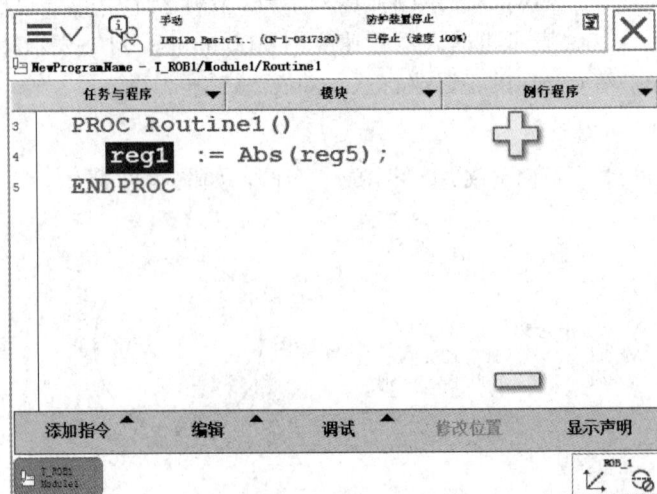

图 4-12　取绝对值

例 4-1 要使机器人沿长 100 mm、宽 50 mm 的长方形路径运动，机器人的运动路径如图 4-13 所示，机器人从起始点 p1，经过 p2、p3、p4 点，回到起始点 p1。

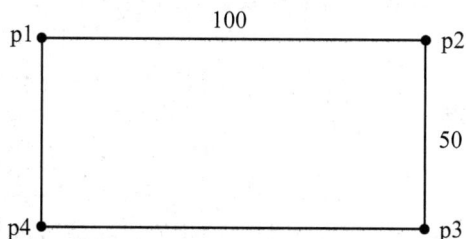

图 4-13 运动路径

为了精确确定 p1、p2、p3、p4 点，可以采用 offs 函数，通过确定参变量的方法进行点的精确定位。offs(p，x，y，z)代表一个离 p1 点 X 轴偏差量为 x，Y 轴偏差量为 y，Z 轴偏差量为 z 的点。

机器人长方形路径的程序如下：

```
"……
MoveL Offsp1, v100,fine,tool1              p1 点
MoveL Offs(p1, 100, 0, 0),v100,fine,tool1   p2 点
MoveL Offs(p1, 100, 50, 0),v100,fine,tool1  p3 点
MoveL Offs(p1, 0, 50, 0),v100,fine,tool1    p4 点
MoveL Offsp1,v100,fine,tool1               p1 点
…"
```

例 4-2 如图 4-14 所示的一个整圆路径，要求 TCP 点沿圆心为 p 点，半径为 80 mm 的圆运动一周。

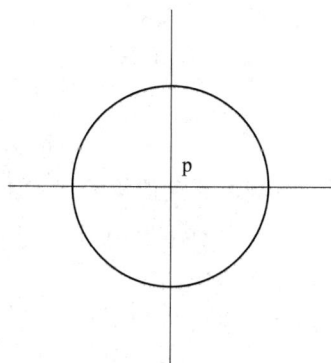

图 4-14 整圆路径

🐶 **工匠精神**

> 工匠精神，也是追求极致的精神。其利虽微，却长久造福于世。

其示教程序如下：

```
"…
MoveJ    p, v500, z1, tool1；
MoveJ    offs(p, 80, 0, 0), v500, z1, tool1；
```

笔记

MoveC   offs(p, 40, 40, 0), offs(p, 0, 80, 0), v500, z1, tool1；

MoveC   offs(p, 40, -40，0), offs(p, 0, -80, 0), v500, z1, tool1；

MoveC   offs(p, -40, -40，0), offs(p, 0, -80, 0), v500, z1, tool1；

MoveC   offs(p, -40, 40，0), offs(p, 0, 80, 0), v500, z1, tool1；

MoveJ   p, v500, z1, tool1。"

三、简单运算指令

1. 赋值指令

":="赋值指令用于对程序数据进行赋值，赋值可以是一个常量或数学表达式。

例如，常量赋值：reg1 := 5；数学表达式赋值：reg2 := reg1+4。

2. 相加指令 Add

格式：Add 表达式 1，表达式 2；

作用：将表达式 1 与表达式 2 的值相加后赋值给表达式 1，相当于赋值指令。即

$$表达式 1:=表达式 1+表达式 2；$$

例如：

Add regl,3；   等价于   regl:=regl+3；

Add regl，-reg2；   等价于   regl:=regl-reg2；

3. 自增指令 Incr

格式：Incr 表达式 1；

作用：将表达式 1 的值自增 1 后赋给表达式 1。即

$$表达式 1:=表达式 1+1；$$

例如：

Incr regl；   等价于   regl:=regl+l；

4. 自减指令 Decr

格式：Decr 表达式 1；

作用：将表达式 1 的值自减 1 后赋值给表达式 1。即

$$表达式 1:=表达式-1；$$

例如：

Decr regl；   等价于   regl：=regl-1；

5. 清零指令 Clear

格式：Clear 表达式 1；

作用：将表达式 1 的值清零。即

$$表达式 1:=0；$$

例如：

Clear regl；   等价于   regl:=0；

✍ 笔记

🎥 **任务实施**

根据实际情况，让学生在教师的指导下进行以下技能训练。

技能训练

一、ABB 机器人基本运动指令的操作

1. 关节轴运动指令 Move J

在程序编辑中插入运动指令 MoveJ 的操作如表 4-2 所示。

表 4-2   插入 MoveJ 指令的操作步骤

操作说明	操作界面
1. 在 ABB 主菜单中选择"手动操纵"确认关键参数(坐标系、工具坐标、工件坐标等)设置是否正确，确认无误后关闭页面	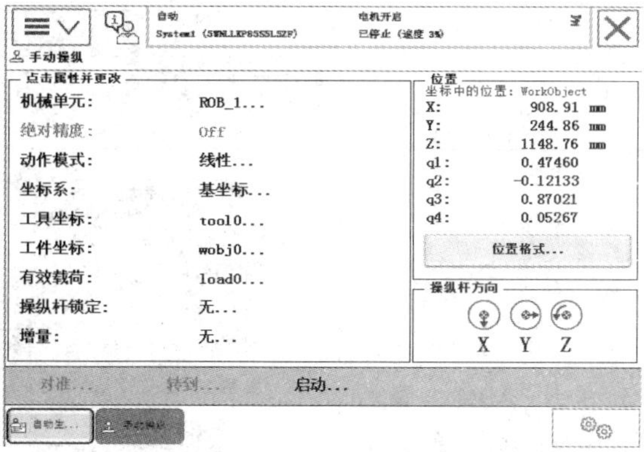
2. 在 ABB 主菜单中单击"程序编辑器"	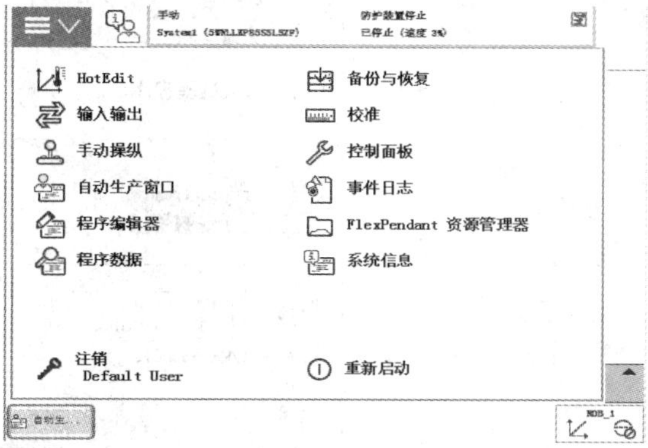
3. 单击"例行程序"	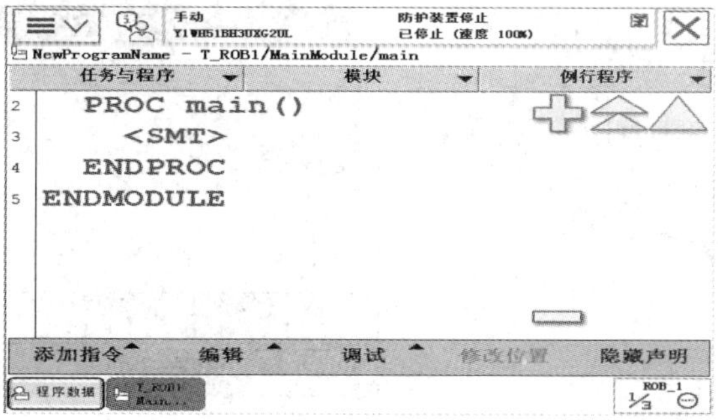

✍ 笔记

操作说明	操作界面
4. 单击"文件"，在弹出列表中单击"新建例行程序…"	
5. 单击"ABC…，命名新程序"tiaoshi"，单击"确定"	
6. 双击"tiaoshi()"，打开例行程序	

续表二　　　　✍ 笔记

操作说明	操作界面
7. 选中 "<SMT>"，单击 "添加指令"，单击 "MoveJ"	
8. 选择 "*"，然后单击 "编辑"，单击 "ABC…"	
9. 在输入面板中输入 "p1"，单击 "确定"	

✎ 笔记

操作说明	操作界面
10. 添加指令完成,将手动操作机器人 TCP 点到指定 p1 点后,单击"修改位置"即可。同理可继续添加指令点 p2	
11. 在这里需要说明的是,当一个段路径编辑完毕,最后一个空间点的转弯半径必须选择 fine。具体操作为:在最后一个空间点语句中双击"z50"	
12. 选择数据中的"fine",单击"确定"	

续表四　　　　笔记

操作说明	操 作 界 面
13. 机器人 TCP 的运动空间点插入完毕	手动　System1 (5WNLLEP85SSLSZP)　防护装置停止　已停止 (速度 3%) NewProgramName - T_ROB1/MainModule/shili 任务与程序　▼　模块　▼　例行程序　▼ 5　CONST robtarget p21:=[[908.91,244.86,11 6　PROC main() 7　　MoveAbsJ *\NoEOffs, v1000, z50, tool0 8　ENDPROC 9　PROC shili() 10　　MoveJ p1, v1000, z50, tool0; 11　　MoveJ p2, v1000, **fine**, tool0; 12　ENDPROC 13 ENDMODULE 添加指令　编辑　调试　修改位置　隐藏声明

插入 MoveJ 指令的程序如下：

"…

MoveJ p1,v1000,z50,tool0;　　　　　p1 点

MoveJ p2,v1000,z50,tool0;　　　　　p2 点

…"

2. 直线运动指令 MoveL

在程序编辑中插入运动指令 MoveL 的操作方法如表 4-3 所示。

表 4-3　插入 MoveL 指令

操作说明	操作界面
1. 在 ABB 主菜单中单击"手动操纵"确认关键参数(坐标系、工具坐标、工件坐标等)设置是否正确,确认无误后关闭页面	自动　System1 (5WNLLEP85SSLSZP)　电机开启　已停止 (速度 3%) 手动操纵 点击属性并更改　　　　　　　　　位置 机械单元：　ROB_1...　　坐标中的位置：WorkObject 绝对精度：　Off　　　　　X：　908.91 mm 动作模式：　线性...　　　Y：　244.86 mm 坐标系：　基坐标...　　　Z：　1148.76 mm 工具坐标：　tool0...　　　q1：　0.47460 工件坐标：　wobj0...　　　q2：　-0.12133 有效载荷：　load0...　　　q3：　0.87021 操纵杆锁定：　无...　　　q4：　0.05267 增量：　无...　　　　　　位置格式... 操纵杆方向　X Y Z 对准...　转到...　启动... 自动生...　手动操纵

✐ 笔记

操作说明	操作界面
2. 在 ABB 主菜单中单击"程序编辑器"	
3. 单击"例行程序"	
4. 单击"文件",在弹出菜单中单击"新建例行程序"	

续表二　　　　　✍ 笔记

操作说明	操作界面
5. 单击"ABC...",命名新程序"tiaoshi",单击"确定"	**手动** Y1WH51BH3UXG2UL　**防护装置停止** 已停止（速度 100%） 新例行程序 - NewProgramName - T_ROB1/MainModule **例行程序声明** 名称：　Routine1　ABC... 类型：　程序　▼ 参数：　无　... 数据类型：　num　... 模块：　MainModule　▼ 本地声明：　□　　撤消处理程序：　□ 错误处理程序：　□　　向后处理程序：　□ 结果...　　　确定　取消 程序数据　T_ROB1 Main...　　1/3
6. 双击"tiaoshi()",打开例行程序	**手动** Y1WH51BH3UXG2UL　**防护装置停止** 已停止（速度 100%） T_ROB1/MainModule **例行程序**　　活动过滤器： 名称 ▲　模块　类型　1 到 2 共 2 main()　MainModule　Procedure tiaoshi()　MainModule　Procedure 文件　　　　显示例行 程序　后退 程序数据　T_ROB1 Main...　　1/3
7. 选中"<SMT>",单击"添加指令",单击"MoveL"	**手动** System1 (SWNLLEP85SSLSZP)　**防护装置停止** 已停止（速度 3%） NewProgramName - T_ROB1/MainModule/main 任务与程序　▼　模块　▼　例行程序　▼ 4　PROC main() 5　　<SMT>　　　剪切　至顶部 6　ENDPROC　　　复制　至底部 　　　　　　　粘贴　在上面粘贴 　　　　　　　更改选择内容...　删除 　　　　　　　ABC...　镜像... 　　　　　　　更改为 MoveL　备注行 　　　　　　　撤消　重做 　　　　　　　编辑　选择一项 添加指令　编辑　▼　调试　▲　修改位置　显示声明 手动操纵　T_ROB1 Main...　　ROB_1

笔记

续表三

操作说明	操作界面
8. 选择"*"，然后选择"编辑"，单击"ABC..."	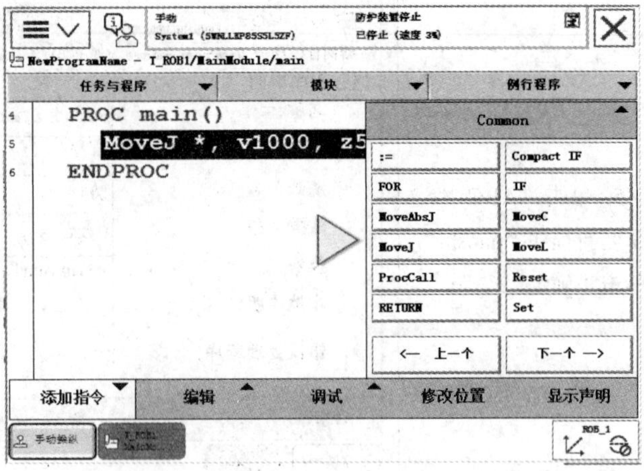
9. 在输入面板中输入"p1"，单击"确定"	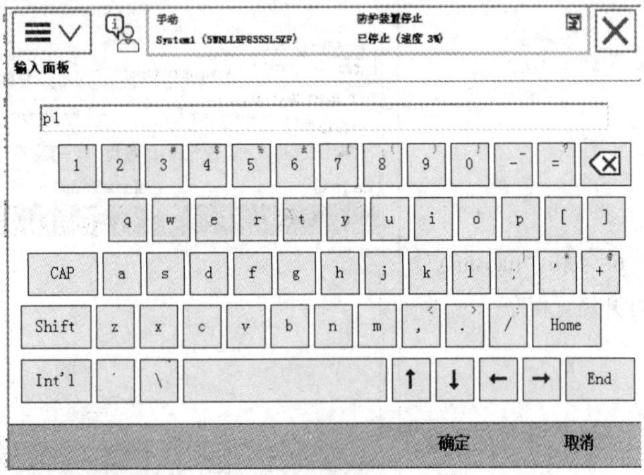
10. 添加指令完成。同理可继续添加指令点p2	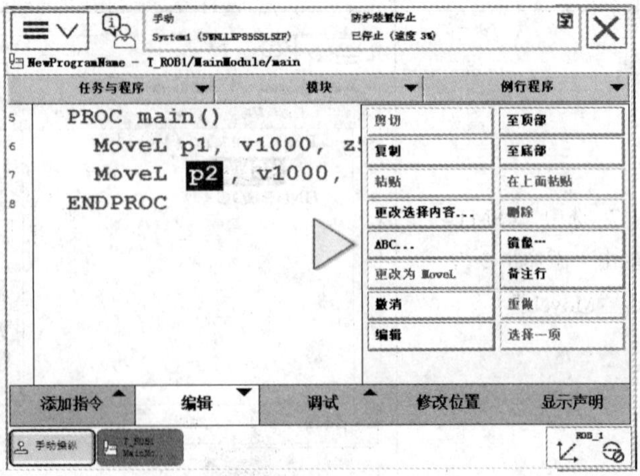

企业文化

阳光向上，拼搏进取，以身作则，永葆激情。

续表四 ✐ 笔记

操作说明	操作界面
11. 在这里需要说明的是,当一个段路径编辑完毕,最后一个空间点的转弯半径必须选择 fine。具体操作为:在最后一个空间点语句中双击"z50"	
12. 选择数据中的"fine",单击"确定"	
13. 机器人的 TCP 从 p1 点至 p2 点的直线运动程序编辑完毕	

✍ 笔记

插入 MoveL 指令的程序如下：

"…

MoveL p1,v1000,z50,tool0;   p1 点

MoveL p2,v1000,z50,tool0;   p2 点

…"

在上述的运动指令中，对于 p1、p2 和 p3 位置点的确定需要操作人员手动将机器人的 TCP 点运动到这些位置点上，精确度受人为操作影响而得不到保障。在示教器编程中，可以采用 offs 函数确定运动路径的精确数值。

3．圆周运动指令 MoveC

在程序编辑中插入运动指令 MoveC 的操作方法如表 4-4 所示。

表 4-4　插入 MoveC 指令

操作说明	操作界面
1．在 ABB 主菜单中选择"手动操纵"确认关键参数(坐标系、工具坐标、工件坐标等)设置是否正确，确认无误后关闭页面	
2．在 ABB 主菜单中单击"程序编辑器"	

操作说明	操作界面
3. 单击"例行程序"	
4. 单击"文件"，在弹出菜单中单击"新建例行程序"	
5. 单击"ABC...",命名新程序"tiaoshi",单击"确定"	

✍ 笔记

操作说明	操作界面
6. 双击"tiaoshi()"，打开例行程序	
7. 选中"<SMT>"，单击"添加指令"，选择"Move J"	
8. 选择"*"，然后单击"编辑"，单击"ABC…"	

续表三 ✍ 笔记

操作说明	操作界面

9. 在输入面板中输入"p1"，单击"确定"	手动 System1 (SWNLLEPE55SLSZP) 防护装置停止 已停止（速度 3%）
	输入面板
	p1
	`1 2 3 4 5 6 7 8 9 0 - = ⌫`
	`q w e r t y u i o p [ ]`
	`CAP a s d f g h j k l ; ' +`
	`Shift z x c v b n m , . / Home`
	`Int'l \ ↑ ↓ ← → End`
	确定 取消

10. 如图所示，添加指令完成，将手动操作机器人 TCP 点到指定 p1 点后，单击"修改位置"即可。p1 就是圆弧运动的起点	手动 Y1WH51BH3UXG2UL 防护装置停止 已停止（速度 100%） T_ROB1 内的<未命名程序>/Module1/tiaoshi 任务与程序 ▼ 模块 ▼ 例行程序 ▼ 34 PROC tiaoshi() 35 MoveJ p1, v1000, z50, tool0; 36 ENDPROC 添加指令 编辑 调试 修改位置 显示声明 T_ROB1 Module1 ROB_1
11. 单击"添加指令"，单击"Move C"	手动 Y1WH51BH3UXG2UL 防护装置停止 已停止（速度 100%） T_ROB1 内的<未命名程序>/Module1/tiaoshi 任务与程序 ▼ 模块 ▼ 例行程序 ▼ 34 PROC tiaoshi() 35 MoveJ p1, v10 36 ENDPROC Common := Compact IF FOR IF MoveAbsJ MoveC MoveJ MoveL ProcCall Reset RETURN Set ←— 上一个 下一个 —→ 添加指令 编辑 调试 修改位置 显示声明 T_ROB1 Module1 ROB_1

笔记

操作说明	操作界面
12. 在弹出的对话框中单击"下方"后，插入Move C 指令	是否需要在当前选定的项目之上或之下插入指令？ 上方　下方　取消 PROC tiaoshi() MoveJ p1, v1000, z50, tool0; MoveC **p61**, p71, v1000, z10, tool ENDPROC
13. 相应的选中"p61"和"p71"，在"编辑"中选择"ABC..."分别修改为 p2 和 p3；将转弯半径选择"fine"	当前变量：　Zone 选择自变量值。　活动过滤器： MoveC p2 , p3 , v1000 , **fine** , tool0; 数据　功能 新建　fine z0　z1 z10　z100 z15　z150 z20　z200

续表五　　　✐ 笔记

操作说明	操作界面
14. 分别选中 p2 和 p3，手动操作机器人 TCP 点到指定 p2 和 p3 点后，单击"修改位置"记录下位置点。插入 Move C 指令完成	

插入 MoveC 指令的程序如下：

"…

MoveJ p1,v1000,z50,tool0;　　　　　　　p1 点

MoveC p2,p3,v1000,fine,tool0;　　　　　p2 和 p3 点

…"

与直线运动指令 MoveL 一样，也可以使用 offs 函数精确定义运动路径。

二、FUNCTION 功能

1. Offs：工件坐标系偏移功能

以"p20 := Offs(p10, 100, 200, 300);"为例来介绍，其操作步骤如表 4-5 所示。

表 4-5　Offs 操作步骤

步骤	说　明	图　　示
1	单击左下角"添加指令"	
2	选择":="赋值指令	

✎ 笔记   续表一

步骤	说　明	图　示
3	点击"更改数据类型…"	
4	选择"robtarget"数据类型，然后点击"确定"	
5	点击"新建"	

续表二 ✍ 笔记

步骤	说 明	图 示
6	选择"变量"，点击"确定"	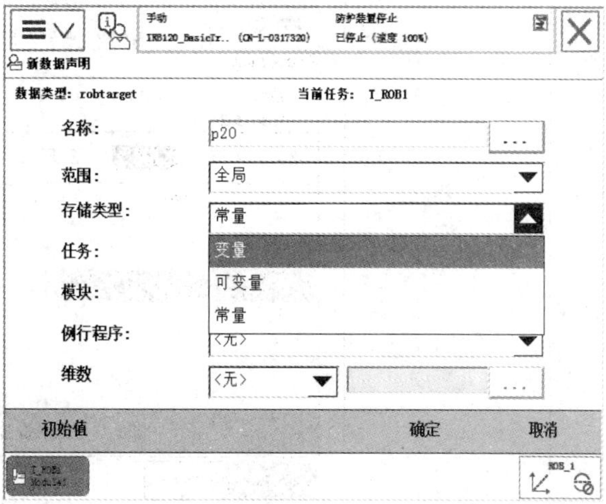
7	选中"<EXP>"	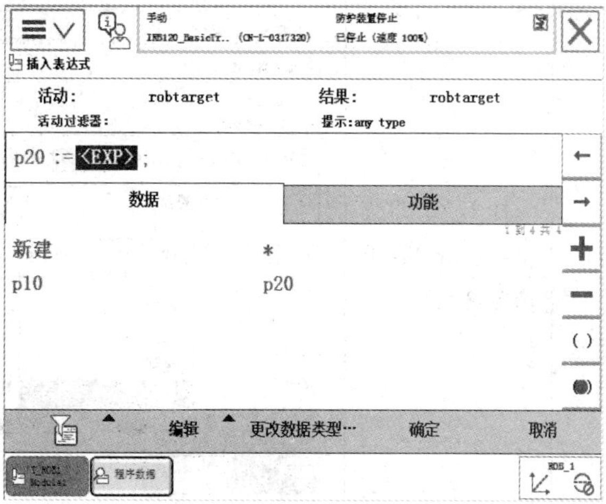
8	点击"功能"标签	
9	选择"Offs()"功能	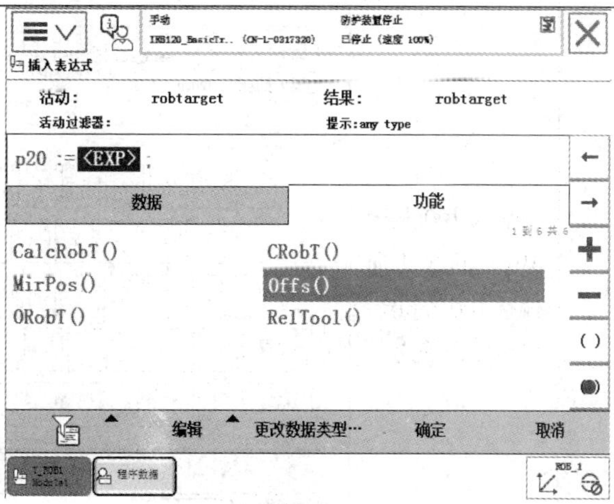

课程思政

五个文明

物质文明、政治文明、精神文明、社会文明、生态文明。

笔记

步骤	说　明	图　　示
10	选择"p10"	
11	打开编辑菜单，点击"仅限选定内容"	
12	输入 100(基于 p10 点的 X 方向偏移 100 mm)，然后点击确定	

续表四　　🖉 笔记

步骤	说　明	图　示
13	打开编辑菜单，点击"仅限选定内容"	
14	输入200(基于p10点的Y方向偏移200 mm)，然后点击确定	
15	打开编辑菜单，点击"仅限选定内容"	

✎ 笔记

步骤	说　明	图　　示
16	输入 300(基于 p10 点的 Z 方向偏移 300 mm)，然后点击确定	
17	点击"确定"	
18	操作完成	

2. Abs: 取绝对值

以 reg1 = Abs(reg5)为例来介绍,其操作步骤如表 4-6 所示。

表 4-6　Abs 操作步骤

步骤	说　明	图　示
1	单击左下角"添加指令"	
2	选择":="赋值指令	
3	点击"更改数据类型…"	
4	选择"num"数据类型,然后点击"确定"	

续表一

笔记

步骤	说　明	图　　示
5	点击"reg1"	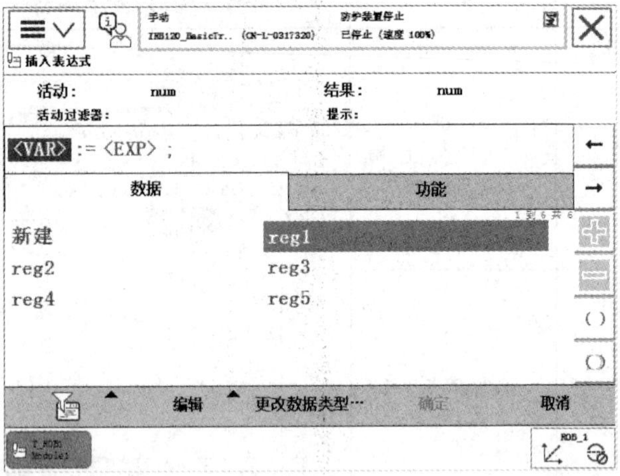
6	选中"<EXP>"	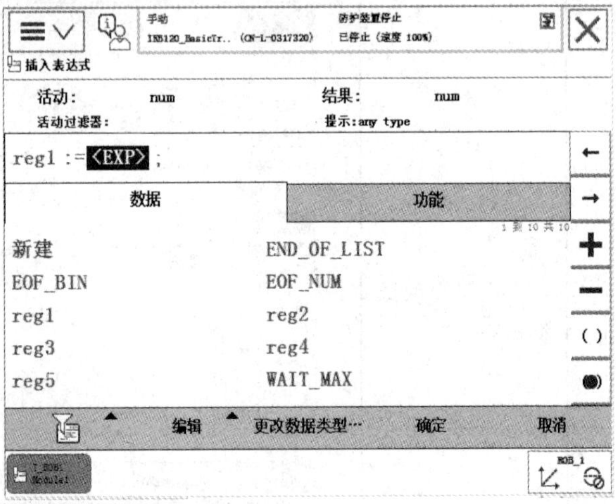
7	点击"功能"标签	
8	选择"Abs()"功能	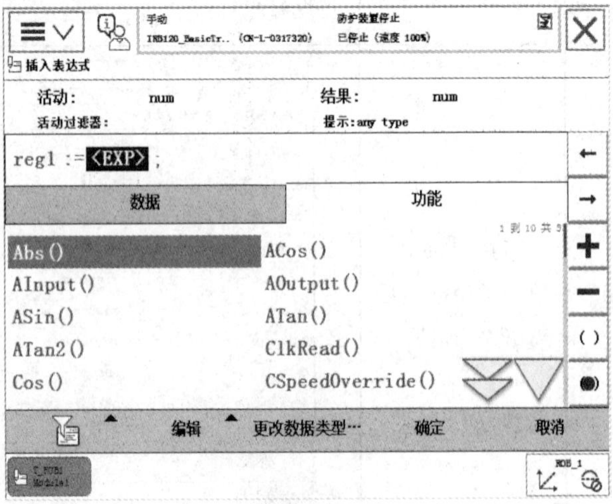

续表二

笔记

步骤	说　明	图　示
9	点击“更改数据类型…”	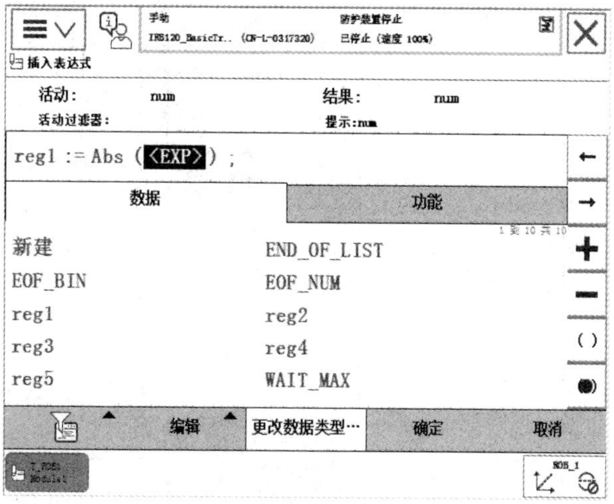
10	选择“num”数据类型，然后点击确定	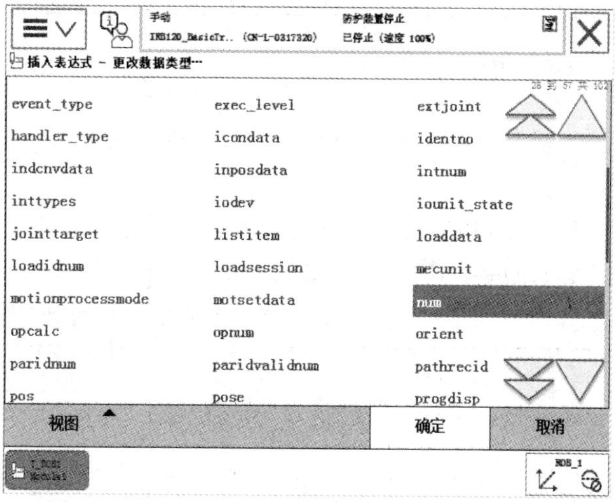
11	选择“reg5”后，点击确定	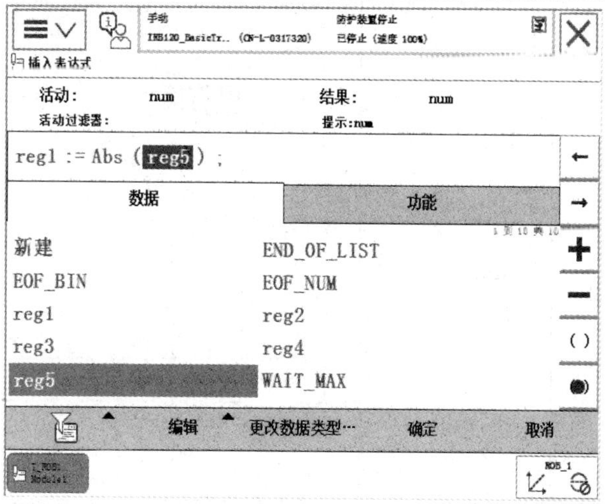

笔记

步骤	说　明	图　　示
12	操作完成	

三、赋值指令

工匠精神

"工匠精神"作为一种优秀的职业道德文化，它的传承和发展契合了时代发展的需要，具有重要的时代价值与广泛的社会意义。

":="赋值指令用于对程序数据进行赋值，赋值可以是一个常量或数学表达式。

例如常量赋值：reg1 := 5，其操作步骤如表 4-7 所示；数学表达式赋值：reg2 := reg1+4，其操作步骤如表 4-8 所示。

表 4-7　赋值指令操作步骤

步骤	说　明	图　　示
1	单击左下角"添加指令"	
2	选择":="赋值指令	

笔记

步骤	说　明	图　　示
3	点击"更改数据类型…"	
4	选择"num"数据类型，然后点击"确定"	
5	点击"reg1"	

笔记

续表二

步骤	说　明	图　示
6	选中"<EXP>"	
7	打开"编辑"菜单，选择"仅限选定内容"	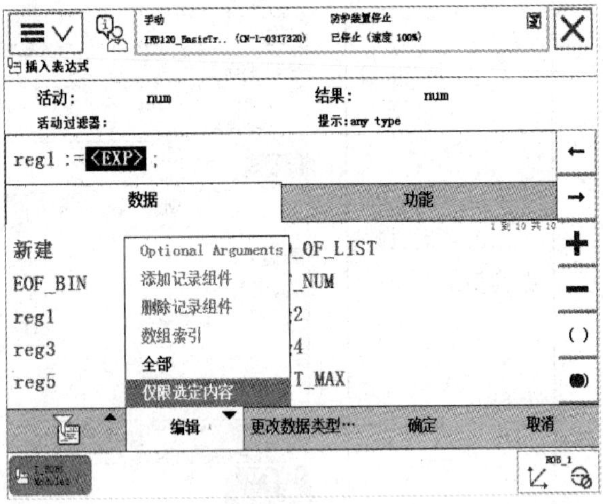
8	通过软键盘输入数字"5"，然后点击"确定"	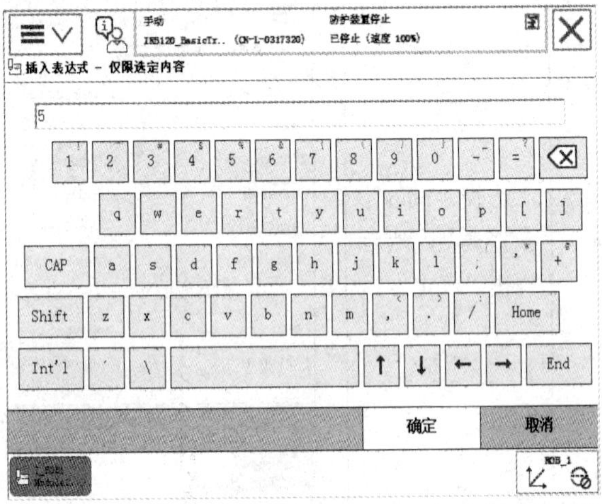
9	点击"确定"	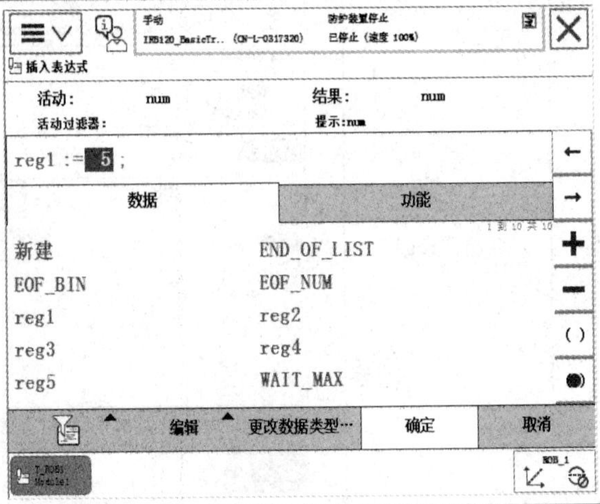

✎ 笔记

步骤	说　明	图　示
10	操作完成	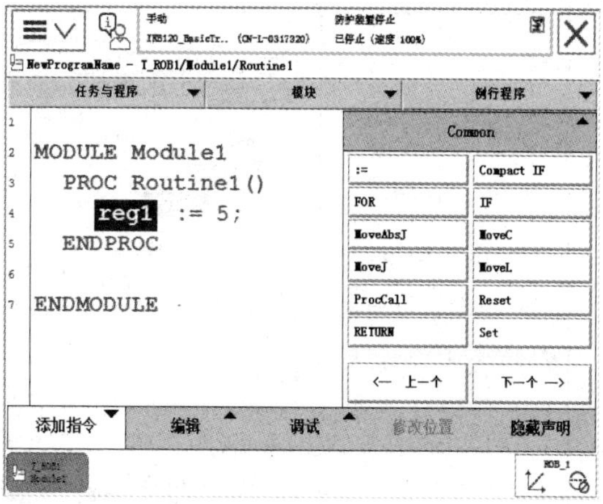

表 4-8　数学表达式赋值操作步骤

步骤	说　明	图　示
1	单击左下角"添加指令"	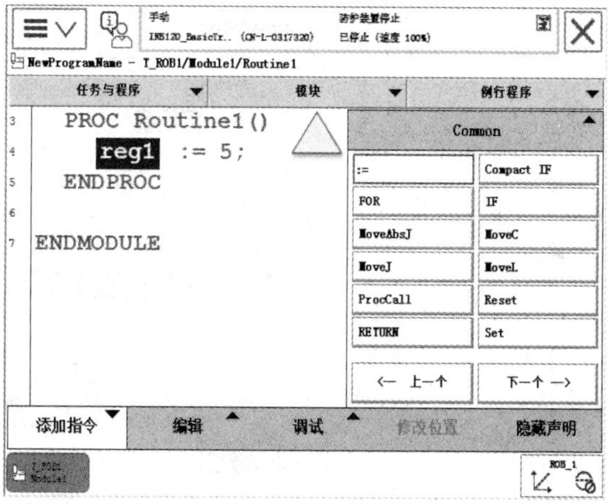
2	选择":="赋值指令	
3	选中"reg2"	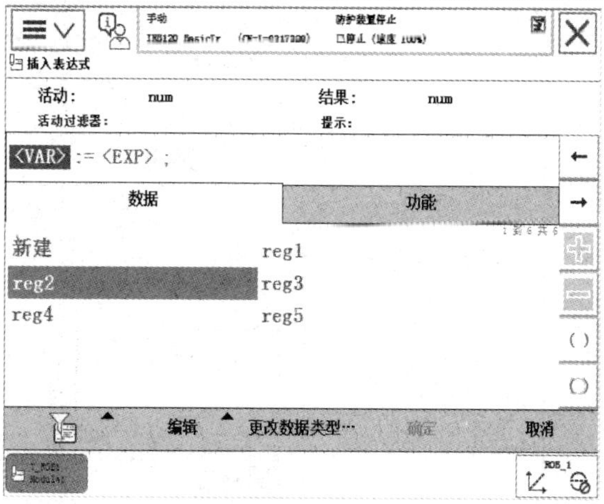

✍ 笔记

步骤	说　明	图　　示
4	选中"<EXP>"，选中部分会以蓝色高亮显示	
5	点击"reg1"	
6	点击"+"按钮	

✍ 笔记

步骤	说　明	图　　　示
7	选中"<EXP>"，选中部分会以蓝色高亮显示	
8	打开"编辑"菜单，选择"仅限选定内容"	
9	通过软键盘输入数字"4"，然后点击"确定"	
10	点击"确定"	

✎ 笔记

步骤	说 明	图 示
11	点击"下方"	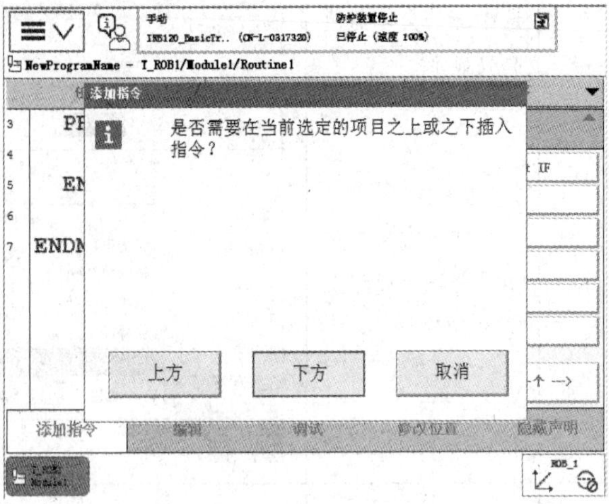
12	添加指令成功	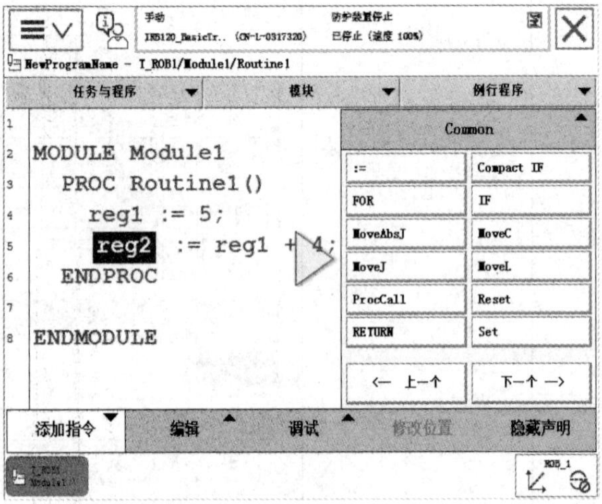
13	点击"添加指令"将指令列表收起来	

📹 任务扩展

一、运动设定指令

1. 速度设定指令 Velset

VelSet 指令用于设定最大的速度和倍率。该指令仅可用于主任务 T_ROB1，在 MultiMove 系统中可用于运动任务中，进给直线程序如下所示。

MODULE Modulel

PROC Routinel()

VelSet 50，400;

MoveL p10，vl000，z50，tool0j

MoveL p20，v1000，z50，tool0;

MoveL p30，v1000，z50，tool0;

ENDPROC

ENDMODULE

在程序执行时将所有的编程速率降至指令中值的 50%，但不允许 TCP 速率超过 400 mm/s，即点 p10、p20 和 p30 的速度是 400 mm/s。

2．加速度设定指令 AceSet

AceSet 可定义机器人的加速度。当处理不同机器人负载时，允许增加或降低加速度，使机器人移动更加顺畅。该指令仅可用于主任务 T_ROB1，在 MultiMove 系统中可用于运动任务中。如程序：

AccSet 50，100; 的功能是将加速度限制在正常值的 50%

AccSet 100，50; 的功能是将加速度坡度限制在正常值的 50%

二、关节轴软化指令

1．指令

格式：SoftAct axis(轴号)softness(软化值)。

功能：关节轴软化，软化后可用外力推动关节轴。软化值越高，需要的外力越小。常用于压轴行业。

注：软化值在 0~100%范围内，且必须与 SoftDeact 搭配使用；机器人被强制停止后，软化自动失效。

实例：

SoffAct 2,30：表示第 2 轴放松 30%。

2．关闭关节轴软化指令

格式：SoftDeact

功能：取消关节轴软化。

实例：

SoftAct 2,30;

SoftDeach

任务巩固

应用所在单位的工业机器人，根据图 4-15 所示的示教点，进行轨迹程序的编制。

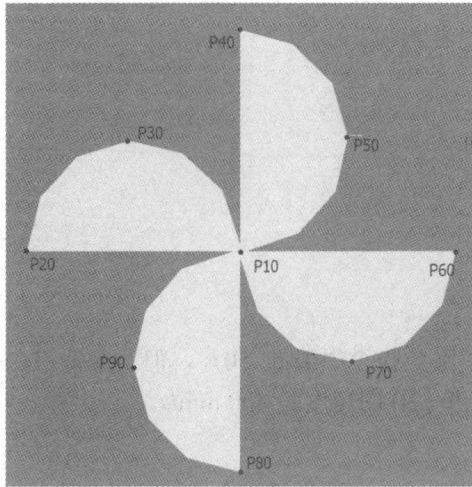

(a)

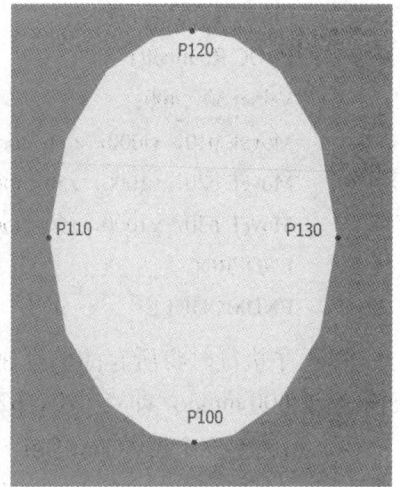

(b)

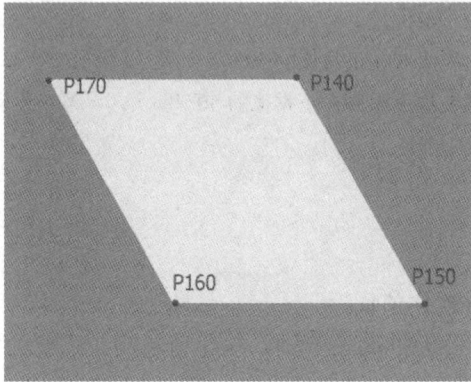

(c)

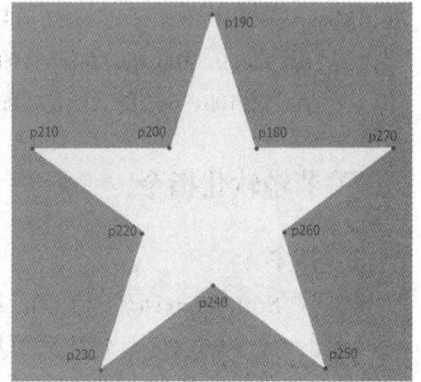

(d)

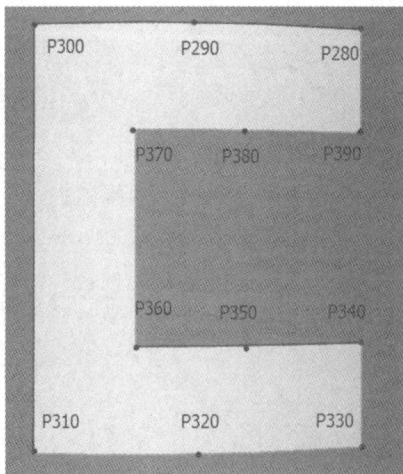

(e)

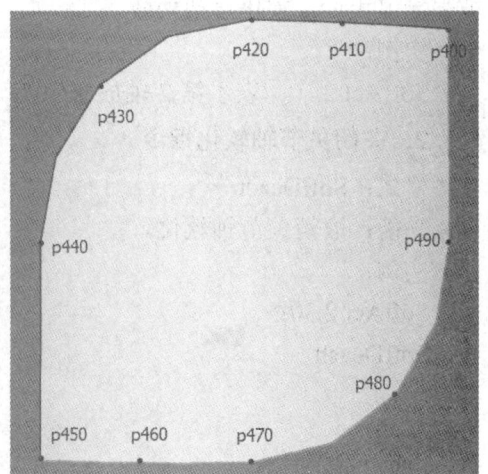

(f)

图 4-15　机器人运行轨迹图

任务二　工业机器人码垛程序的编制

📹 任务导入

码垛机器人可使运输工业加快码垛效率，提升物流速度，获得整齐统一的物垛，减少物料破损与浪费。因此，码垛机器人将逐步取代传统码垛机以实现生产制造"新自动化、新无人化"，码垛行业亦因码垛机器人出现而步入"新起点"。如图 4-16 所示，码垛有如下几种常见的形式。

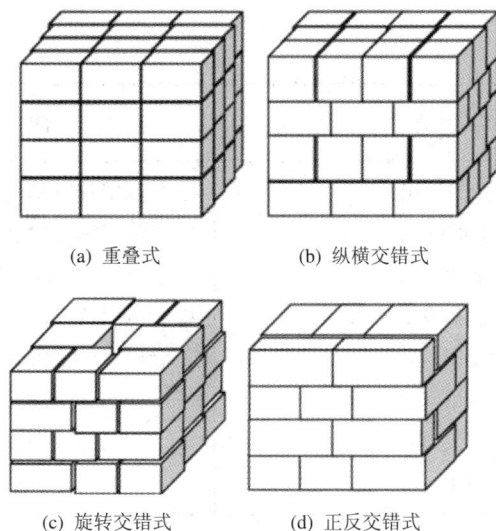

(a) 重叠式　　　　(b) 纵横交错式

(c) 旋转交错式　　　(d) 正反交错式

图 4-16　码垛的形式

1. 重叠式

各层码放方式相同，上下对应，层与层之间不交错堆码。

优点：操作简单，工人操作速度快，包装物四个角和边重叠垂直，承压能力大。

缺点：层与层之间缺少咬合，稳定性差，容易发生塌垛。

适用范围：货品底面积较大情况下，比较适合自动装盘操作。

2. 纵横交错式

相邻两层货品的摆放旋转 90°，一层为横向放置，另一层为纵向放置，层次之间交错堆码。

优点：操作相对简单，层次之间有一定的咬合效果，稳定性比重叠式好。

缺点：咬合强度不够，稳定性不够好。

适用范围：比较适合自动装盘堆码操作。

✎ 笔记

3. 旋转交错式

第一层相邻的两个包装体都互为 90°，两层之间的堆码相差 180°。

优点：相邻两层之间咬合交叉，托盘货品稳定性较高，不容易塌垛。

缺点：堆码难度大，中间形成空穴，降低托盘承载能力。

4. 正反交错式

同一层中，不同列货品以 90°垂直码放，相邻两层货物码放形式旋转 180°。

优点：该堆码方式不同层间咬合强度较高，相邻层次之间不重逢，稳定性较高。

缺点：操作较麻烦，人工操作速度慢。

⬛ 任务目标

知识目标	能力目标
1. 掌握常用 I/O 指令的应用 2. 了解 I/O 逻辑控制的应用 3. 掌握等待指令的应用 4. 掌握常用逻辑控制指令的应用 5. 运动触发指令的应用 6. 掌握调用指令的应用 7. 了解注释行"！"的应用 8. 掌握屏幕指令的应用	1. 会应用常用 I/O 指令 2. 会应用等待指令 3. 会应用常用逻辑控制指令 4. 会应用调用指令 5. 会应用屏幕指令

⬛ 任务准备

一、常用 I/O 指令

I/O 控制指令用于控制 I/O 信号，以达到与机器人周边设备进行通信的目的。

1. Set 指令

Set 指令是将数字输出信号置为 1。

例如：

Set Do1;

将数字输出信号 Do1 置为 1。

2. Reset 指令

Reset 指令是将数字输出信号置为 0。

例如：

Reset Do1；

将数字输出信号 Do1 置为 0。

如果在 Set，Reset 指令前有运动指令 MoveJ、MoveL、MoveC、MoveAbsj 的转变区数据，必须使用 fine 才可以准确到达目标点后输出 I/O 信号状态的变化。

3．I/O 信号与虚拟 I/O 信号

1) 置反与脉冲输出指令

(1) InvertDo：置反指令。

格式：InvertDo 信号名。

功能：将 Do 信号置反，0 变 1，1 变 0。

(2) PulseDo：脉冲输出指令。

格式：PulseDo 脉冲长度信号名。

功能：输出数字脉冲信号。

注：脉冲长度为 0.1～32s，可选变量 high 输出脉冲时，输出信号可以处在高电平。

2) 虚拟I/O信号

虚拟 I/O 板：虚拟 I/O 板起到信号之间的关联与过渡作用。并不具备真实的信号输入输出功能，其原理类似 PLC 的虚拟继电器，常用在 I/O 的逻辑控制(Cross Connection)中。

虚拟 I/O 板是下挂在 Virtuall 总线下的，每一块虚拟 I/O 板的输入输出信号占用的地址都为 0～511，共 512 个地址。虚拟 I/O 板的配置方法与配置真实的 I/O 板相同，Virtual 表示虚拟。创建虚拟 I/O 信号的方法与创建真实 I/O 信号相同。

二、I/O 逻辑控制

I/O 逻辑控制 Cross Connection 是对 I/O 信号进行逻辑运算的，如图 4-17 所示，显示了各信号之间的逻辑运算关系。

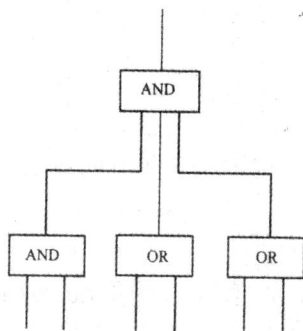

图 4-17 I/O 信号逻辑运算关系图

三、等待指令

1. WaitTime

WaitTime 是指等待指定时间秒。

例如：

WaitTime 0.8;

表示程序运行到此处暂时停止 0.8 秒后继续执行。

2. WaitUntil 指令

指令作用：等待条件成立，并可设置最大等待时间以及超时标识。

应用举例：WaitUntil reg1=5\MaxTime:=6\TimeFlag:=bool1;

执行结果：等待数值型数据 reg1 变为 5，最大等待时间为 6 s，若超时则 bool1 被赋值为 TRUE，程序继续执行下一条指令；若不设最大等待时间，则指令一直等待直至条件成立。

WaitUntil 信号判断指令，可用于布尔量、数字量和 I/O 信号值的判断，如果条件到达指令中的设定值，程序继续往下执行，否则就一直等待，除非设定了最大等待时间。

3. WaitDI 指令

WaitDI 指令的功能是等待一个输入信号状态为设定值。

例如：

WaitDI   Dil,1;

表示等待数字输入信号 Dil 为 1，之后才执行下面命令。

也可设置最大等待时间以及超时标识。

应用举例： WaitDI di1,1\MaxTime:=5\TimeFlag:=bool1;

执行结果：等待数字输入信号 di1 变为 1，最大等待时间为 5 s，若超时则 bool1 被赋值为 TRUE，程序继续执行下一条指令；若不设最大等待时间，则指令一直等待直至信号变为指定数值。

☞说明：WaitDI Dil,1;等同于：WaitUntil Dil=1;。另外，WaitUntil 应用更为广泛，条件为 TRUE 才继续执行，如：

WaitUntil bRead=False;

WaitUntil num1=1;

4. WaitDO 指令

WaitDO 数字输出信号判断指令用于判断数字输出信号的值是否与目标一致。

指令格式：WaitDO do1,1;

执行此指令时，等待 do1 的值为 1，如果 do1 为 1，则程序继续往下执行；如果到达最大等待时间(如 300s，此时间可根据实际进行设定)以后，do1 的值还不为 1，则机器人报警或进行出错处理程序。

四、常用逻辑控制指令

1. IF 指令

IF 指令的功能是满足不同条件，执行对应程序。

例如：

　　IF reg1＞5THEN

　　Set dol;

　　ENDIF

表示如果 reg1＞5 条件满足，则执行 Set Dol 指令。

　　IF 条件判断指令，就是根据不同的条件去执行不同的指令。条件判定的条件数量可以根据实际情况进行增加与减少。如图 4-18 所示，如果 num1 为 1，则 flag1 会赋值为 TRUE，如果 num1 为 2，则 flag1 会赋值为 FALSE，除了以上两种条件之外，将 do1 置位为 1。

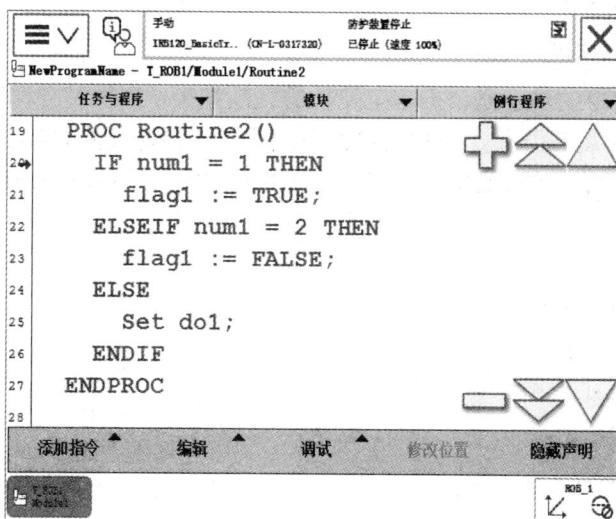

图 4-18　条件判断指令

2. Compact IF 紧凑型条件判断指令

Compact IF 紧凑型条件判断指令的功能是当一个条件满足了以后，就执行一句指令。

指令格式：

　　IF flag1=TRUE Set do1

如果 IF flag1 的状态为 TRUE，则 do1 被置位为 1。

3. FOR 指令

FOR 指令的功能是根据指定的次数，重复执行对应程序。

例如：

　　FOR i FORM 1 TO 10 DO

笔记

```
routinel;
ENDFOR
```
表示重复执行 10 次 routinel 里的程序。

FOR 指令后面跟的是循环计数值，其不用在程序数据中定义，每次运行一遍 FOR 循环中的指令后会自动执行加 1 操作。

4. WHILE 指令

WHILE 指令的功能是如果条件满足，则重复执行对应程序。

例如：

```
WHILE reg1<reg2 DO
reg1:= reg1+1;
END WHILE
```

表示如果变量 reg1<reg2 一直成立，则重复执行 reg1 加 1，直至 reg1<reg2 条件不成立为止。

5. TEST 指令

TEST 指令的功能是根据指定变量的判断结果，执行对应程序。TEST 指令传递的变量用作开关，根据变量值不同跳转到预定义的 CASE 指令，达到执行不同程序的目的。如果未找到预定义的 CASE，会跳转到 DEFAULT 段(事先已定义)。

例如：

```
TEST   reg1
CASE   1;
routine1;
CASE   2;
routine2;
DEFAULT;
Stop;
ENDTEST
```

表示判断 reg1 数值，若为 1 则执行 routine1；若为 2 则执行 routine2；否则执行 Stop。

在 CASE 中，若多种条件下执行同一操作，则可合并在同一 CASE 中。

例如：

```
TEST   reg1
CASE   1,2,3;
    routine1;
```

```
CASE   4;
    routine2;
DEFAULT;
    Stop;
ENDTEST
```

6. GOTO 指令

GOTO 指令用于跳转到例行程序内标签的位置，配合 Label 指令(跳转标签)使用。在如下的 GOTO 指令应用实例中的执行 Routine1 程序过程中，当判断条件 di1=1 时，程序指针会跳转到带跳转标签 rHome 的位置，开始执行 Routine2 的程序。

例如：

```
MODULE Module1
PROC ROUtine1()
rHome：       跳转标签 Label 的位置
ROHtine2;
IF di1=1 THEN
GOTO rHome；
ENDIF
ENDPROC
PROC Routine2()
MoveJ p10，V1000，   z50，   tool0;
ENDPROC
ENDMODULE
```

五、TriggL：运动触发指令

指令作用：在线性运动过程中，在指定位置准确定位时应用，如图 4-18 所示。机器人 TCP 在朝向 p1 点运动过程中，在距离 p1 点前 10 mm 处，且再提前 0.1 s，则将 doGripOn 置为 1。

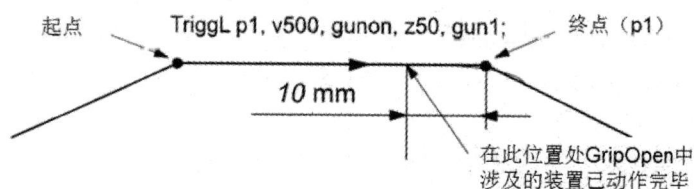

图 4-19　运动触发指令实例

其程序如下：

    VAR triggdata GripOpen；

    TriggEquip GripOpen, 10, 0.1 \DOp:=doGripOn, 1；

    TriggL p1, v500, GripOpen, z50, tGripper；

六、CRobT 功能

CRobT 功能是读取当前机器人目标点位置数据。

例如：

    PERS   robtarget p10；

    p10:= CRobT(\Tool:=tool1\WObj:=wobj1);

其功能是读取当前机器人目标点位置数据，指定工具数据为 tool1，工件坐标系数据为 wobj1(若不设定，则默认工具数据为 tool0)，之后将读取的目标点数据赋值给 p10。

工厂经验

CjointT 具有读取当前机器人各关节轴度数的功能。程序数据 robotTarget 与 JointTarget 之间可以相互转换，具体如下：

    p1:= CalcRboT(jointpos1,tool1\WObj:=wobj1);

该语句将 JointTarget 转换为 robotTarget；而

    jointpos1:= CalcJointT(p1,tool1\WObj:=wobj1);

语句将 robotTarget 转换为 JointTarget。

七、调用指令

ProcCall：调用例行程序指令。

RETURN：返回例行程序指令。当此指令被执行时，则马上结束本例行程序的执行，返回程序指针到调用此例行程序的位置。

八、注释行"！"

在语句前面加上"！"，则整行语句作为注释行不被程序执行。

例如：

    ！Goto the Pick Position；

    MoveL pPick,v1000,fine,tool1\WObj:=wobj1；

九、屏幕指令

1. TPWrite

在示教器操作界面上写信息。

2. TPErase

清屏。

✍ 笔记

🎥 **任务实施**

课程思政

一带一路

丝绸之路经济带和 21 世纪海上丝绸之路。

一、创建带参数的例行程序

图 4-20 所示为带参数例行程序示例,执行程序后,屏幕上显示结果"reg1 =6",其操作步骤见表 4-9。

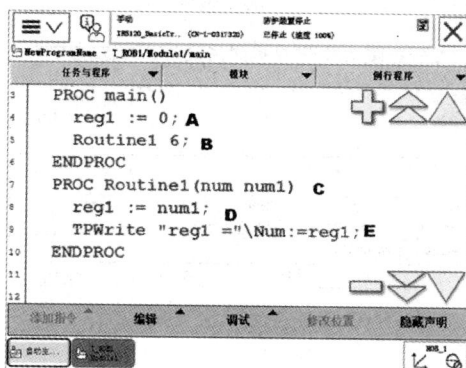

A:将数值 0 赋值给数值型变量 reg1;

B,C:将数值 6 传递给 Routine1 申明的参数 num1,从而在 Routine1 中使用 num1 的时候,num1 的值为 6;

D:将 num1 的值赋值给 reg1;

E:通过写屏指令 TPWrite 将结果显示出来。

图 4-20　带参数的例行程序

表 4-9　创建带参数的例行程序步骤

步骤	说　明	图　示
1	在新建例行程序界面,点击左下角文件菜单,选择"新建例行程序"	

笔记

步骤	说 明	图 示
2	点击参数对应的按钮	
3	点击左下角添加菜单，选择"添加参数"	
4	输入"num1"，然后点击"确定"	

续表二　　　　　 ✍ 笔记

步骤	说　　明	图　　示
5	点击"确定"	
6	点击"确定"	
7	点击"显示例行程序"	

笔记

步骤	说 明	图 示
8	这样就创建了带数值类型参数 num1 的 Routine1 例行程序	PROC Routine1(num num1) <SMT> ENDPROC ENDMODULE

9	按照图中的内容，为例行程序中添加一样的指令。然后就可以进行调试运行看看效果如何了	PROC main()
		  reg1 := 0;
		  Routine1 6;
		ENDPROC
		PROC Routine1(num num1)
		  reg1 := num1;
		  TPWrite "reg1 ="\Num:=reg1;
		ENDPROC

二、ProcCall 调用例行程序指令的建立

ProcCall 调用例行程序指令的建立见表 4-10。

表 4-10 ProcCall 调用例行程序指令的建立步骤

步骤	说 明	图 示

1	选中"<SMT>"，找到要调用例行程序的位置	PROC Routine2()
		  IF di1 = 1 THEN
		    <SMT>
		  ENDIF
		ENDPROC
		
		ENDMODULE

2	在指令列表中选择"ProcCall"指令	

续表　　　

步骤	说　明	图　　示
3	选中要调用的例行程序"Routine1"，然后单击"确定"	
4	调用例行程序指令执行的结果	

📹 任务扩展

一、TCP 轨迹限制加速度的设定

工业机器人在搬运高温液态金属进行浇注动作时，需要对运动轨迹的加速度进行限制，以防止液体金属的溢出。相关指令如下：

PathAccLim FALSE，FALSE；TCP 的加速度被设定为最大值(一般为默认情况)

PathAccLim TRUE \AccMax：=4，TRUE\DecelMax：=4；TCP 的加速度被限定在 4rn/s^2

程序示例：

MoveL p1，v1000，fine，tool0;

PathAccLim TRUE\AccMax：=4，FALSE；　　加速度被限定为 4 m/s^2

MoveL p2，vl 000，z30，tool0;

✍ 笔记

MoveL p3，v1000，fine，tool0;

PathAccLim FALSE,FALSE；TCP 的加速度被设定为最大值

注意：限制值最小只能设定为 0.5 m/s^2。

二、World Zone 区域监控功能

World Zone 用于控制机器人在进入一个指定区域后停止或输出一个信号。此功能可应用于两个工业机器人协同运动时设定保护区域，也可以应用于压铸机开合模区域设置等方面。当工业机器人进入指定区域时，给外围设备输出信号。World Zone 有矩形、圆柱形和关节位置型，可以通过定义长方体两角点的位置来确定进行监控的区域。

World Zone 监控的是当前 TCP 的坐标值，监控的坐标区域是基于当前使用的工件坐标 WOBJ 和工具坐标 TOOLDATA 的。注意：必须使用 Event Routine 的 POWER ON，在启动系统的时候运行一次，即可开始自动监控。

三、限定单轴运动范围

在工业机器人工作过程中，由于工作环境或控制的需要，单轴的运动范围需要限定。设定的数据以弧度的方式体现，通过设定单轴的上限值和下限值来限定单轴运动范围。对单轴限定后，工业机器人的工作范围将变小。

📹 任务巩固

如图 4-21 所示，码垛平台主要分为码垛物料盛放平台和码垛平台两部分。其中码垛物料盛放平台主要包含 16 块正方形物料和 8 块长方形物料。请根据如图 4-22 与图 4-23 所示的码垛方式进行编程。

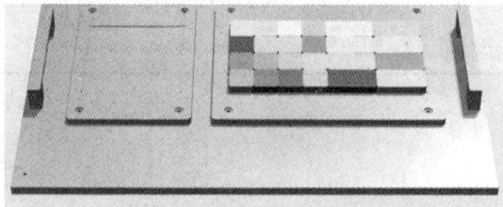

图 4-21　码垛平台

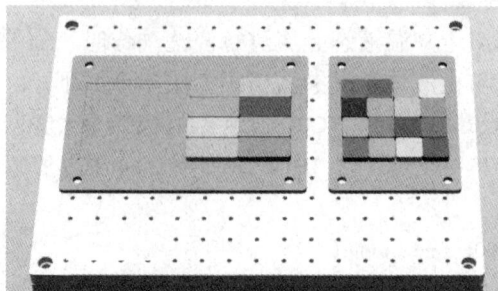

图 4-22　底层物料码垛形状

图 4-23　上层物料码垛形状

任务三　工业机器人搬运程序的编制

任务导入

由搬运机器人组成的加工单元或柔性化生产，可完全代替人工实现物料自动搬运，因此搬运机器人工作站布局是否合理将直接影响搬运速率和生产节拍。根据车间场地面积，在有利于提高生产节拍的前提下，搬运机器人工作站可采用 L 形、环状、"一"字、"品"字等布局。

1．L 形布局

L 形布局是将搬运机器人安装在龙门架上，使其行走在机床上方，可大限度节约地面资源，如图 4-24 所示。

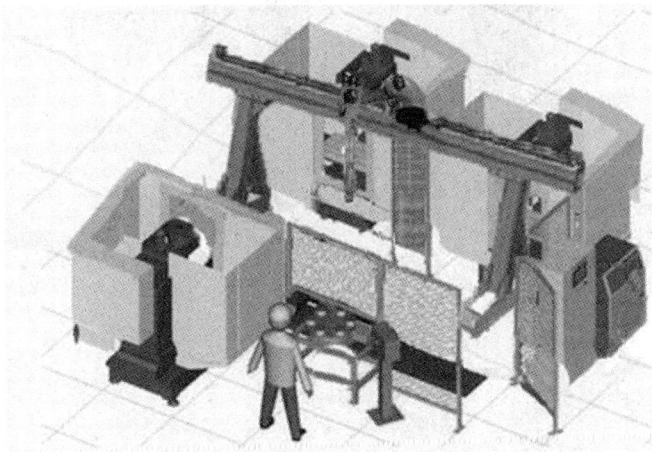

图 4-24　L 形布局

2．环状布局

环状布局又称"岛式加工单元"，如图 4-25 所示，以关节式搬运机器人为中心，机床围绕其周围形成环状，进行工件搬运加工，可提高生产效率、节约空间，适合小空间厂房作业。

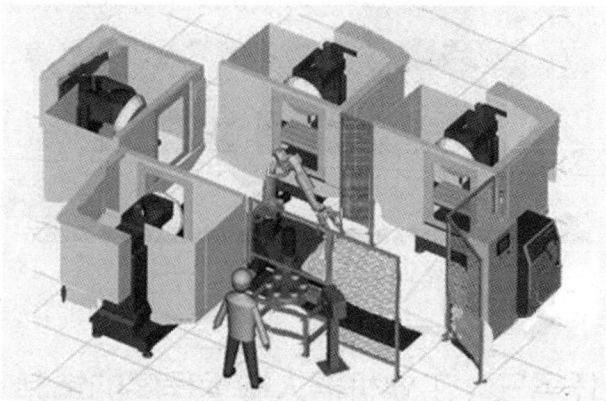

图 4-25　环状布局

3."一"字布局

"一"字布局如图 4-26 所示,直角桁架机器人通常要求设备成一字排列,对厂房高度、长度具有一定要求,因其工作运动方式为直线编程,故很难满足对放置位置、相位等有特别要求工件的上下料作业需要。

图 4-26　"一"字布局

📹 任务准备

一、中断指令

执行程序时,如果发生紧急情况,机器人需要暂停执行原程序,转而跳到专门的程序中对紧急情况进行处理,处理完成后再返回到原程序暂停的地方继续执行。这种专门处理紧急情况的程序就是中断程序(TRAP),常用于出错处理、外部信号响应等实时响应要求较高的场合。

触发中断的指令只需要执行一次,一般在初始化程序中添加中断指令。

下面介绍几个常用的中断指令。

1. signalDI：触发中断指令

格式：IsignalDI 信号名，信号值，中断标识符；

功能：启用时，中断程序被触发一次后失效；不启用时，中断功能持续有效，只有在程序重置或运行 IDelete 后才失效。

实例：

> Main
>
> Connect i 1 with zhong duan；
>
> IsignalDI dil，1,il；
>
> …
>
> IDelete i1；

2. IDelete：取消中断连接指令

功能：将中断标识符与中断程序的链接解除，如果需要再次使用该中断标识符需要重新用 Connect 链接，因此，要把 Connect 写在前面。

在以下情况下，中断链接将自动清除：

(1) 重新载入新的程序。

(2) 程序被重置，即程序指针回到 main 程序的第一行。

(3) 程序指针被移到任意一个例行程序的第一行。

3. ITimer：定时中断指令

格式：Itimer[\single]定时时间，中断标识符；

功能：定时触发中断。single 是中断可选变量，用法和前述相同。

实例：

> Connect i1 with zhongduan；
>
> ITimer 13 il：13s 之后触发 i1

4. ISleep：中断睡眠指令

格式：ISleep 中断标识符；

功能：使中断标识符暂时失效，直到 IWatch 指令恢复。

5. IWatch：激活中断指令

格式：IWatch 中断标识符；

功能：将已经失效的中断标识符激活，与 ISleep 搭配使用。

实例：

> Connect i1 with zhongduan；
>
> IsignalDI di1，1,il；
>
> …(中断有效)
>
> ISleep i1；
>
> …(中断失效)
>
> IWatch il；
>
> …(中断有效)

6. Disable：关闭中断指令

格式：IDisable；

功能：使中断功能暂时关闭，直到执行 IEnable 才进入中断处理程序，该指令用于机器人正在指令不希望被打断的操作期间。

7. IEnable：打开中断

格式：IEnable；

功能：将被 IDisabel 关闭的中断打开。

实例：

    IDisable(暂时关闭所有中断)

    …(所有中断失效)

    IEnable(将所有中断打开)

    …(所有中断恢复有效)

二、数组的使用方法

在定义程序数据时，可以将同种类型、同种用途的数值存放在同一数据中，当调用该数据时需要写明索引号来指定调用的是该数据中的哪个数值，这就是所谓的数组。在 RAPID 中，可以定义一维数组、二维数组以及三维数组。多数类型的程序数据均是组合型数据，即里面包含了多项数值或字符串。可以对其中的任何一项参数进行赋值。

例如，一维数组：

VAR num num1{3}:=[5,7,9];

!定义一维数组 num1

num2:= num1{2};

! num2 被赋值为 7

例如，二维数组：

VAR num num1{3,4}:=[1,2,3,4][5,6,7,8][9,10,11,12];

! 定义一维数组 num1

num2:= num1{3,2};

! num2 被赋值为 10

常见的目标点数据：

PERS robtarget

p10:=[[0,0,0],[1,0,0,0],[0,0,0,0],[9E9, 9E9, 9E9, 9E9, 9E9, 9E9]];

PERS　robtarget

p20:=[[100,0,0],[0,0, 1,0],[1,0,1,0],[9E9, 9E9, 9E9, 9E9, 9E9, 9E9]];

目标点数据里面包含了四组数据，从前往后依次为 TCP 位置数据[100,0,0](trans)、TCP 状态数据[0,0, 1,0](rot)、轴配置数据[1,0,1,0](robconf)和外部轴数据(extax)，可以分别对该数据的各项数值进行操作，如：

p10.trans.x:=p20. trans.x+50;

p10.trans.y:=p20. trans.y-50;

p10.trans.z:=p20. trans.z+100;

p10.rot:=p20. rot;

p10. robconf:=p20. robconf;

赋值后 p10 为

PERS　robtarget

p10:=[[150,-50,100],[0,0,1,0],[1,0,1,0],[9E9, 9E9, 9E9, 9E9, 9E9, 9E9]];

在程序编写过程中，当需要调用大量的同种类型同种用途的数据时，在创建数据时可以利用数组来存放这些数据，这样便于在编程过程中对其进行灵活调用。甚至在大量 I/O 信号调用过程中，也可以先将 I/O 进行别名操作，即将 I/O 信号与信号数据关联起来，之后将这些信号数据定义为数组类型，在程序编写中便于对同种类型、同种用途的信号进行调用。

三、轴配置监控指令(ConfL)

轴配置监控指令(ConfL)的功能是指定机器人在线性运动及圆弧运动过程中是否严格遵循程序中已设定的轴配置参数。在默认情况下，轴配置监控是打开的，当关闭轴配置监控后，机器人在运动过程中采取最接近当前轴配置数据的配置到达指定目标点。

例如：目标点 p10 中，数据[1,0,1,0]就是此目标点的轴配置数据。

CONST　robtarget

P10:=[[*, *, *],[*, *, *, *],[1,0,1,0], [9E9, 9E9, 9E9, 9E9, 9E9, 9E9,]];

ConfL\Off;

MoveL p10,v1000,fine,tool0;

机器人自动匹配一组最接近当前各关节轴姿态的轴配置数据移动至目标点 p10，到达 p10 时，轴配置数据不一定为程序中指定的[1, 0, 1, 0]。

在某些应用场合，如离线编程创建目标点或手动示教相邻两目标点间轴配置数据相差较大时，在机器人运动过程中容易出现报警"轴配置错误"而造成停机。此种情况下，若对轴配置要求较高，则一般通过添加中间过渡点；若对轴配置要求不高，则可通过指令 ConfL\Off 关闭轴监控，使机器人自动匹配可行的轴配置来到达指定目标点。

ConfJ 的用法与 ConfL 相同，只不过前者为关节线性运动过程中的轴监控开关，影响的是 MoveJ；而后者为线性运动过程中的轴监控开关，影响的是 MoveL。

ConfJ 与 ConfL 都可用于运动姿态调整指令,对 MoveJ 与 MoveL 的轨迹进行微调，当指令为 On 时，机器人严格按设定的目标点进行运动，当指令为 Off 时，如果遇到死点位置，机器人会自动选择一个与编程轨迹最接近的轨迹运动。因此，一定要确定机器人运动轨迹符合实际需要才能将该指令设

笔记 置为 Off，这两条指令默认值为 On。

四、计时指令

在机器人运动过程中，经常需要利用计时功能来计算当前机器人的运动节拍，并通过写屏指令显示相关信息。

现以一个完整的计时案例介绍关于计时并显示计时信息的综合运用。程序如下：

```
VAR clock clock1;
!定义时钟数据 clock1
VAR num Cycle Time;
!定义数字型数据 Cycle Time，用于存储时间数值
ClkReset clock1;
!时钟复位
ClkStart clock1;
!开始计时
!机器人运动指令等
ClkStop clock1;
!停止计时
Cycle Time:= ClkRead(clock1);
!读取时钟当前值，并赋值给 Cycle Time
TPErase;
!清屏
TPWrite "The Last Cycle Time is" \Num:= Cycle Time;
!写屏，在示教器屏幕上显示节拍信息，假设当前数值 Cycle Time 为 10，则示教器
```
屏幕上最终显示信息为"The Last Cycle Time is 10"

五、程序运行控制指令

1. BREAK：程序暂停指令

功能：使程序暂停，机器人停止运动，程序指针停留在下一行指令，可以用示教器上的运行键继续运行机器人。

2. STOP：程序暂停指令

功能：使程序暂停，机器人停止运动，程序指针停留在下一行指令，可以用示教器上的运行键继续运行机器人，如果机器人停止期间被人为移动后直接启动机器人，机器人将警告确认路径，如果此时采用参数变量[\NoRegain]，机器人将直接运行。

注意：BREAK 与 STOP 的区别在于如果前面有运动指令，BREAK 在到达目标点前，即开始拐弯时停止，STOP 则是在准确到达目标点的停止。

3. EXIT：程序停止并复位指令

功能：使机器人停止运行，同时程序被重置。

任务实施

中断程序的建立

现以对一个传感器的信号进行实时监控为例编写一个中断程序；在正常的情况下，di1 的信号为 0，如果 di1 的信号从 0 变为 1 的话，就对 reg1 数据进行加 1 的操作。其操作见表 4-11。

表 4-11　中断程序的建立

序号	说　　明	图　　示
1	单击左上角主菜单按钮	
2	选择"程序编辑器"	
3	单击"例行程序"	

笔记

序号	说　明	图　示
4	点击左下角文件菜单里的"新建例行程序"	
5	设定一个名称，在"类型"中选择"中断"，然后点击"确定"	
6	选中刚新建的中断程序"tMonitorDI1"，然后单击"显示例行程序"	

续表二

笔记

序号	说　明	图　示
7	在中断程序中，添加如图所示的指令	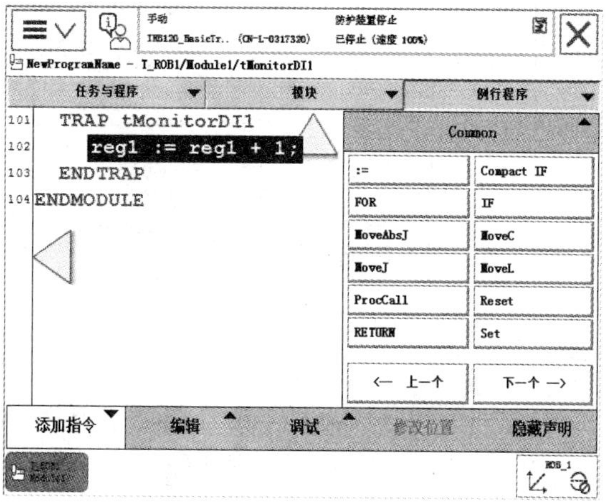
8	单击"例行程序"	
9	选中用于初始化处理的例行程序"rInitAll()"，然后单击"显示例行程序"	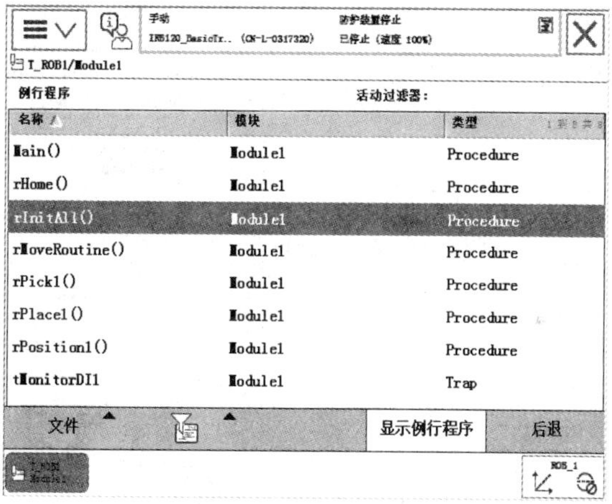
10	选中"<SMT>"为添加指令的位置	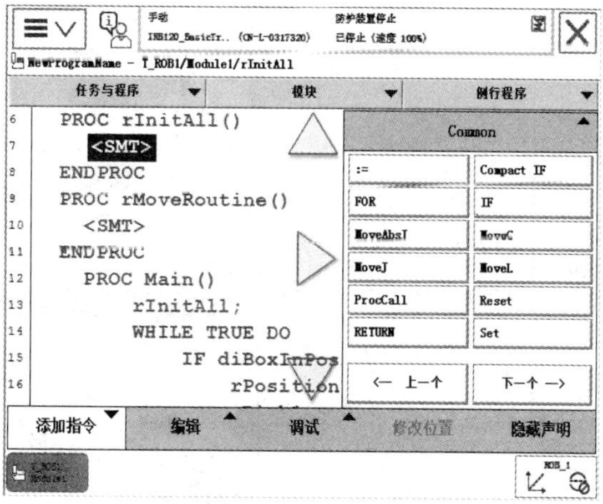
11	在指令列表表头点击"Common"	

✍ 笔记

5W2H 方法

Who—谁发现
的问题?

When—什么时
间发现的问题?

Where — 在 何
处发现的问题?

What—有什么
问题发生?

Why—为何问
题此时发生?

How—问题如
何发生?

Howmany—问
题发生的程度(多
大?范围?比例?)

序号	说　明	图　示
12	点击"Interrupts"	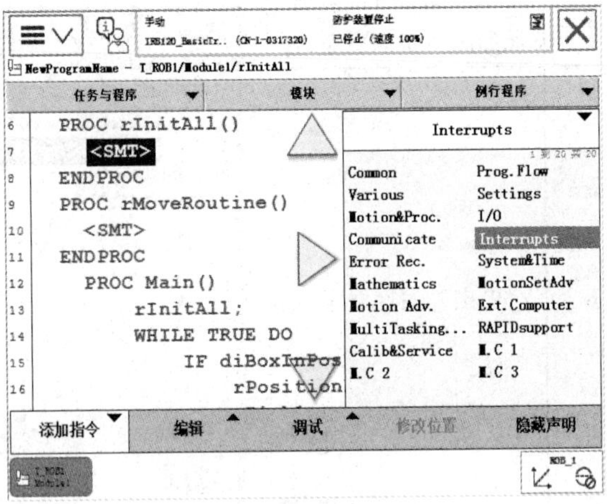
13	在指令列表中选择"IDelete"	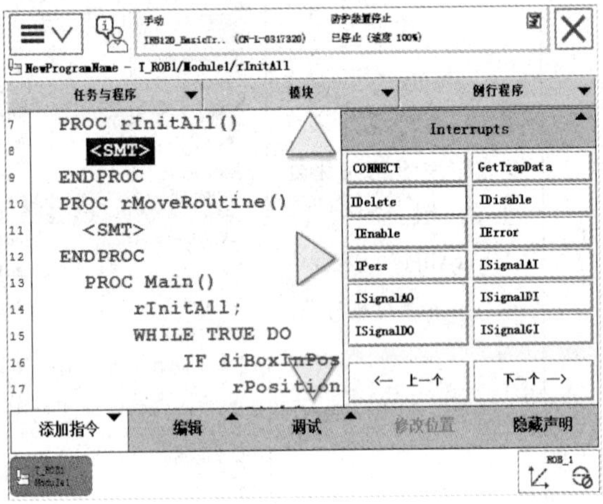
14	选择"intno1"(如果没有的话,就新建一个),然后点击"确定"	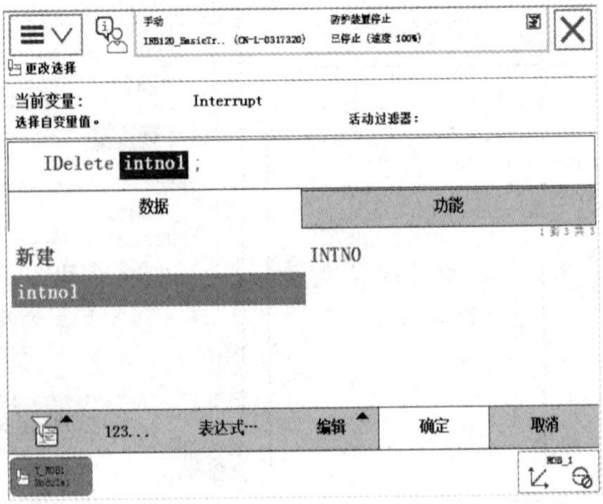

续表四　　　✍ 笔记

序号	说　明	图　　示
15	在指令列表中选择"CONNECT"	
16	双击"<VAR>"进行设定	
17	选中"intno1"，然后点击"确定"	

✍ 笔记

序号	说　明	图　　示
18	双击"<ID>"进行设定	
19	选择要关联的中断程序"tMonitorDI1"，然后单击"确定"	
20	在指令列表中选择"ISignalDI"	

序号	说　明	图　　示
21	选择"di1",然后单击"确定"	
22	双击该条指令。ISignalDI 中的 Single 参数启用,则此中断只会响应 di1 一次,若要重复响应,则将其去掉	
23	单击"可选变量"	

笔记

序号	说　明	图　　示
24	单击"\Single"进入设定画面	
25	选中"\Single"，然后单击"不使用"	
26	单击"关闭"	

续表八

笔记

序号	说　明	图　示
27	单击“关闭”	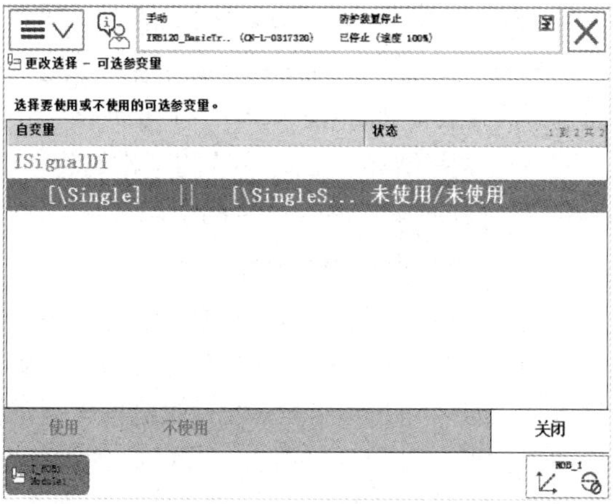
28	单击“确定”	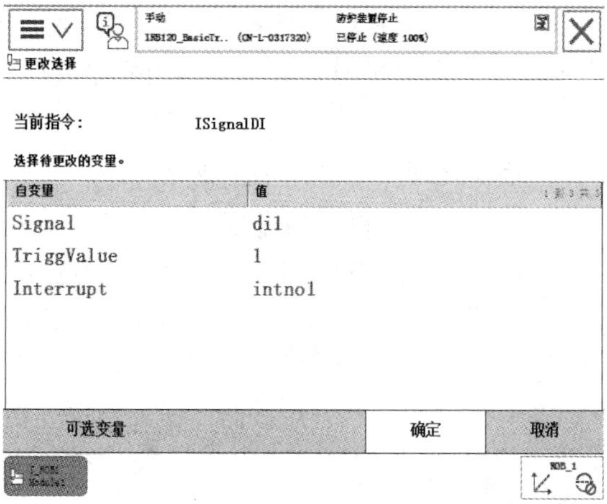
29	设定完成，此中断程序只需在初始化例行程序rInitAll中执行一遍，就会在程序执行的整个过程中都生效。接下来就可以在运行此程序的情况下，变更di1的状态来看看程序数据reg1的变化了	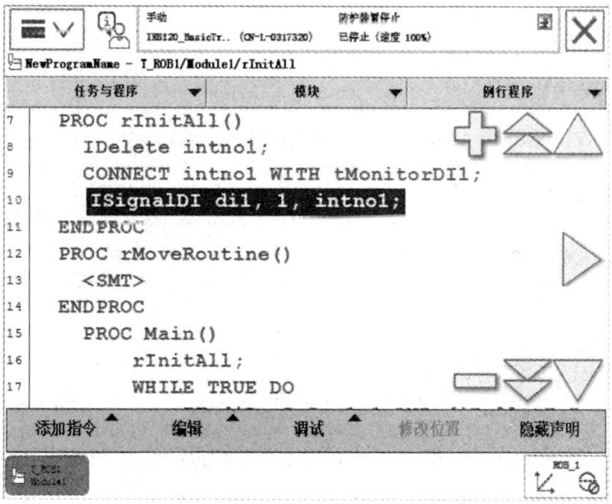

任务扩展

1. 事件过程(Event Routine)功能

事件过程(Event Routine)功能可使用 RAPID 指令编写的例行程序响应系统事件。在 Event Routine 中不能有移动指令，也不能有太复杂的逻辑判断，防止程序出现死循环，影响系统的正常运行。在系统启动时，可通过 Event Routine 功能检查 I/O 输入信号的状态。

2. 多任务(Multi Tasking)功能

多任务(Multi Tasking)功能是指在前台有一个用于控制机器人逻辑运算和运动的 RAPID 程序运行的同时，后台还有与前台并行运行的 RAPID 程序。多任务程序最多可以有 20 个带工业机器人运动指令的后台并行的 RAPID 程序。多任务程序可用于机器人与 PC 之间不间断的通信处理，或作为一个简单的 PLC 进行逻辑运算。后台的多任务程序在系统启动的同时就开始连续地运行，不受工业机器人控制状态的影响。

任务间可以通过程序数据进行数据的交换，在需要数据交换的任务中建立存储类型为可变量而且名字相同的程序数据。在一个任务中修改了这个数据的数值，在另一个任务中名字相同的数据也会随之更新。

3. 错误处理(ErrorHandle)功能

在 RAPID 程序执行的过程中，为了提高运行的可靠性，减少人为干预，可令机器人对一些简单的错误(如 WaitDI)进行自我处理。除了系统的出错处理，也可以根据控制的需要，定制对应的出错处理。错误处理时最好不要用运动指令。错误处理常用指令见表 4-12。

表 4-12　错误处理常用指令

指　令	说　明
EXIT	当错误无法处理时，使程序停止执行
RAISE	定制错误处理时，用于激活错误处理
RETRY	再次执行激活错误处理的指令
TRYNEXT	执行激活错误处理的下一条指令
RETURN	回到之前的子程序
Reset Retry Count	复位重试的次数

任务巩固

如图 4-27 所示，机器人通过吸盘夹具依次把在一个物料板摆放好的多种形状物料拾取搬运到另一个物料板上。

笔记

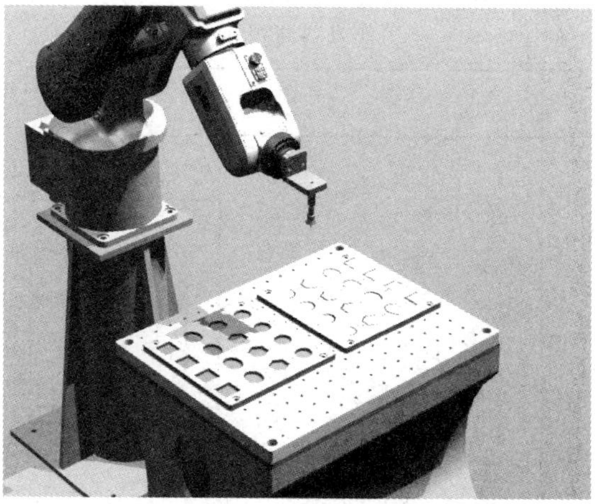

图 4-27　搬运模型

模块四资源

操 作 与 应 用

工 作 单

姓　　名		工作名称	工业机器人在线程序的编制	
班　　级		小组成员		
指导教师		分工内容		
计划用时		实施地点		
完成日期		备　　注		
工作准备				
资料		工具		设备

笔记

<table>
<tr><th colspan="2">工作内容与实施</th></tr>
<tr><th>工作内容</th><th>实　　施</th></tr>
<tr><td>1. 在工业机器人上完成图 1 所示轨迹</td><td>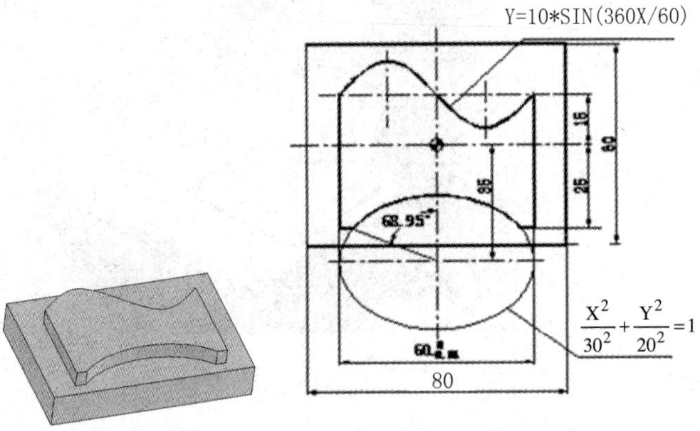
Y=10*SIN(360X/60)
15
60
25
68.95°
$\frac{X^2}{30^2}+\frac{Y^2}{20^2}=1$
80
图 1　轨迹图</td></tr>
<tr><td>2. 根据图 2 完成搬运工作站的程序编制其中：A 为数控机床上加工完成的零件，B 为成品传送带，1－5 示教点。</td><td rowspan="2">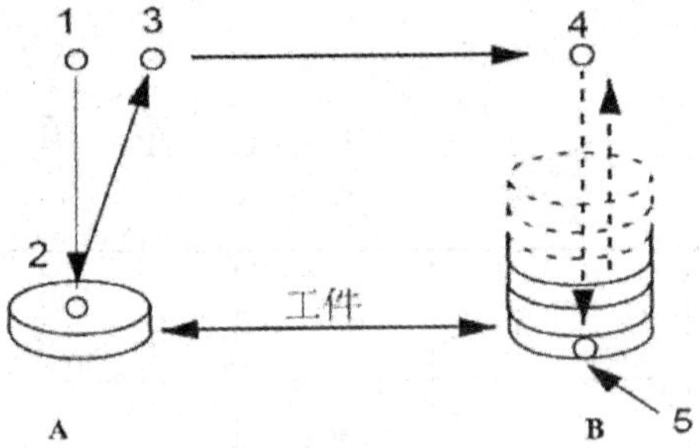
1
3
4
2
工件
A
B
5
图2　搬运或码垛</td></tr>
<tr><td>3. 根据图 2 完成码垛工作站的程序编制其中：A 为数控机床上加工完成的零件，B 为成品垛，一垛为五个；1－5 示教点。</td></tr>
<tr><td>注：可根据实际情况选用不同的机器人</td><td></td></tr>
</table>

工 作 评 价

	评价内容				
	完成的质量 (60 分)	技能提升能力 (20 分)	知识掌握能力 (10 分)	团队合作 (10 分)	备注
自我评价					
小组评价					
教师评价					

1. 自我评价

班级　　　　姓名　　　　　　工作名称　工业机器人在线程序的编制

自我评价表

序号	评价项目	是	否
1	是否明确人员的职责		
2	能否按时完成工作任务的准备部分		
3	工作着装是否规范		
4	是否主动参与工作现场的清洁和整理工作		
5	是否主动帮助同学		
6	是否完成轨迹程序编制		
7	是否完成搬运程序编制		
8	是否完成码垛程序编制		
9	是否完成了清洁工具和维护工具的摆放		
10	是否执行6S规定		
评价人		分数	时间　年　月　日

2. 小组评价

小组评价表

序号	评价项目	评价情况
1	与其他同学的沟通是否顺畅	
2	是否尊重他人	
3	工作态度是否积极主动	
4	是否服从教师的安排	
5	着装是否符合标准	
6	能否正确地理解他人提出的问题	
7	能否按照安全和规范的规程操作	
8	能否保持工作环境的干净整洁	
9	是否遵守工作场所的规章制度	
10	是否有工作岗位的责任心	
11	是否全勤	
12	是否能正确对待肯定和否定的意见	
13	团队工作中的表现如何	
14	是否达到任务目标	
15	存在的问题和建议	

笔记

✎ 笔记

3．教师评价

课程	工业机器人操作与应用	工作名称	工业机器人在线程序的编制	完成地点	
姓名		小组成员			
序号	项目		分值	得分	
1	轨迹程序编制		40		
2	搬运程序编制		40		
3	码垛程序编制		20		

自 学 报 告

自学任务	KUKA工业机器人在线程序的编制
自学内容	
收　获	
存在问题	
改进措施	
总　结	

模块五

工业机器人离线程序的编制

🔧 课程思政

两个绝对
政治绝对可
靠、对党绝对
忠诚。

任务一　工业机器人工作站的建立

📷 任务导入

工业机器人工作站是指能进行简单作业，且使用一台或两台机器人的生产体系。工业机器人生产线是指能进行工序内容多的复杂作业，且使用了两台以上机器人的生产体系。

在 RobitStudio 离线编程软件中可以对基本的工作站(如图 5-1 所示)或者生产线(如图 5-2 所示)进行仿真布局。

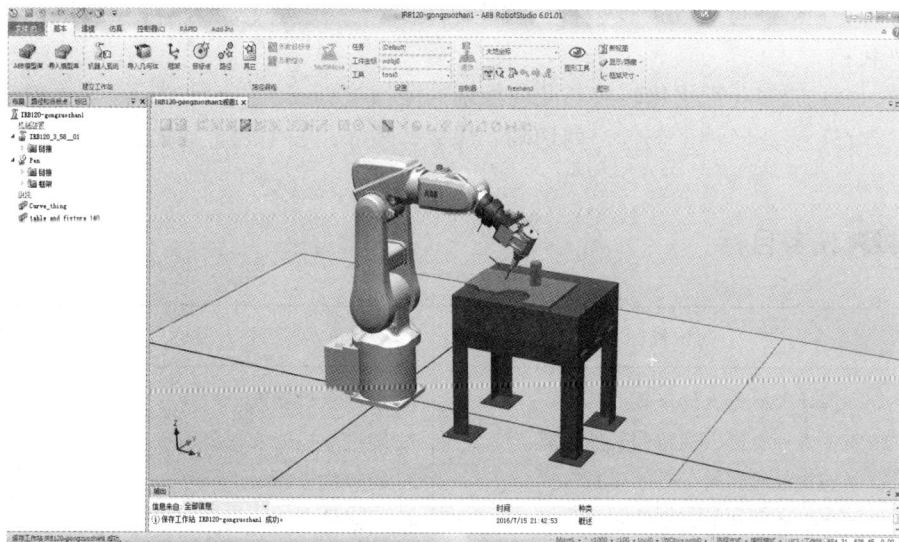

图 5-1　工业机器人基本工作站

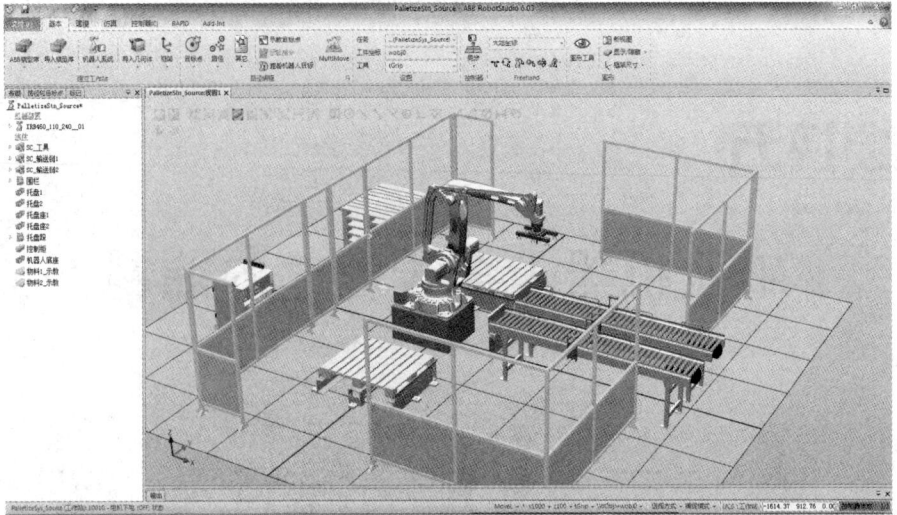

图 5-2　码垛工业机器人工作站

RobotStudio 离线编程软件的最大特点是可以根据虚拟场景中的零件形状，自动生成加工轨迹，并且控制大部分主流机器人。软件根据几何数模的拓扑信息生成机器人运动轨迹，之后进行轨迹仿真、路径优化、后置代码，同时集碰撞检测、场景渲染、动画输出于一体，可快速生成效果逼真的模拟动画，广泛应用于打磨、去毛刺、焊接、激光切割、数控加工等领域。这款软件的优点如下：

(1) 支持多种格式的三维 CAD 模型，可导入扩展名为 step、igs、stl、x_t、prt(UG)、prt(ProE)、CATPart、sldpart 等格式的 CAD 模型；

(2) 能够自动识别与搜索 CAD 模型的点、线、面信息生成轨迹；

(3) 轨迹与 CAD 模型特征关联，模型一旦移动或变形，轨迹也会自动变化；

(4) 能够一键优化轨迹与几何级别的碰撞检测；

(5) 支持多种工艺包，如切割、焊接、喷涂、去毛刺、数控加工等。

任务目标

知识目标	能力目标
1. 掌握导入机器人的步骤	1. 会导入机器人
2. 掌握进行机器人视角调整的步骤	2. 能进行机器人视角调整
3. 掌握加载机器人工具的步骤	3. 能加载机器人工具
4. 掌握摆放周边的模型的步骤	4. 会摆放周边的模型
5. 掌握移动相应设备的操作	5. 会移动相应设备
6. 掌握加载物件的步骤	6. 会加载物件

◼️ 任务实施

一、导入机器人

1. 导入工业机器人的步骤

步骤一：新建工作站，方法 1 见图 5-3，方法 2 见图 5-4。

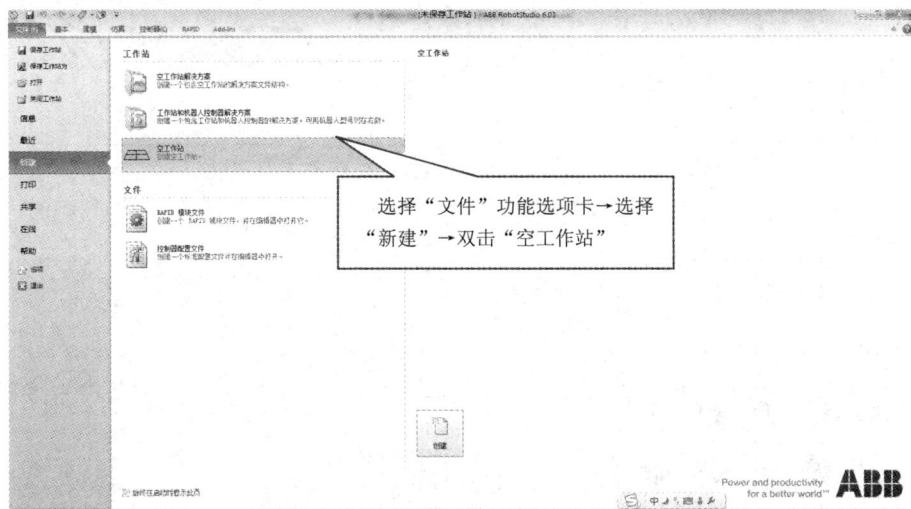

图 5-3　新建工作站方法 1

图 5-4　新建工作站方法 2

步骤二：选择机器人模型库。

工业机器人库见图 5-5 和图 5-6，选择"IRB120"型机器人见图 5-7 和图 5-8，可选择不同类型的机器人。

笔记

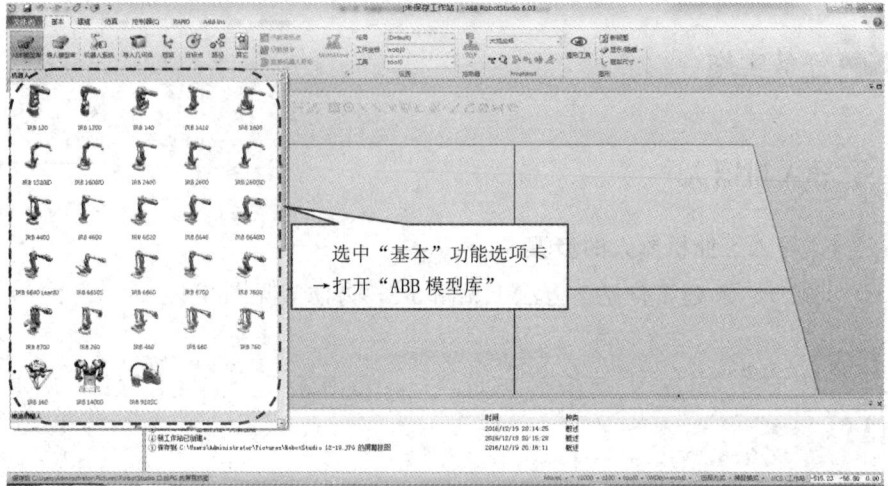

图 5-5　工业机器人库 1

图 5-6　工业机器人库 2

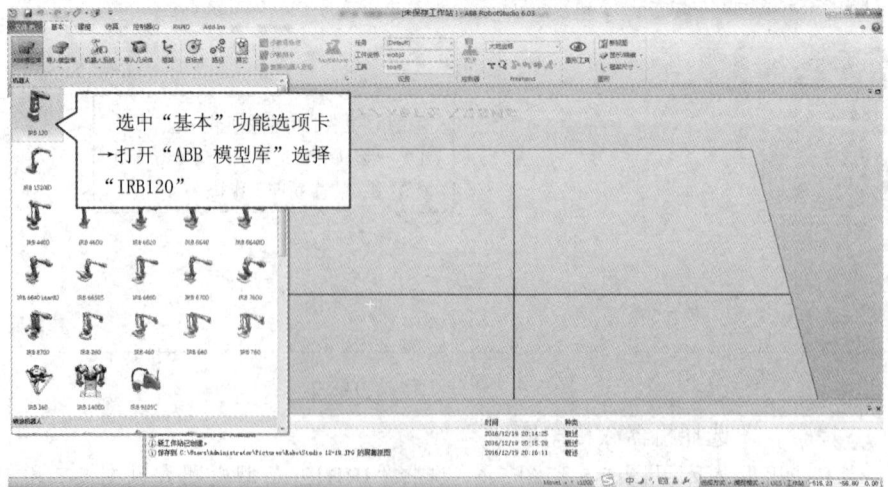

图 5-7　选择"IRB120"型

图 5-8　选取机器人 IRB120

在实际应用中，要根据需求选择具体的机器人型号、承重能力和达到的距离，例如选择 IRB2600 和 IRB1200，它们的参数设定如图 5-9 与图 5-10 所示。这里以某机电一体化设备中使用的 IRB120 机器人为例进行介绍。

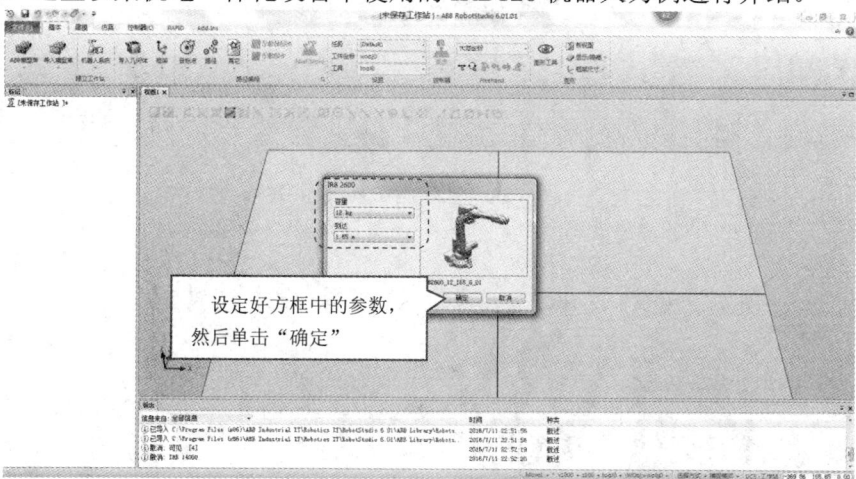

图 5-9　IRB2600 参数设定

图 5-10　IRB1200 参数设定

2. 机器人视角调整

在工作站建模过程中，如果放置的机器人位置或观察视图不合理，需要进行调整，可以通过键盘和鼠标的按键组合，实现工作站视图的调整。平移如图 5-11 所示，360 度视角如图 5-12 所示。

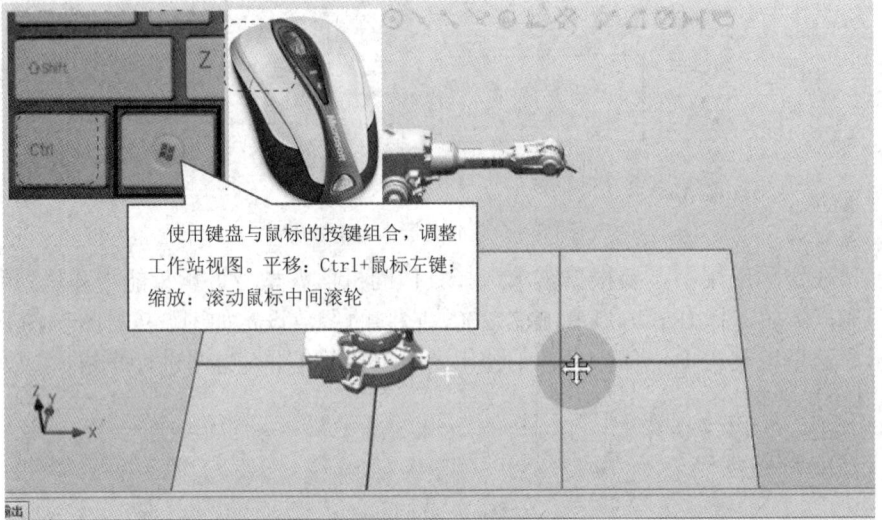

图 5-11　工作站平移视图

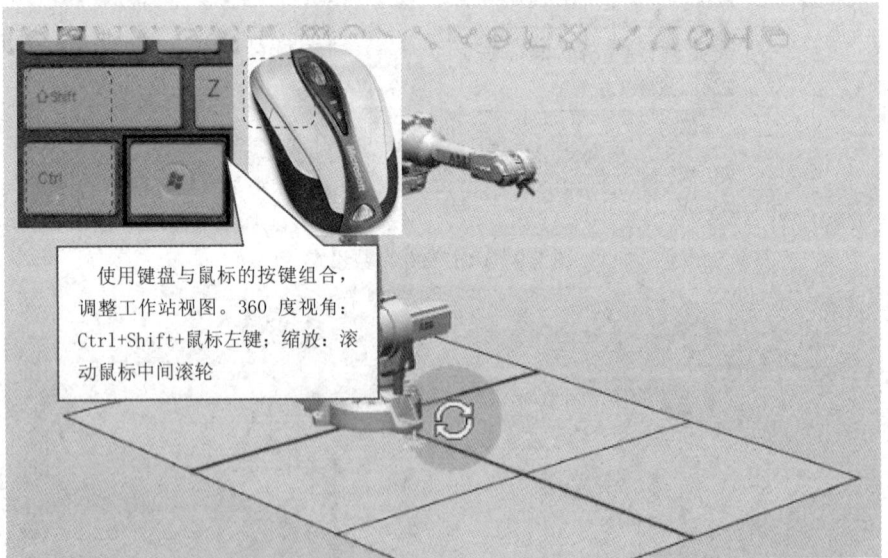

图 5-12　360°视角

3. 加载机器人工具

步骤一：选中"基本"功能选项卡→打开"导入模型库"，如图 5-13 所示。

笔记

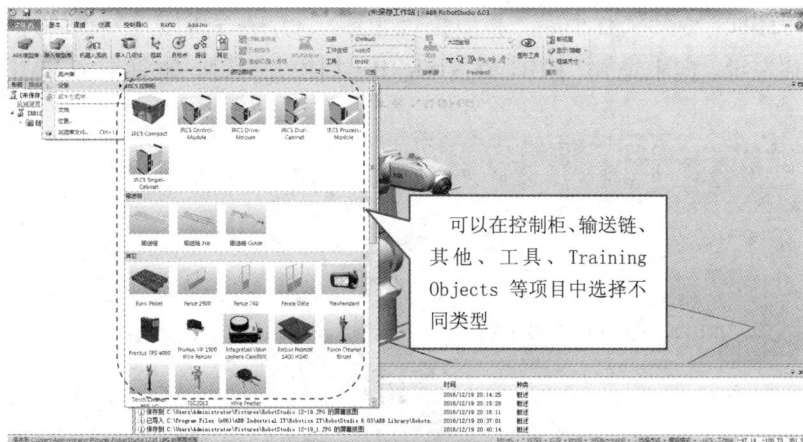

图 5-13　导入模型库

步骤二：选择"Training Objects"中的"Pen"加载机器人工具，如图 5-14 所示。

图 5-14　加载机器人工具

步骤三：选择"Pen"机器人工具后，如图 5-15 所示，"Pen"与机器人处于同一个坐标系中。

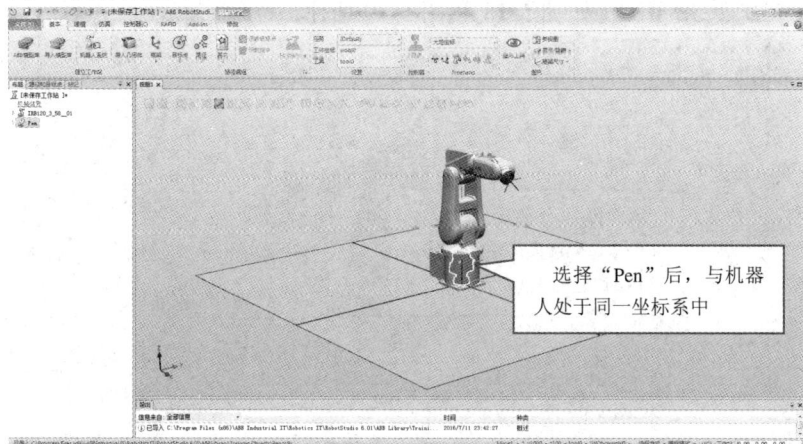

图 5-15　加载"Pen"工具

工匠精神

"工匠精神"在企业品牌形象塑造和品牌资本创造过程中具有十分重要的作用。"工匠精神"也是企业品牌内涵的重要体现，也是企业品牌知名度、美誉度以及顾客忠诚度培育的有效途径，更是企业品牌资本价值增值的重要来源。

笔记

步骤四：安装工具"Pen"并加载到机器人。方法有两种，一种是在"Pen"上按住左键，向上拖到"IRB120_3_58_01"后松开左键，如图 5-16 和图 5-17所示。

图 5-16　安装 Pen 工具方法 1

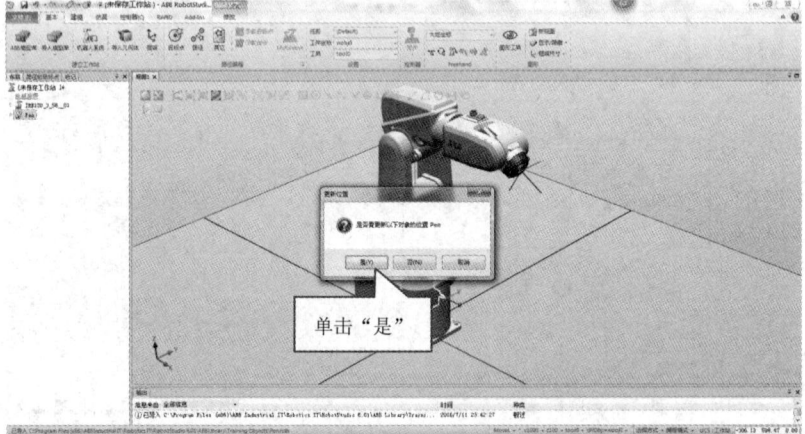

图 5-17　安装 Pen 工具方法 1

另一种方法是在"Pen"上点击右键，在下拉菜单中选择"安装到"中的"IRB120_3_58_01"，如图 5-18 和图 5-19 所示。

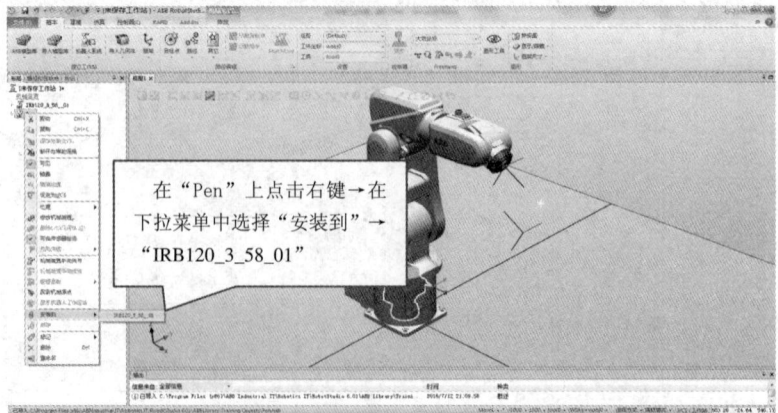

图 5-18　安装 Pen 工具方法 2

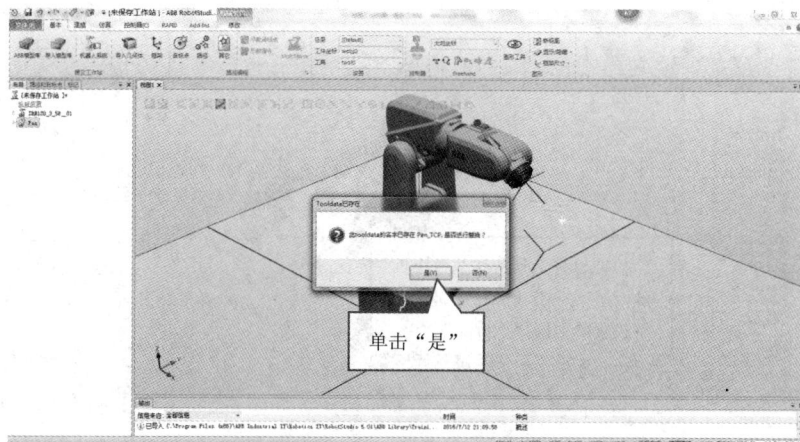

图 5-19　安装 Pen 工具方法 2

步骤五："Pen"加载完成，如图 5-10 所示。

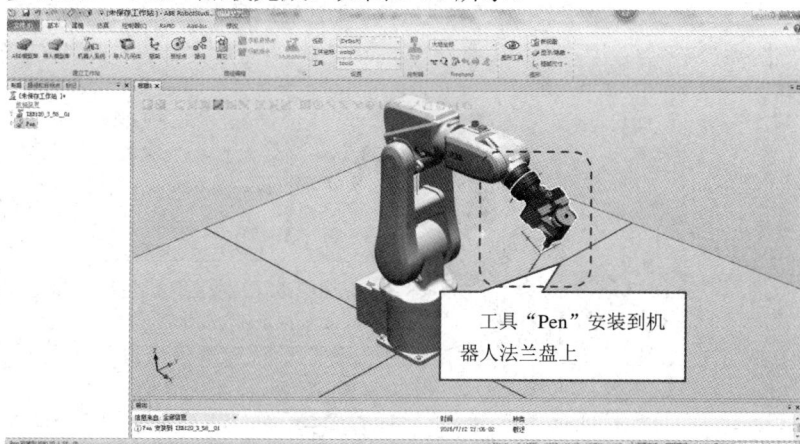

图 5-20　加载完成后

步骤六：卸载"Pen"工具。

选中安装到机器人法兰盘上的工具"Pen"，在"Pen"上点击右键→在下拉菜单中选择"拆除"，即可将工具从法兰盘上拆除。如图 5-21～图 5-23 所示。

图 5-21　选中拆除的工具

✍ 笔记

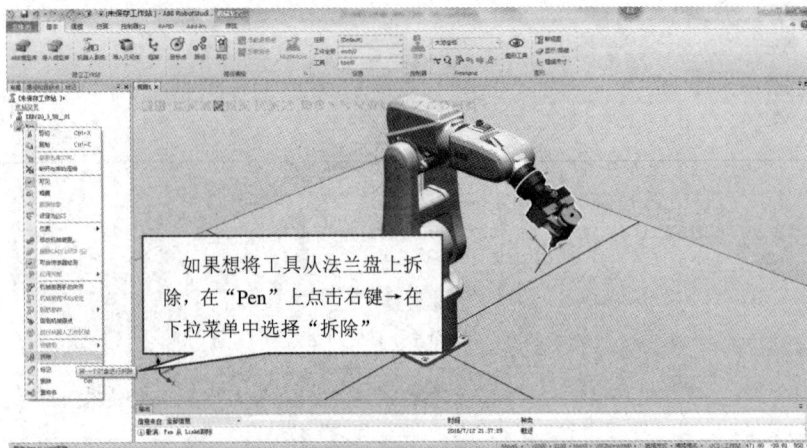

如果想将工具从法兰盘上拆除，在"Pen"上点击右键→在下拉菜单中选择"拆除"

图 5-22　选中拆除菜单

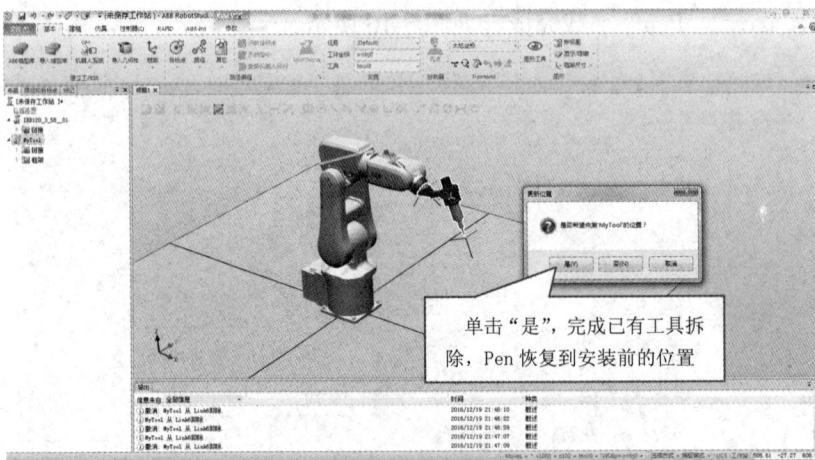

单击"是"，完成已有工具拆除，Pen 恢复到安装前的位置

图 5-23　拆除工具

步骤七：删除加载工具。右击鼠标，选中"BinzelTool"下拉项卡，单击"删除"，即可完成加载工具删除，随后可以重新根据上述方法加载其他工具，如图 5-24 所示。

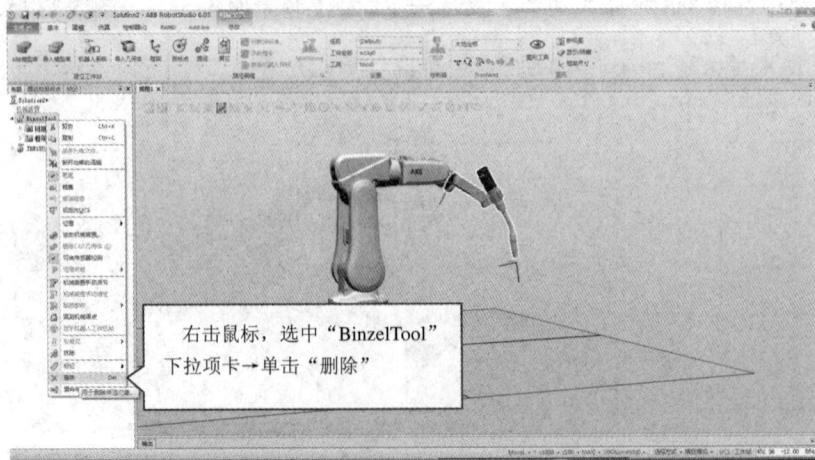

右击鼠标，选中"BinzelTool"下拉项卡→单击"删除"

图 5-24　删除工具

4．摆放周边的模型

摆放周边的模型操作如图 5-25 和图 5-26 所示。

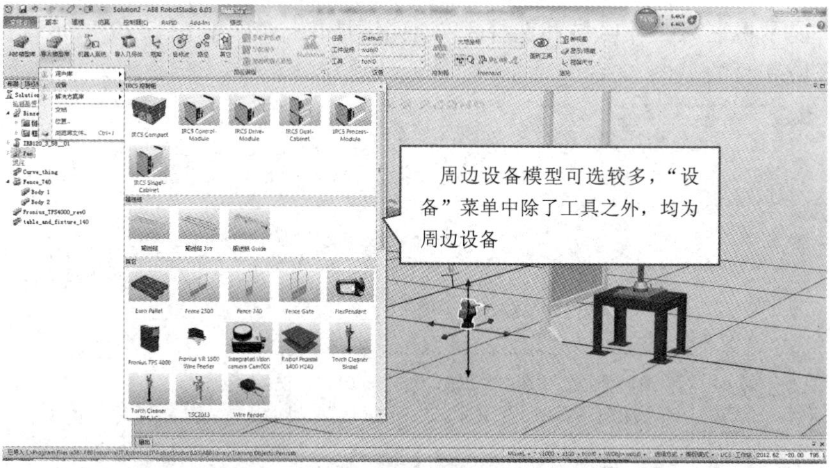

图 5-25　设备库

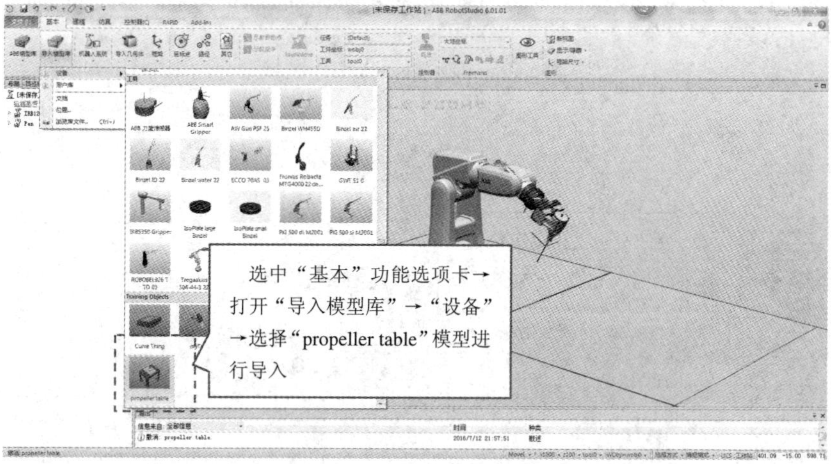

图 5-26　选择所需模型

加载后，效果如图 5-27 所示。

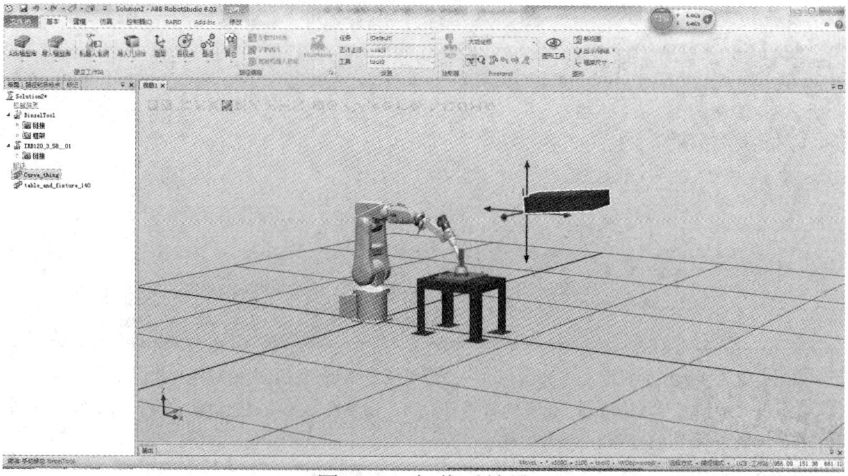

图 5-27　加载后效果

5．移动相应设备

1) 显示机器人工作区域

显示机器人工作区域和选择工作室空间如图 5-28 和图 5-29 所示。仿真的区域和目的见图 5-30。

图 5-28　显示机器人工作区域

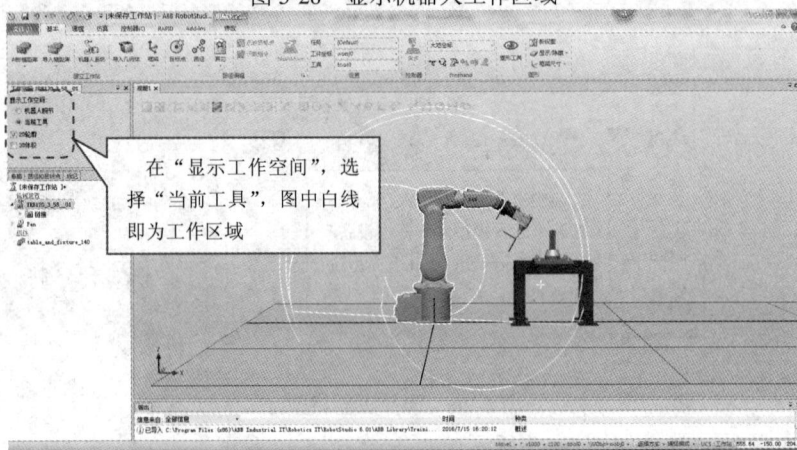

图 5-29　选择工作空间

图 5-30　仿真的区域和目的

笔记

2) 移动对象

使用 Freehand 工具栏功能移动机器人或者加载的工具，如图 5-31 所示。

图 5-31 Freehand 工具

如图 5-32 所示，在"Freedhand"中选中"大地坐标"和单击"移动"按钮，然后拖动相应的箭头进行平移，使设备达到相应的位置。

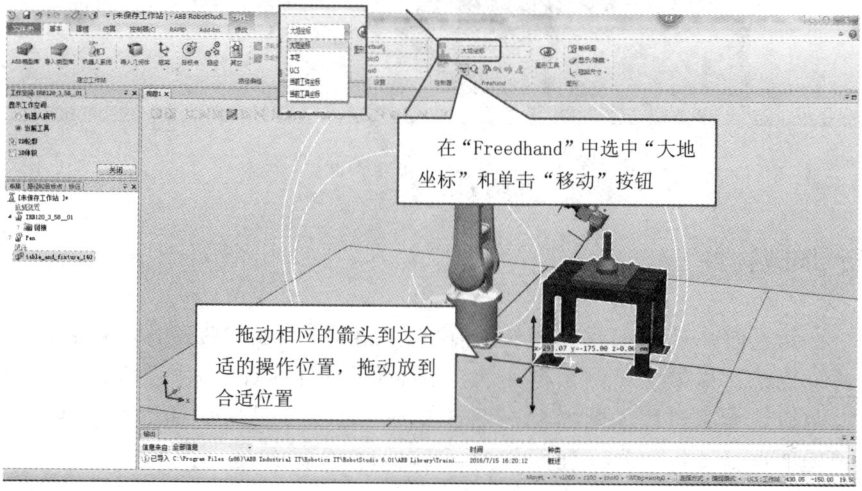

图 5-32 选择移动坐标系

3) 模型导入

在"基本"功能选项卡中，选择"导入库模型"，在下拉"设备"列表中选择"Curve Thing"，进行模型导入，如图 5-33 和图 5-34 所示。

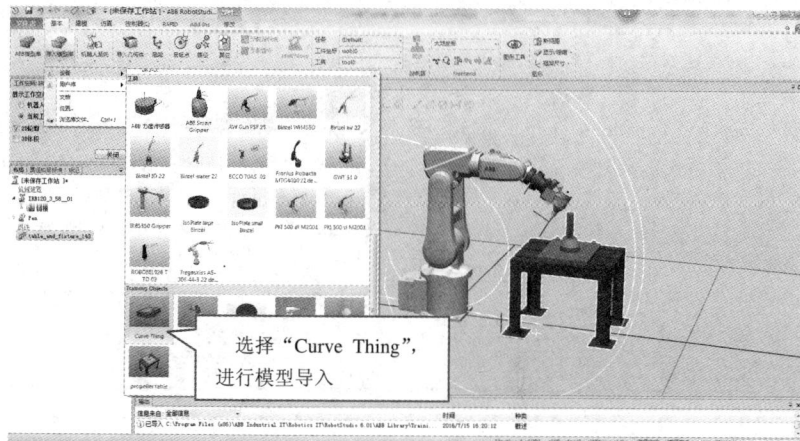

图 5-33 选择"Curve Thing"

图 5-34　导入"Curve Thing"后

二、加载物件

在仿真时需要将加载的物件放置到相应的平台上，通常有一点法、两点法、三点法、框架法、两个框架法，这里我们以两点法为例说明。

两点法实施过程如图 5-35～图 5-42 所示。为了能准确捕捉对象特征，需要正确地选择捕捉工具，如图 5-37～图 5-42 所示。

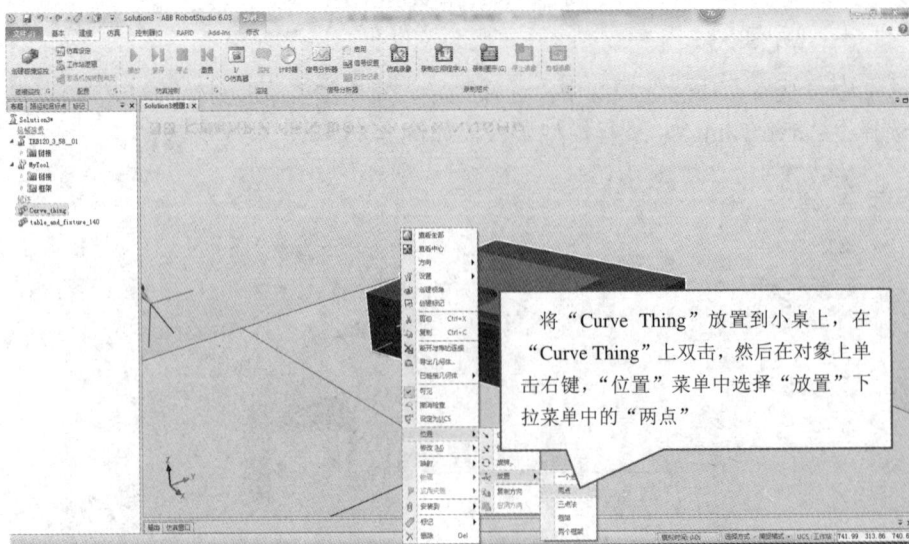

将"Curve Thing"放置到小桌上，在"Curve Thing"上双击，然后在对象上单击右键，"位置"菜单中选择"放置"下拉菜单中的"两点"

图 5-35　选中两点法 1

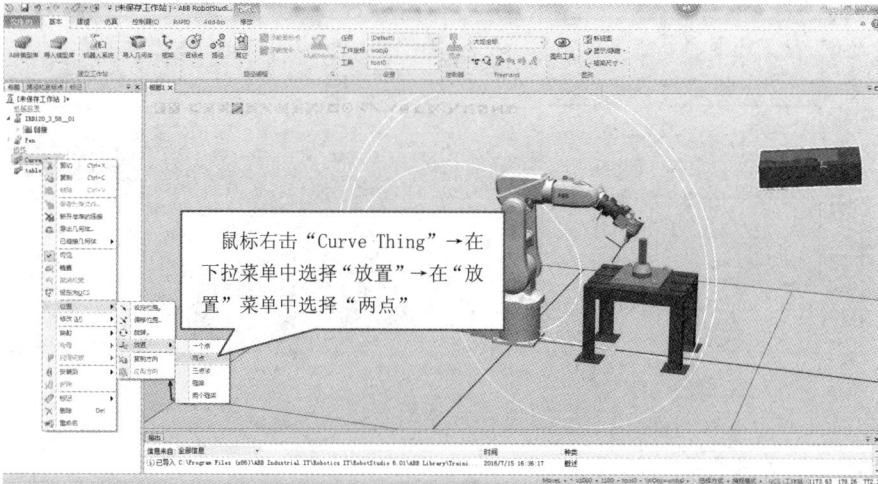

图 5-36　选中两点法 2

图 5-37　捕捉工具运用

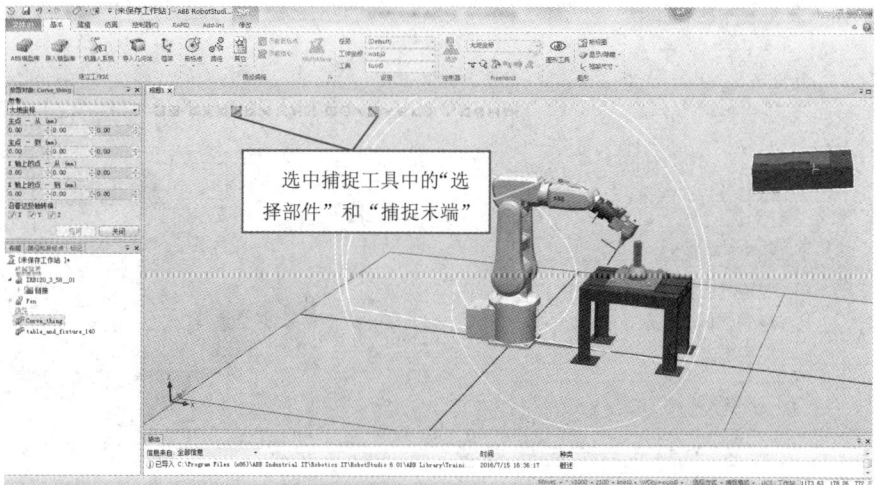

图 5-38　选中捕捉工具类型

笔记

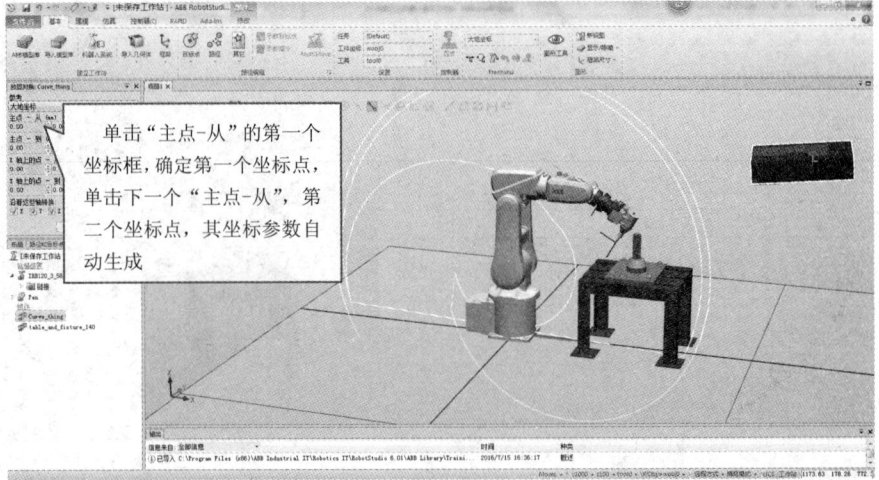

单击"主点-从"的第一个坐标框,确定第一个坐标点,单击下一个"主点-从",第二个坐标点,其坐标参数自动生成

图 5-39 选取坐标点

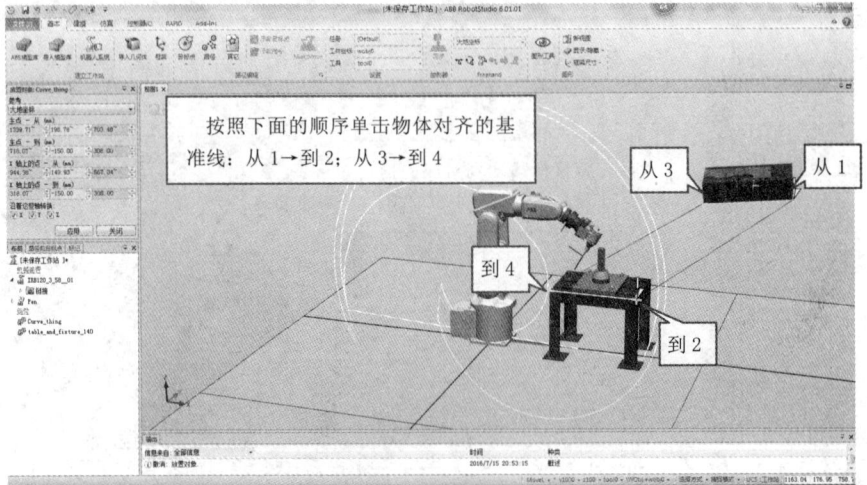

按照下面的顺序单击物体对齐的基准线:从 1→到 2;从 3→到 4

从 3　从 1　到 4　到 2

图 5-40　选择基准点

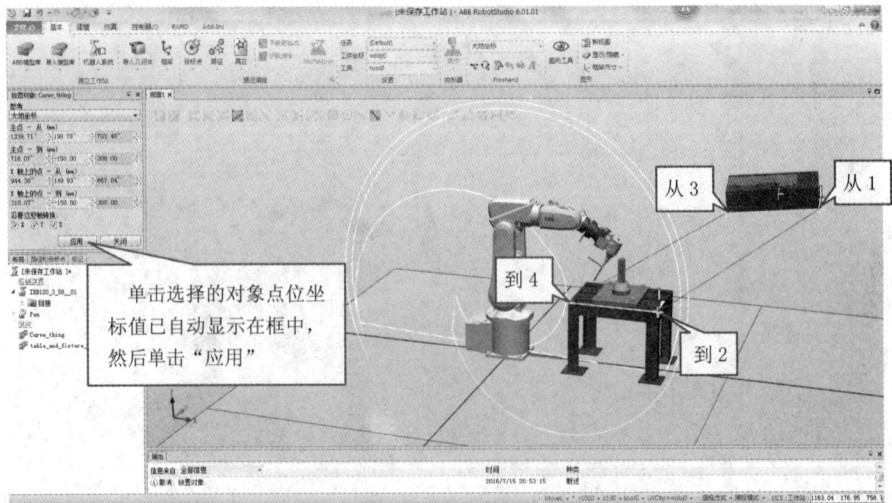

单击选择的对象点位坐标值已自动显示在框中,然后单击"应用"

从 3　从 1　到 4　到 2

图 5-41　基点选取后应用

笔记

图 5-42　效果图

三、保存机器人基本工作站

工作站的保存很重要，及时保存可以防止已经建立的工作站意外丢失，其方法有三种，如图 5-43～图 5-46 所示。

点击"保存图标"或者"保存工作站为"，之后图标均变为灰色

图 5-43　保存方法 1

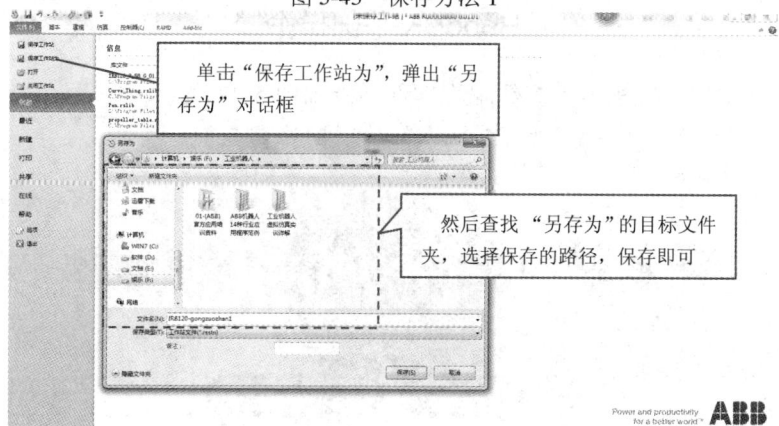

单击"保存工作站为"，弹出"另存为"对话框

然后查找"另存为"的目标文件夹，选择保存的路径，保存即可

图 5-44　保存方法 2

课程思政

崇尚英雄才
会产生英雄，
争做英雄才能
英雄辈出。

笔记

最后点击"保存"

再更改"文件名",一般便于记忆和区分型号,用数字、字符或英文表示

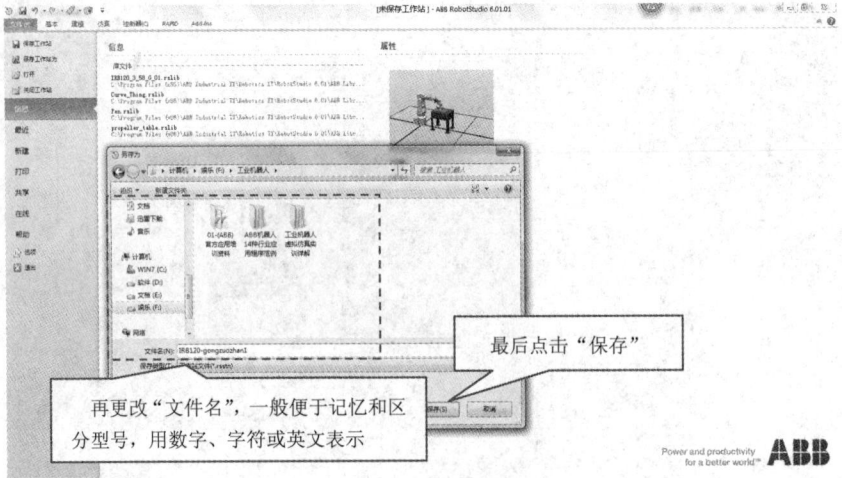

图 5-45 更改文件名并保存

点击"保存"后,虚线框着的这三个文件名变为"文件名"中所输入的名称

图 5-46 文件名更改保存后

任务扩展

RoboDK 基础操作

RoboDK 工业机器人离线编程软件功能如图 5-47 所示。

机器人离线仿真　　轨迹规划

支持多种机器人品牌　RoboDK　3D打印、打磨、焊接

机器人标定　Python API

图 5-47 RoboDK 工业机器人离线编程软件功能

一、导入工业机器人

导入工业机器人的步骤如图 5-48～图 5-49 所示。

图 5-48 步骤 1、2

图 5-49 步骤 3、4

二、导入工具

导入工业机器人工具的步骤如图 5-50～图 5-53 所示。

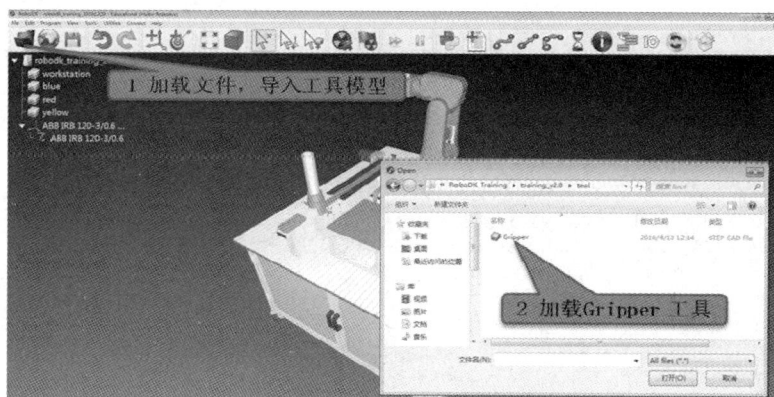

图 5-50 步骤 1、2

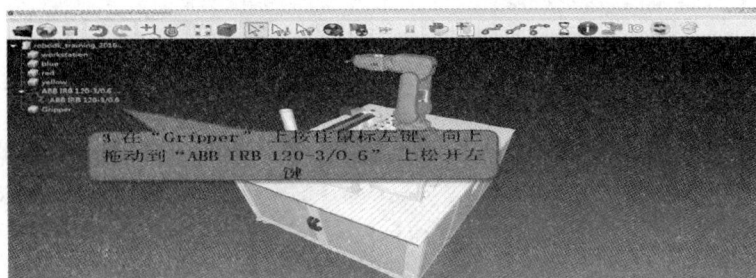

图 5-51　步骤 3

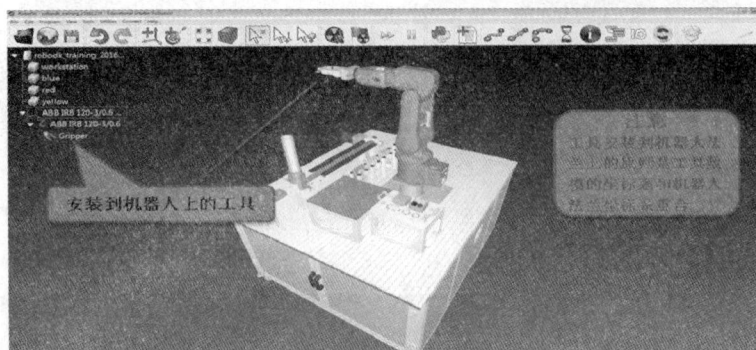

图 5-52　步骤 4

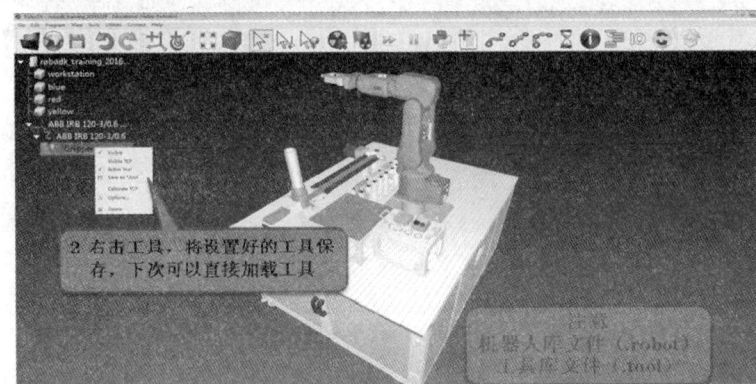

图 5-53　保存

任务巩固

根据本单位的实际情况，选择不同型号的工业机器人建立工作站。

任务二　工业机器人系统的建立与手动操纵

任务导入

图 5-54 为 ABB 工业机器人的 IRC5 控制柜系统，这种系统以先进动态

建模技术为基础，对机器人性能实施自动优化，大幅提升了 ABB 机器人执行任务的效率。

✍ 笔记

不同的工业机器人可以采用不同的系统，也可以采用相同的系统。相同的控制系统可以配不同的工业机器人，也可以配相同的工业机器人。在离线编程中也应根据需要建立工业机器人系统。

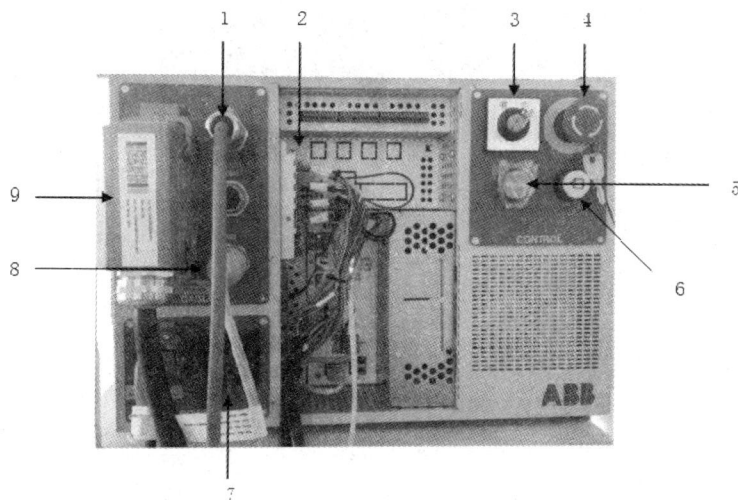

1—机器人示教器电缆；2—机器人 I/O 端子排；3—自动/手动钥匙旋钮；

4—机器人急停按钮；5—机器人抱闸按钮；6—机器人伺服上电按钮；

7—机器人电源开关；8—机器人编码器电缆；9—机器人动力电缆

图 5-54　IRC5 控制柜系统

📹 任务目标

知识目标	能力目标
1. 掌握建立工业机器人系统的步骤 2. 掌握移动机器人的方法 3. 掌握工业机器人的手动操作方法 4. 了解工业机器人回机械原点操作的方法	1. 会建立工业机器人系统操作 2. 能移动机器人的位置 3. 会进行工业机器人的手动操作 4. 会进行工业机器人回机械原点操作

📹 任务实施

一、建立工业机器人系统操作

在完成了布局后，要为机器人加载系统，建立虚拟的控制器，使其具有电气的特性来完称相关的仿真操作，具体操作见图 5-55～图 5-65。

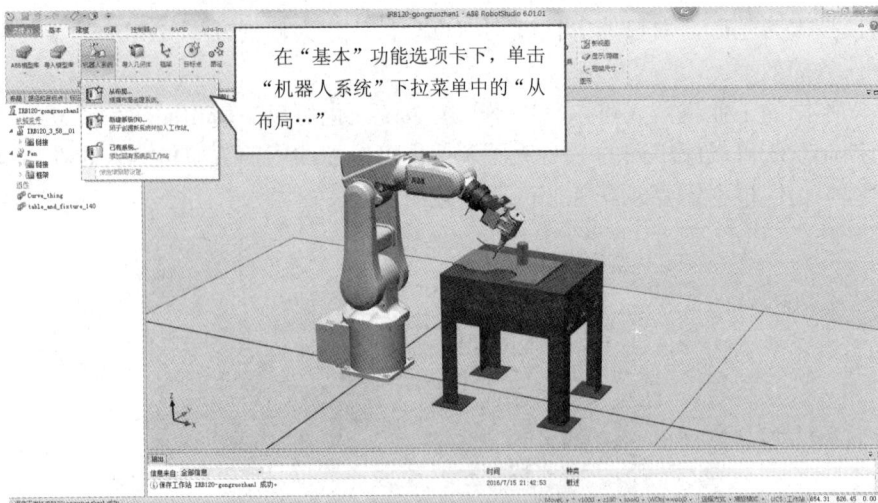

在"基本"功能选项卡下，单击"机器人系统"下拉菜单中的"从布局…"

图 5-55　机器人布局

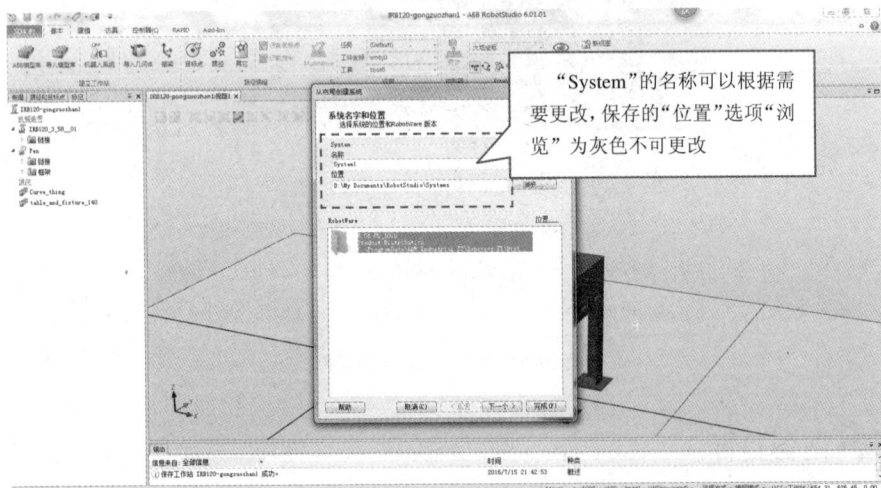

"System"的名称可以根据需要更改，保存的"位置"选项"浏览"为灰色不可更改

图 5-56　系统名字和位置

工匠精神

而"工匠精神"作为一种职业精神，是企业员工提升个人精神追求、完善个人职业素质、实现个人成长进步的重要道德指引。

单击"位置…"后，弹出选项对话框，可以对文件与文件夹等进行重新选择

图 5-57　更改位置

笔记

图 5-58　设定名称与位置

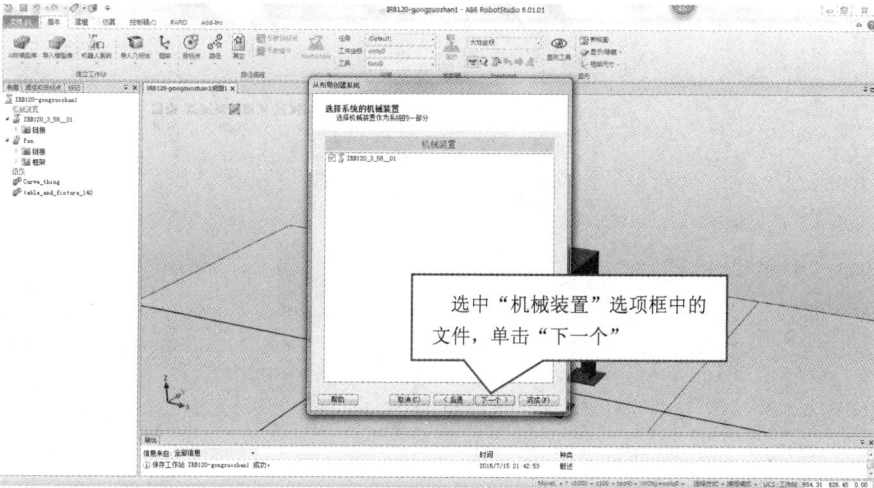

图 5-59　机械装置选择

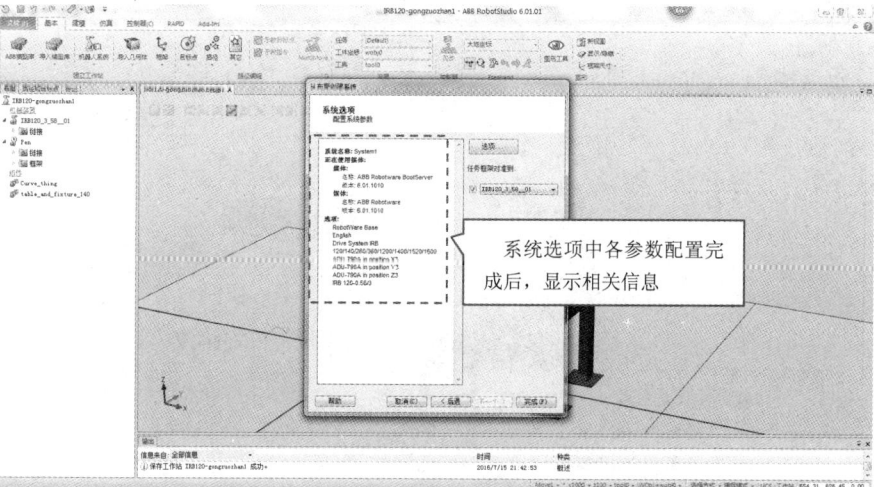

图 5-60　配置信息

笔记

图 5-61　更改配置信息选项

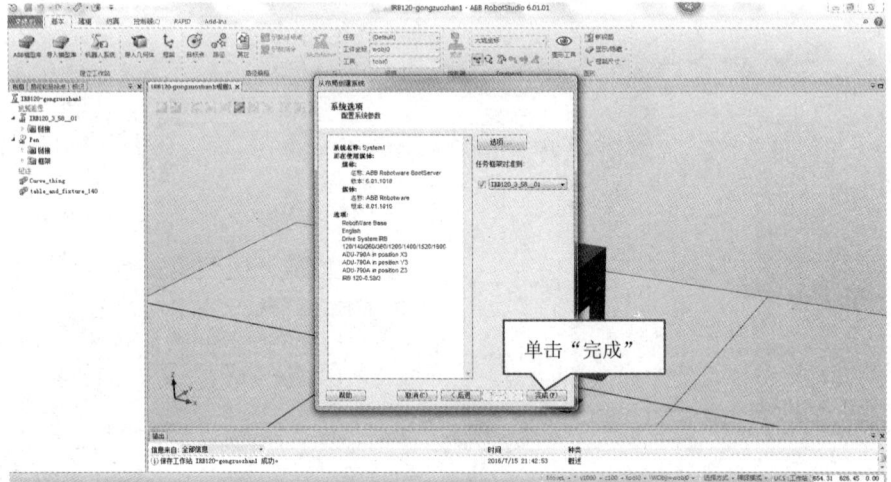

图 5-62　机器人配置参数设置完成

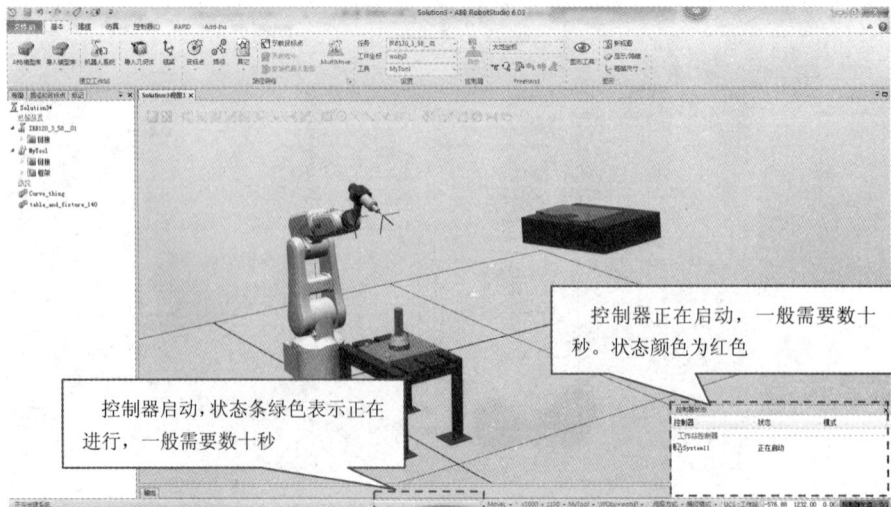

图 5-63　机器人参数配置中

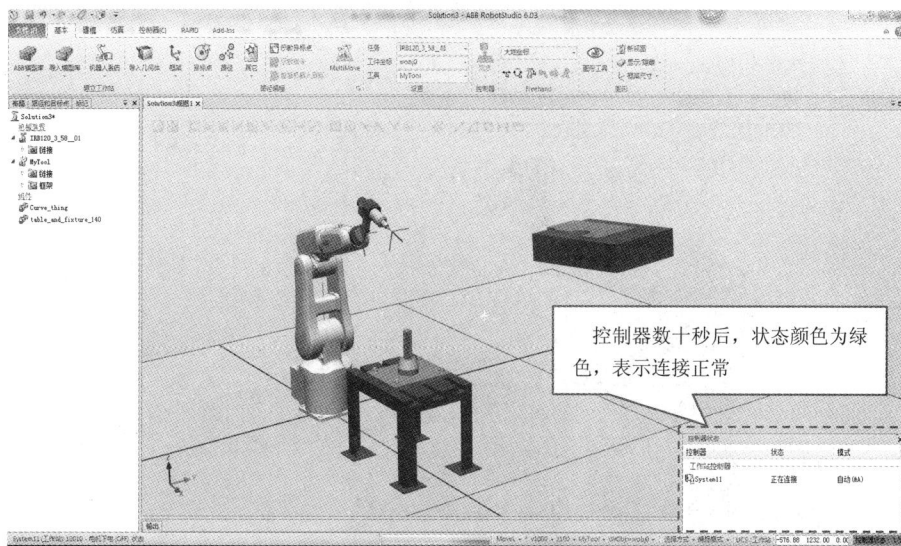

图 5-64 机器人参数配置正常

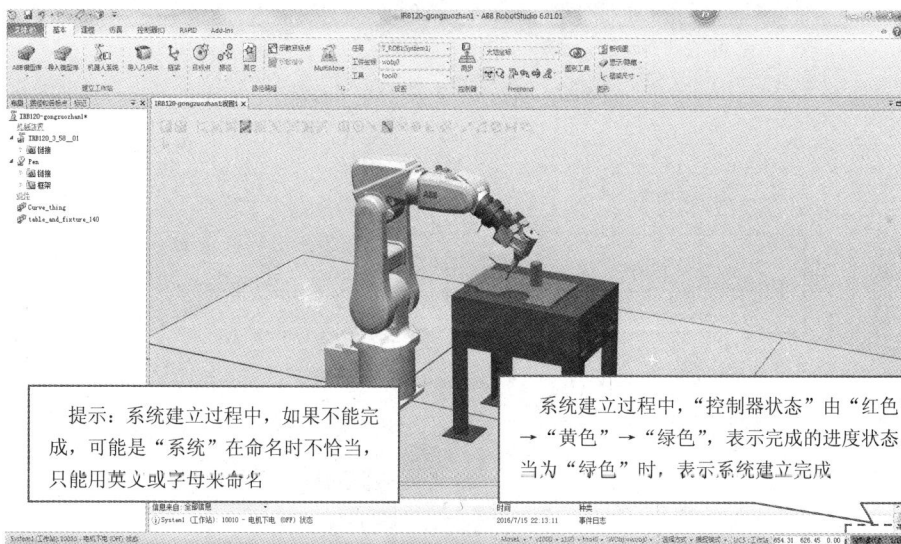

图 5-65 系统配置建立结束

二、机器人的位置移动

如果在建立工业机器人系统后，发现机器人的摆放位置并不合适，还需要进行调整的话，就要在移动机器人的位置后重新确定机器人在整个工作站中的坐标位置。具体操作如图 5-66～图 5-69 所示。

笔记

先选中"Freehard"中的旋转模式"水平移动",然后选中需要移动的物体即可

移动
在当前的坐标系统中拖放对象。

水平移动坐标系

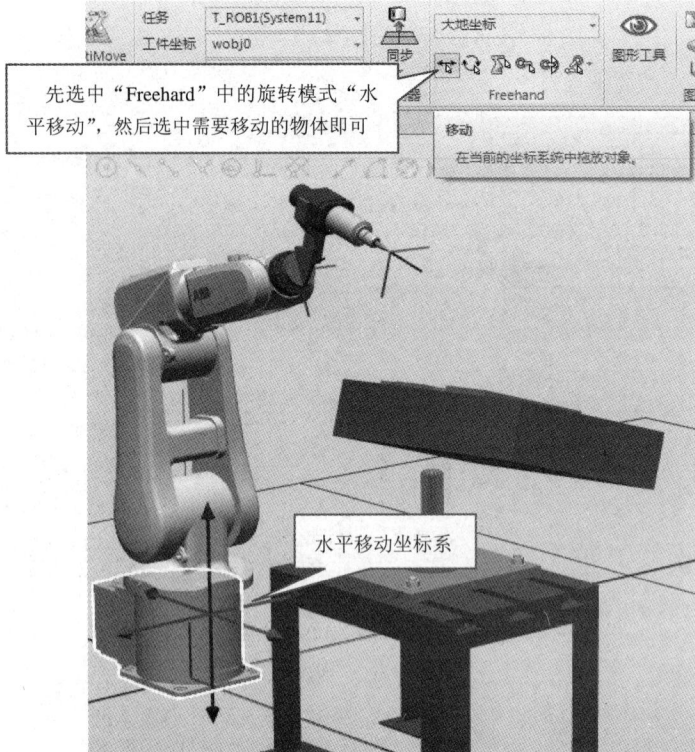

图 5-66　X、Y、Z 三轴水平移动

先选中"Freehard"中的移动模式"360度旋转",然后选中需要移动的物体即可

旋转
根据参考的坐标系统,绕着物体进行旋转。
点击 F1 获取更多帮助。

360 度坐标系

图 5-67　X、Y、Z 三轴 360 度旋转

图 5-68　水平移动方式

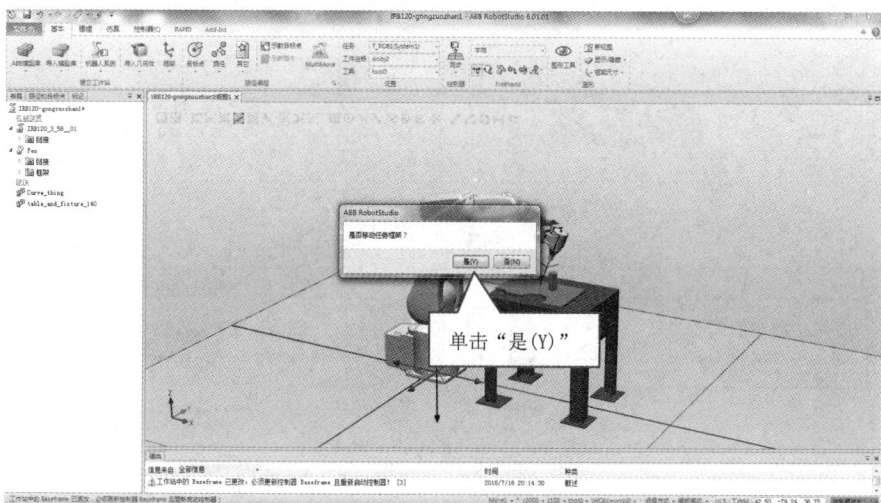

图 5-69　水平移动确认

旋转物体的 360 度运动操作参照水平移动。

三、工业机器人的手动操作

在 RobotStudio 中，让机器人手动运动到达所需要的位置，手动共有 3 种方式，分别为手动关节、手动线性和手动重定位，如图 5-70 所示。我们可以通过直接拖动和精确手动两种控制方式来实现。

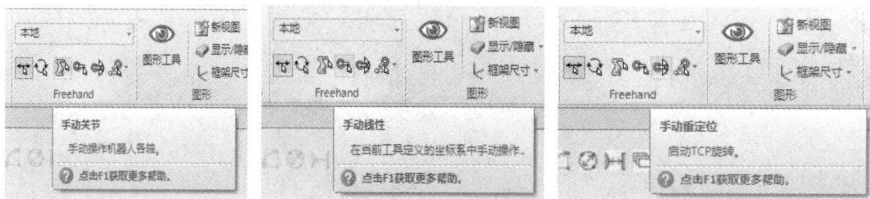

图 5-70　手动操作三种方式

1. 直接拖动

直接拖动，操作步骤如图 5-71 和图 5-72 所示。

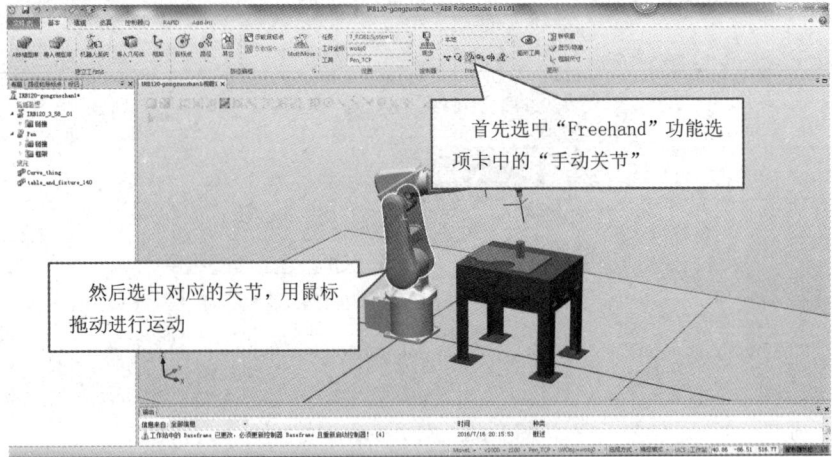

图 5-71　手动关节运动

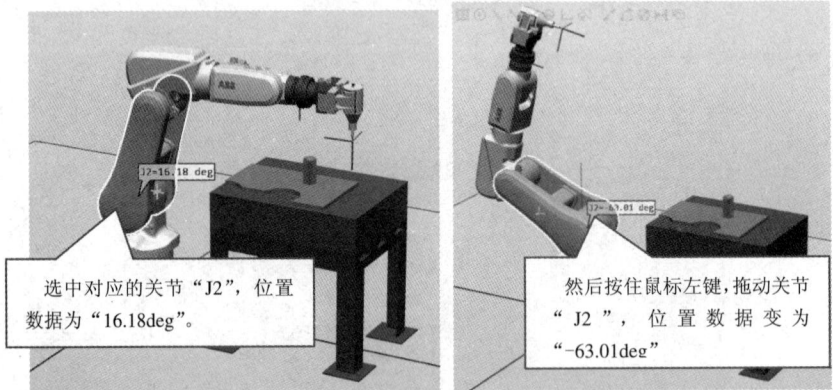

图 5-72　手动关节运动举例

机器人其他关节(J1 到 J6)的运动，同图 5-71 和图 5-72 所示。

1) 线性运动

工业机器人手动线性运动的步骤见图 5-73～图 5-75。

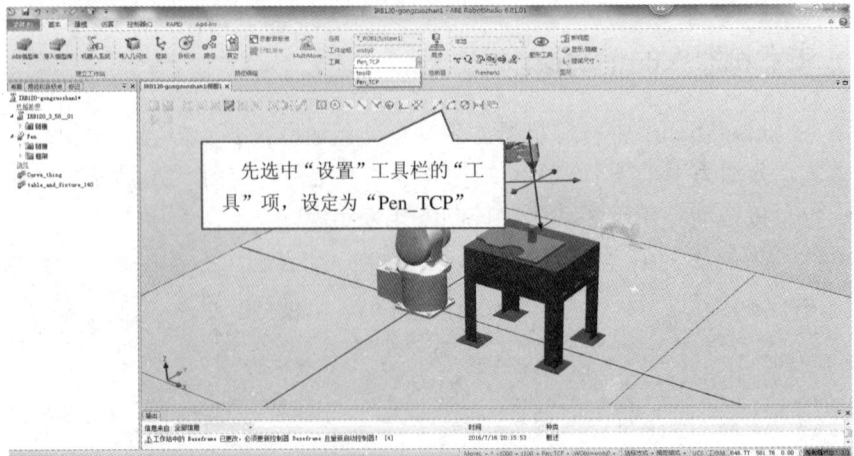

图 5-73　选取运动物体

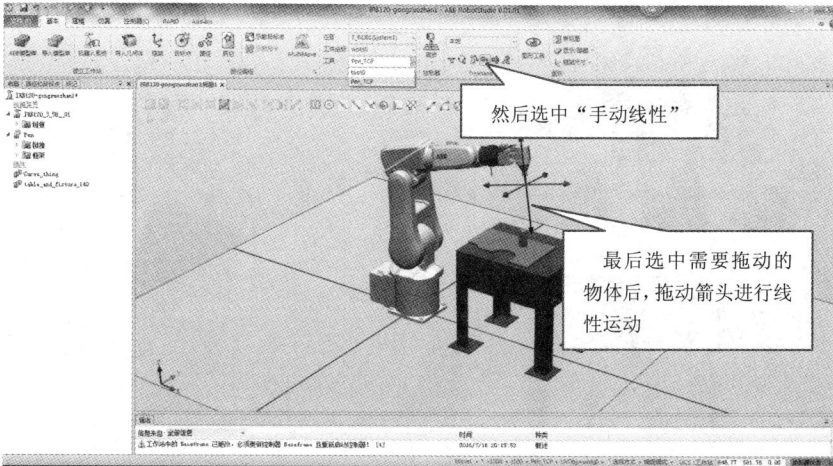

图 5-74　选取线性拖动物体

图 5-76　手动线性拖动例子

工具"Pen_TCP"延"Y 轴"和"Z 轴"的移动同图 5-73～图 5-75 相似。

2) 手动重定位

手动重定位的步骤如图 5-77、图 5-78 所示。

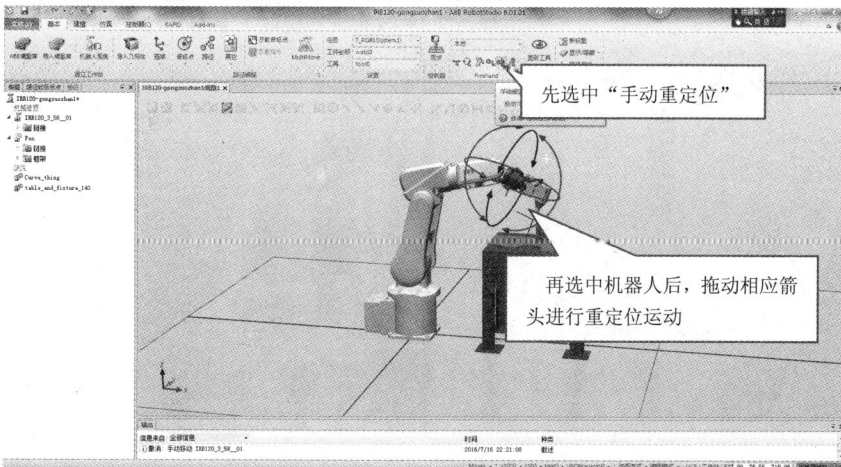

图 5-77　手动重定位

✍ 笔记

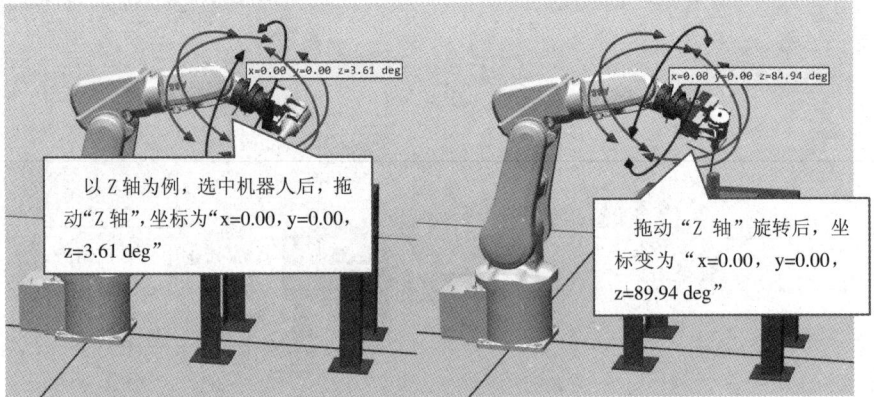

图 5-78　手动重定位举例

2．精确手动

精确手动，操作步骤如图 5-79～图 5-85 所示。

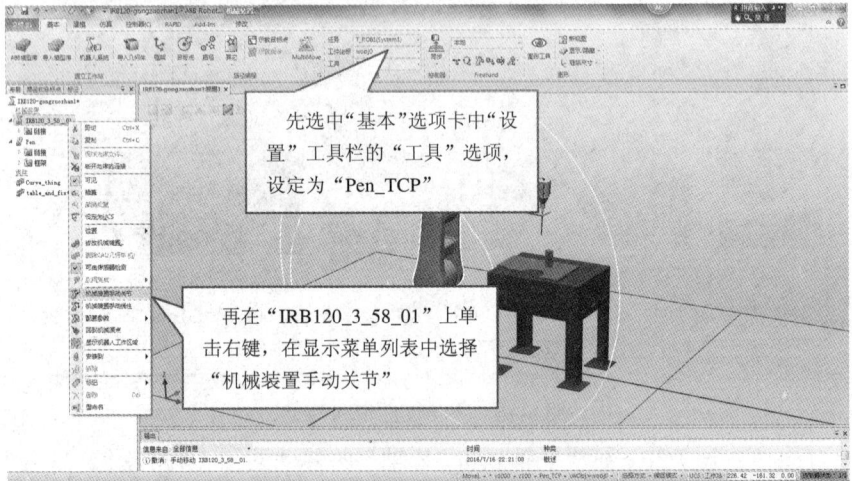

图 5-79　选择机械装置手动关节

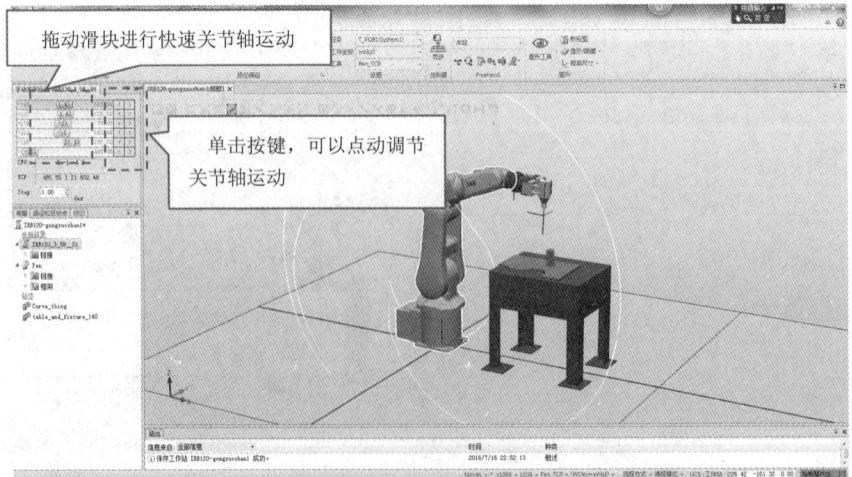

图 5-80　快速移动

✐ 笔记

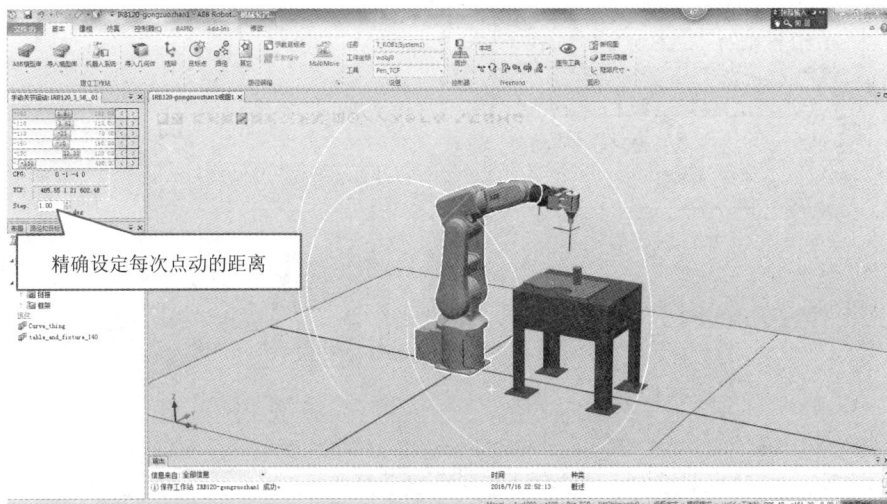

图 5-81　精确设定移动

精确设定每次点动的距离

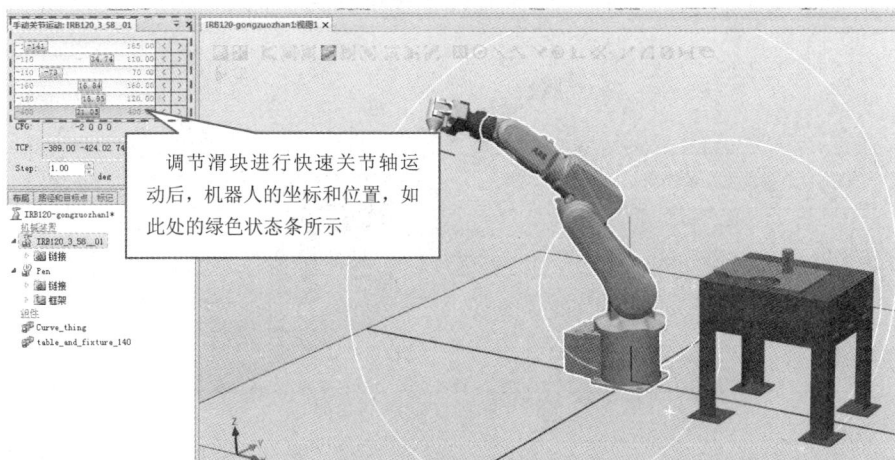

图 5-82　精确移动

调节滑块进行快速关节轴运动后，机器人的坐标和位置，如此处的绿色状态条所示

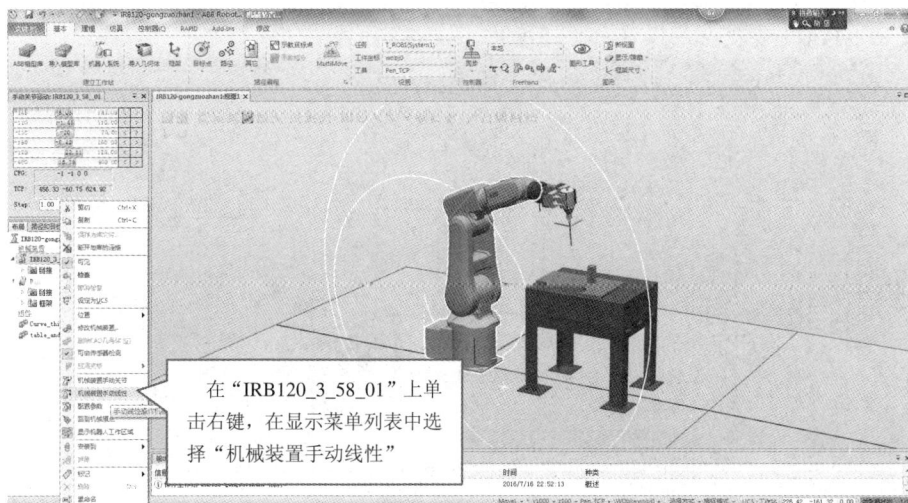

图 5-83　机械装置手动线性

在"IRB120_3_58_01"上单击右键，在显示菜单列表中选择"机械装置手动线性"

笔记

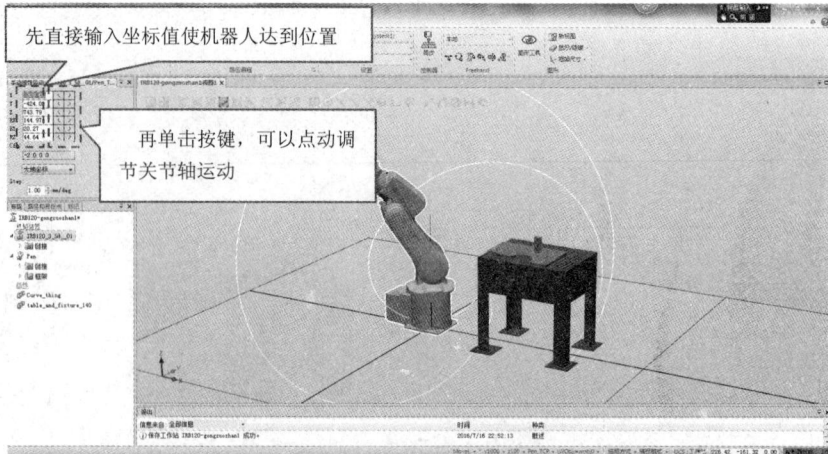

先直接输入坐标值使机器人达到位置

再单击按键，可以点动调节关节轴运动

图 5-84　设定移动位置

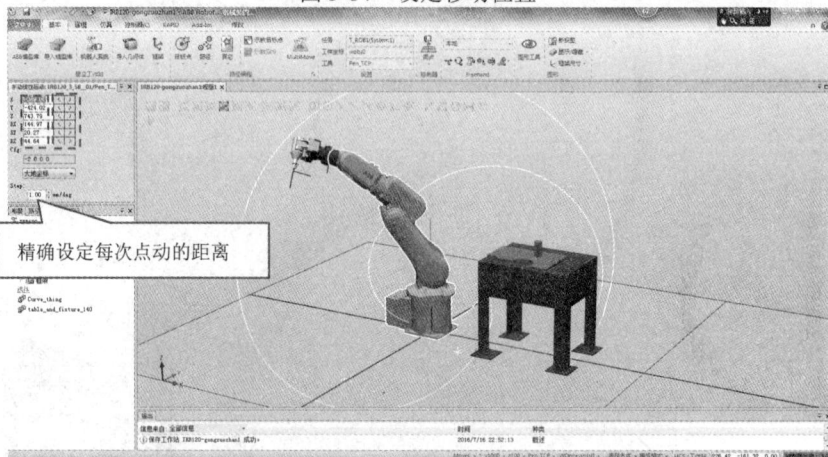

精确设定每次点动的距离

图 5-85　精确设定点动距离

四、回机械原点

回到机械原点，操作如图 5-86、图 5-87 所示。

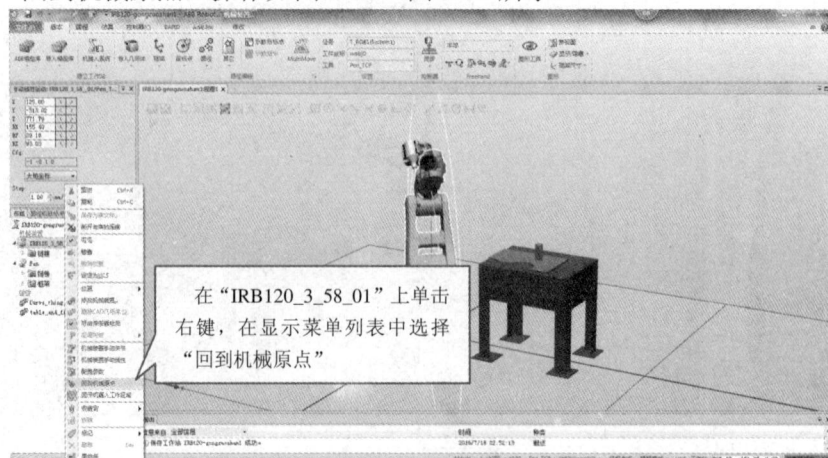

在"IRB120_3_58_01"上单击右键，在显示菜单列表中选择"回到机械原点"

图 5-86　回到机械原点

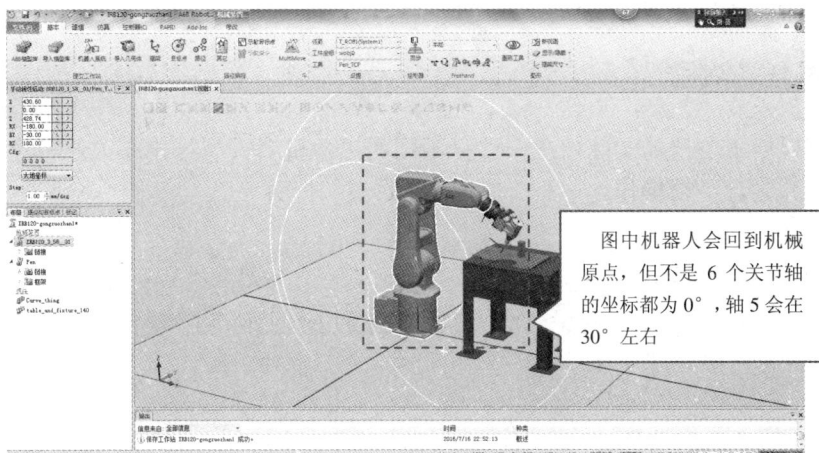

图 5-87　机械回原点举例

图中机器人会回到机械原点，但不是 6 个关节轴的坐标都为 0°，轴 5 会在 30° 左右

📹 任务扩展

MotosimEG 离线编程移动工业机器人的方法

MotosimEG 离线编程移动工业机器人的方法见图 5-88 与图 5-89。

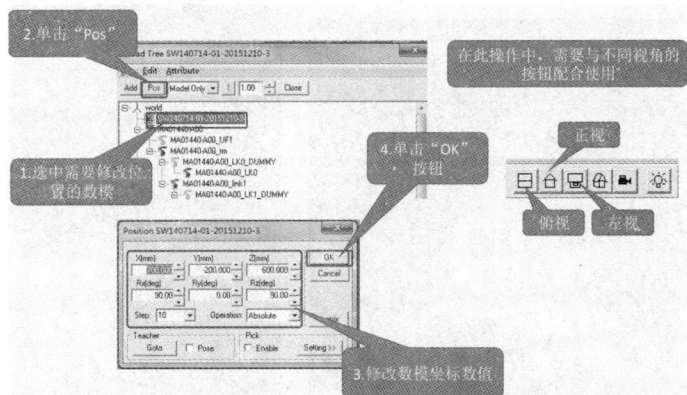

图 5-88　移动工业机器人目标点设置

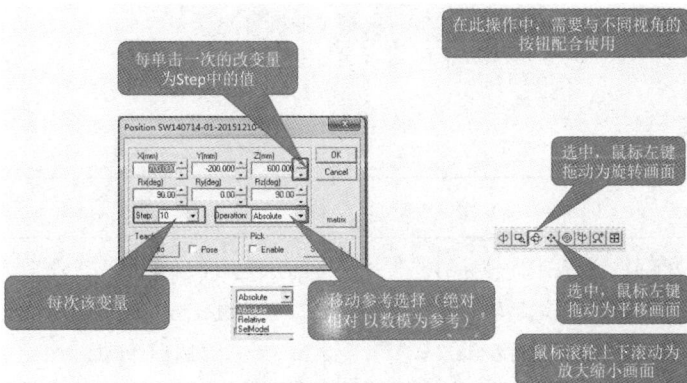

图 5-89　手动移动工业机器人

笔记

任务巩固

根据本单位的实际情况，选择不同的工业机器人型号建立工业机器人系统，并进行手动操作。

任务三　轨迹程序的编制

任务导入

图 5-90 是雕刻工业机器人在工作和雕刻的产品，这样的加工一般是采用离线编程完成的，其中的复杂曲线是由简单的直线与曲线组成的。

(a) 雕刻工业机器人在工作　　　　(b) 孔子像

图 5-90　雕刻工业机器人

任务目标

知识目标	能力目标
1. 掌握建立工业机器人工件坐标的方法	1. 会建立工业机器人工件坐标
2. 掌握创建工业机器人运动轨迹程序的方法	2. 能创建工业机器人运动轨迹程序
3. 掌握进行机器人仿真运行步骤	3. 能进行机器人仿真运行

📷 任务实施

一、建立工业机器人工件坐标

与实际的机器人一样，在应用工业机器人时需要在 RobotStudio 中对工件对象建立工件坐标，具体步骤见图 5-91～图 5-98 所示。

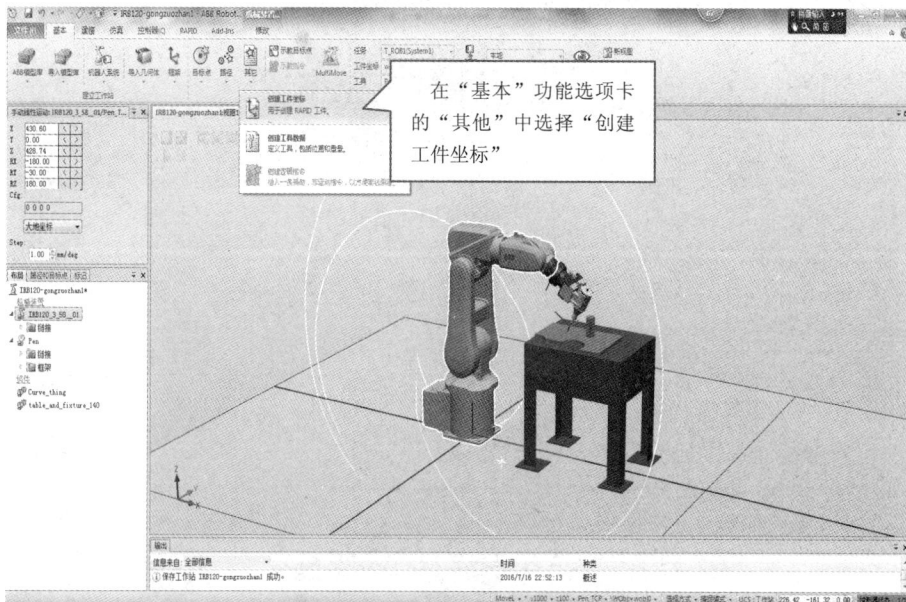

图 5-91　创建坐标系

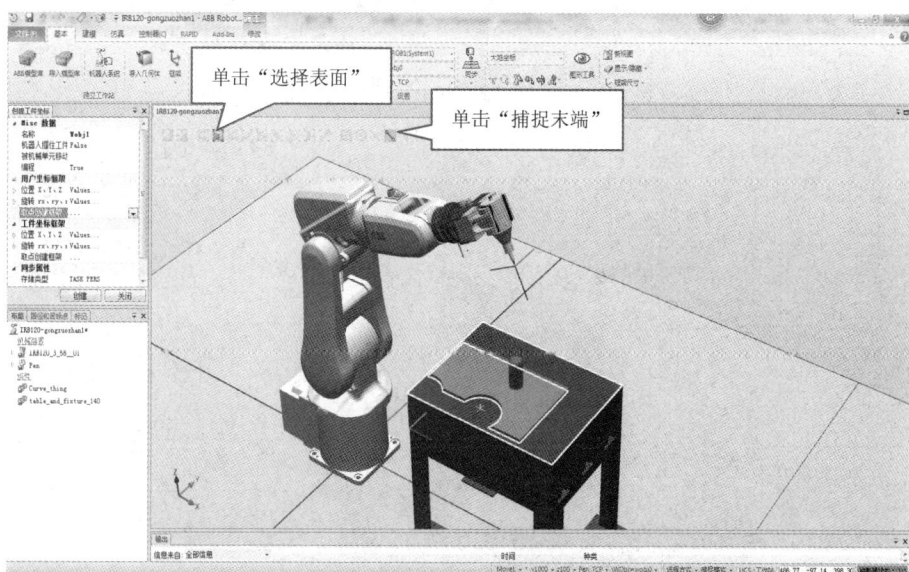

图 5-92　捕捉工具选择

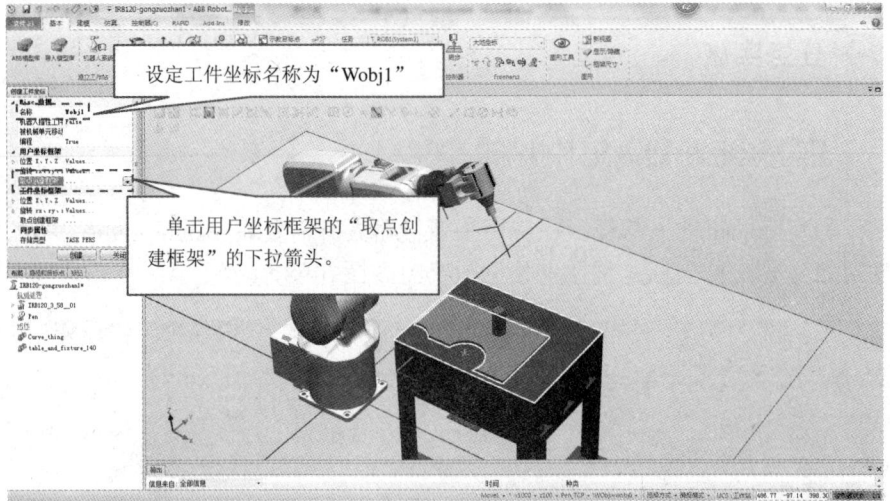

图 5-93　命名及坐标框架选取

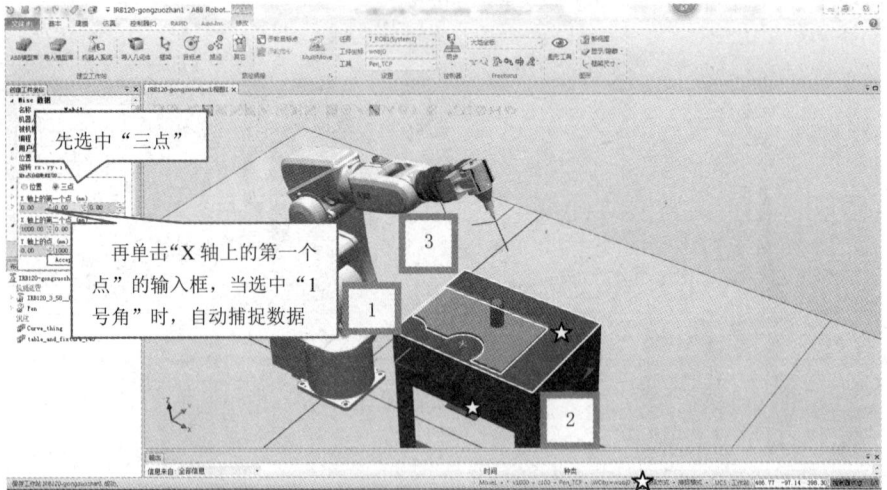

图 5-94　选择三点

图 5-95　三点法

确认单击的三个角点的数据后，单击"Accept"

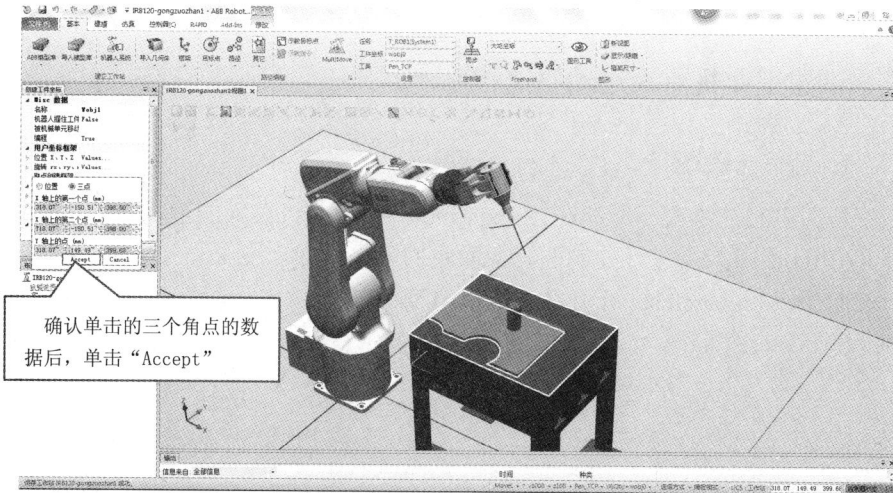

图 5-96　参数设定完毕

单击"创建"

图 5-97　创建坐标系

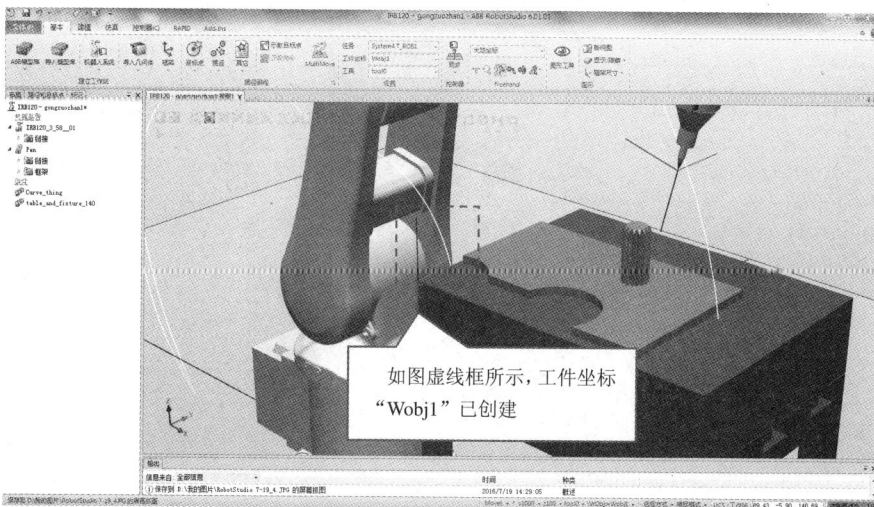

如图虚线框所示，工件坐标"Wobj1"已创建

图 5-98　工件坐标系建立

✍ 笔记

二、创建工业机器人运动轨迹程序

1. 建立步骤

与真实的机器人一样，在 RobotStudio 中工业机器人的运动轨迹也是通过 RAPID 程序指令进行控制的。下面我们就来看如何在 RobotStudio 中进行轨迹的仿真，生成的轨迹可以下载到真实的机器人中运行。操作步骤如图5-99～图 5-113 所示。

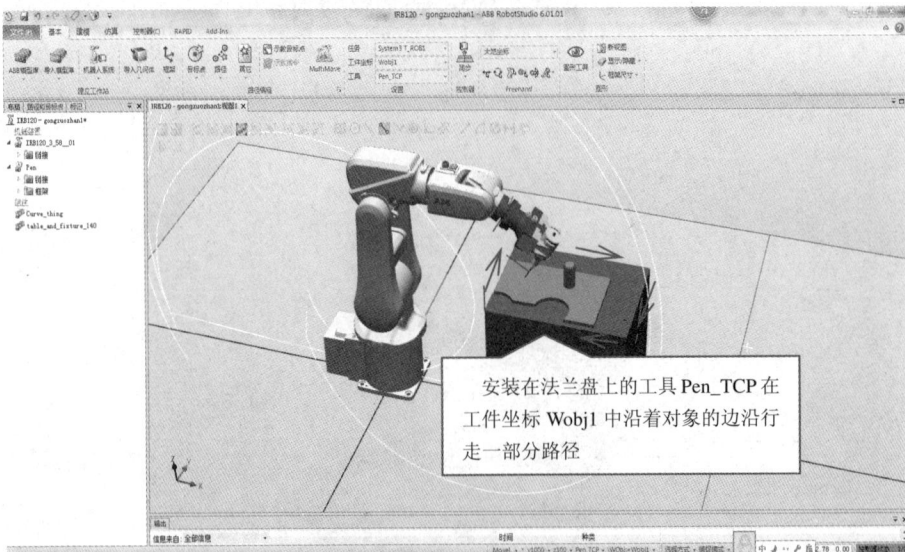

图 5-99　确认 Wobj1 路径

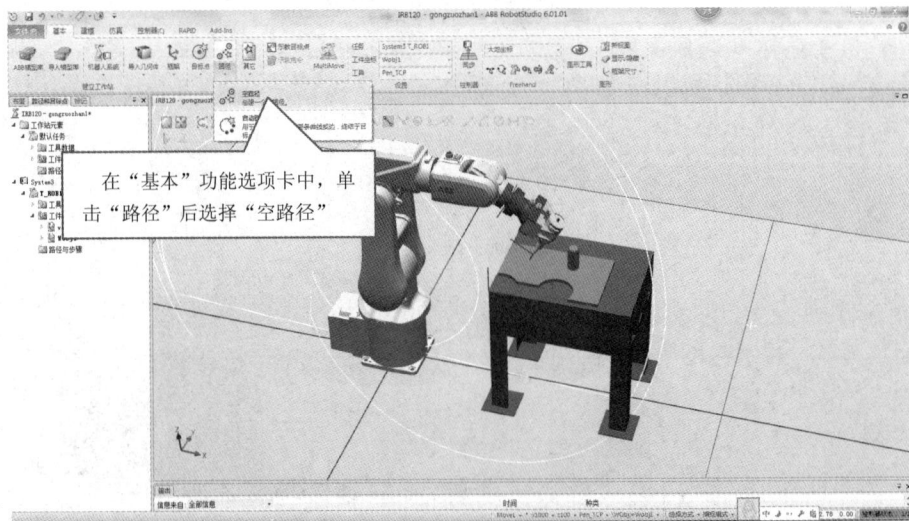

图 5-100　选择空路径

图 5-101 参数设定

图 5-102 参数解读

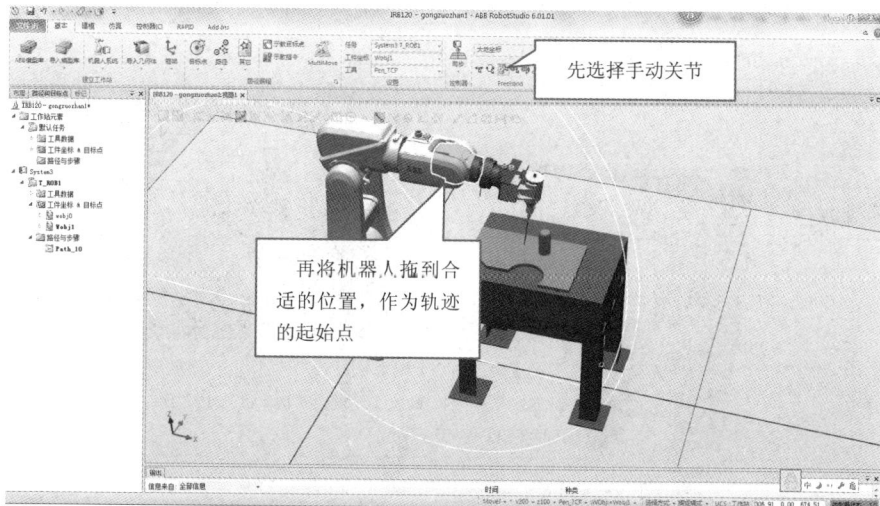

图 5-103 设定机器人轨迹到起始点

笔记

工匠精神

在全社会形成尊重工匠、崇尚"工匠精神"的良好社会氛围,是培育和弘扬"工匠精神"的必要条件。

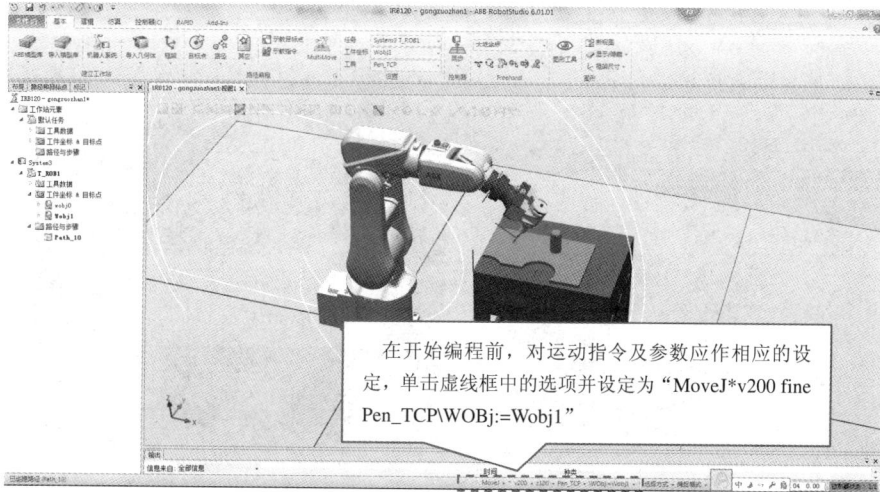

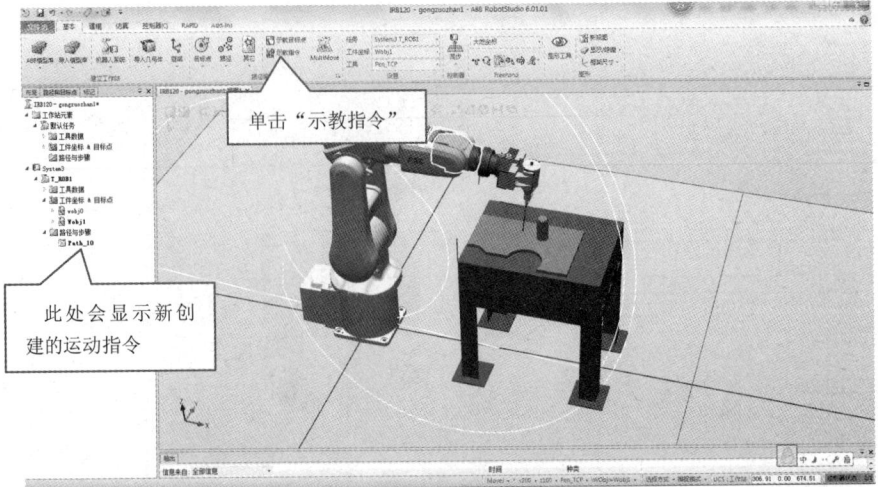

单击"示教指令"

此处会显示新创建的运动指令

图 5-104　设定机器人轨迹到第 2 点

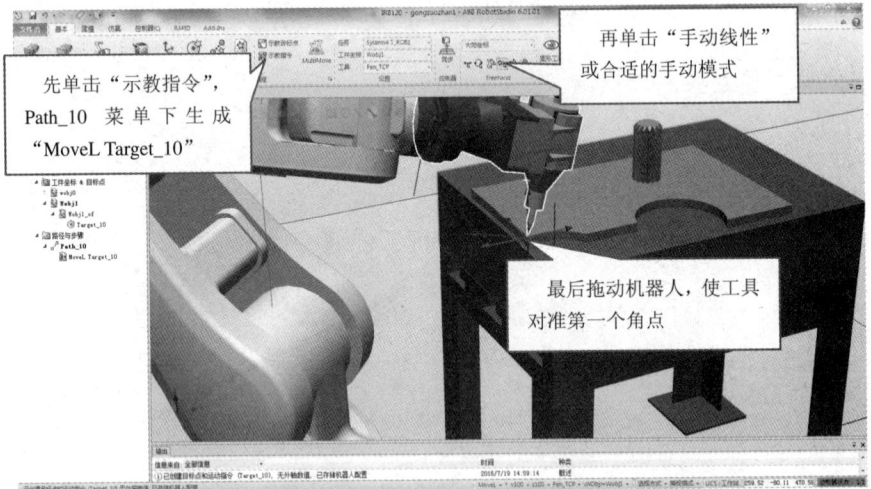

再单击"手动线性"或合适的手动模式

先单击"示教指令"，Path_10 菜单下生成"MoveL Target_10"

最后拖动机器人，使工具对准第一个角点

图 5-105　手动线性路径生成到第一个角点

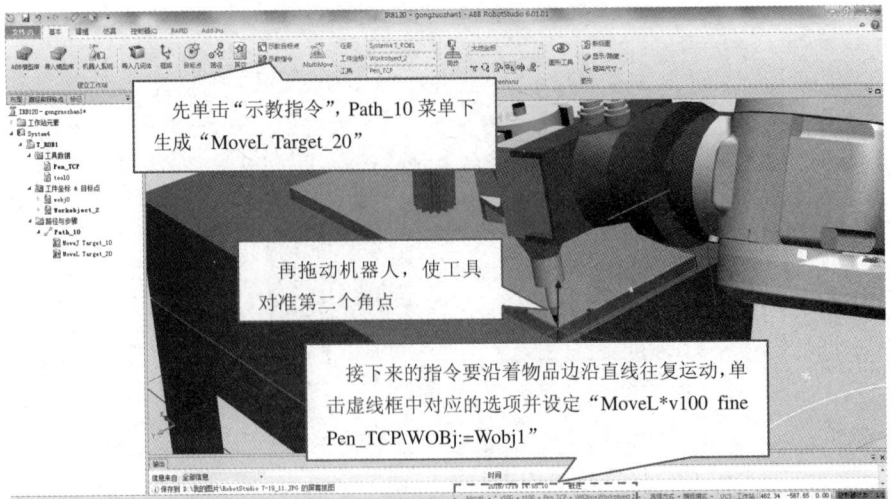

先单击"示教指令"，Path_10 菜单下生成"MoveL Target_20"

再拖动机器人，使工具对准第二个角点

接下来的指令要沿着物品边沿直线往复运动，单击虚线框中对应的选项并设定"MoveL*v100 fine Pen_TCP\WOBj:=Wobj1"

图 5-106　设定机器人轨迹到第二个角点

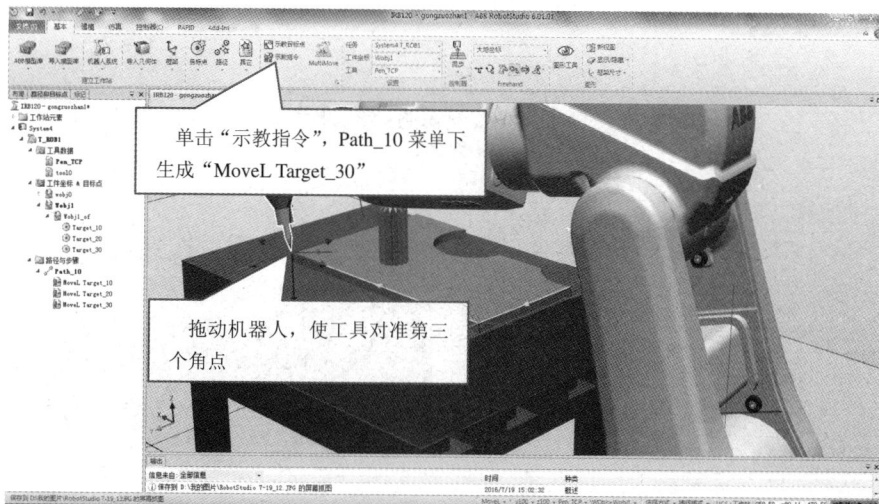

图 5-107　设定机器人轨迹到第三个角点

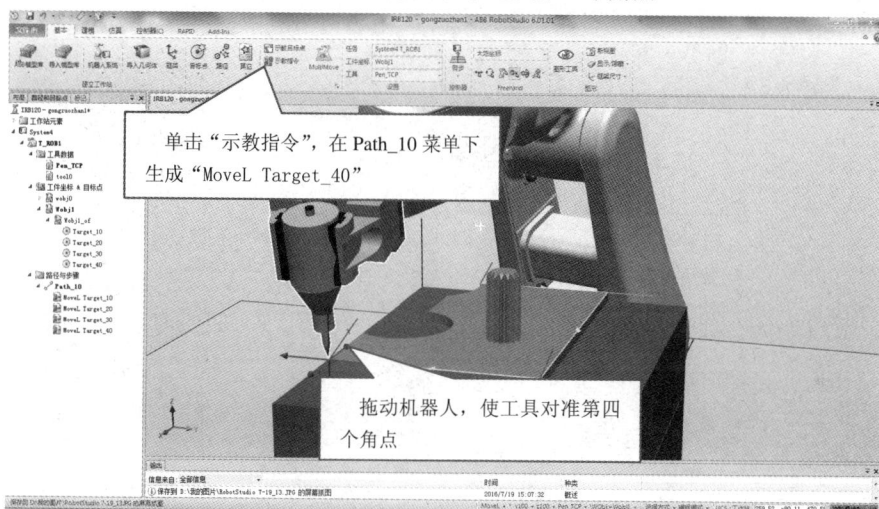

图 5-108　设定机器人轨迹到第四个角点

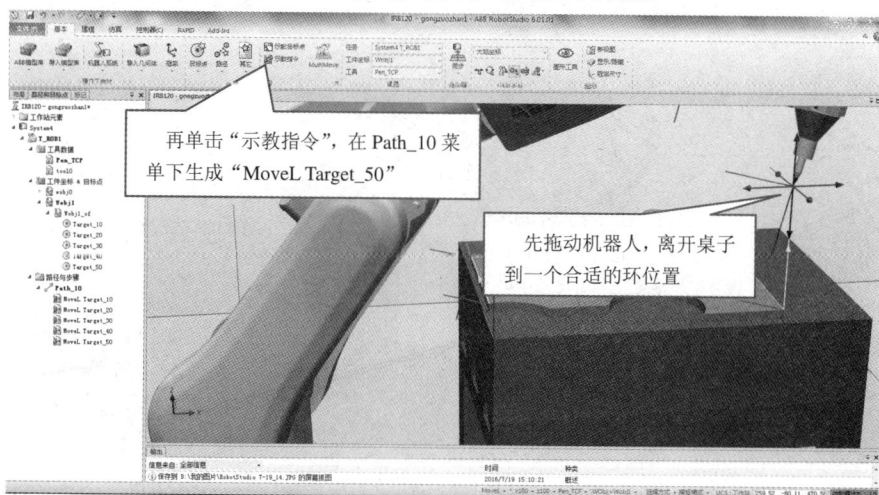

图 5-109　设定机器人轨迹离开

✎ 笔记

在路径"Path_10",单击右键，选择"到达能力"

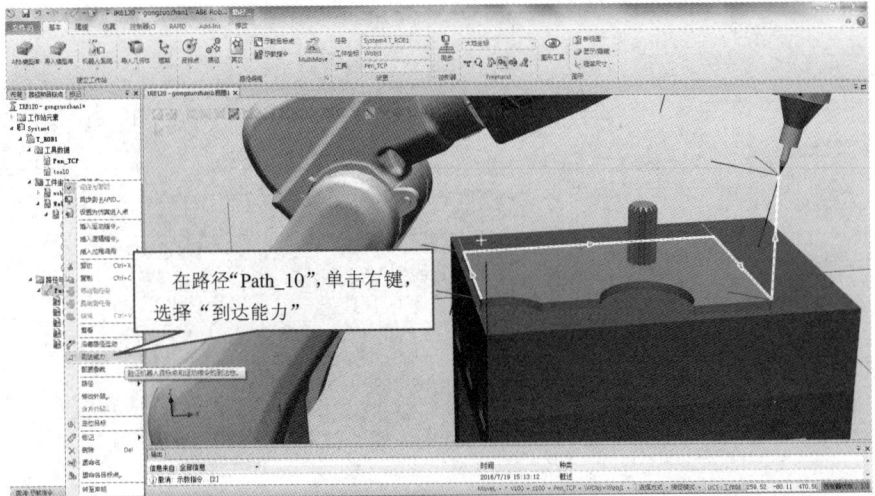

图 5-110　选择"到达能力"

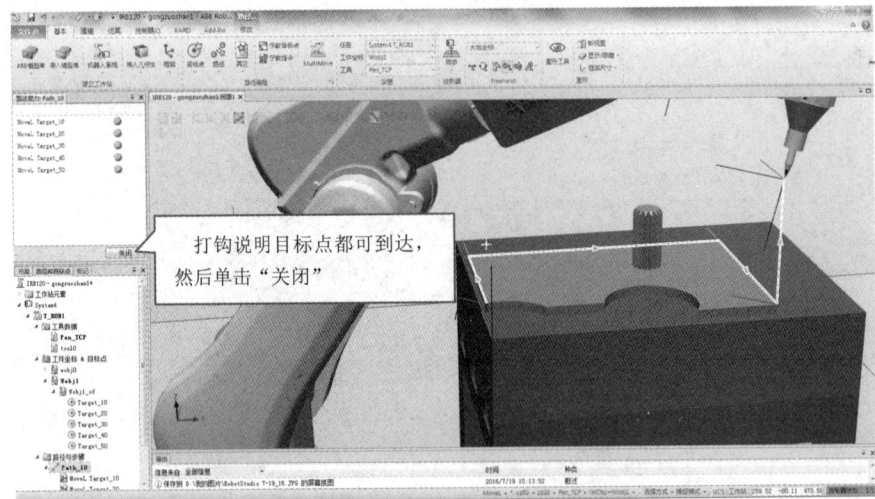

打钩说明目标点都可到达，然后单击"关闭"

图 5-111　设定机器人轨迹检验目标点

在路径"Path_10"上单击右键，选择"参数设置"下拉菜单中的"自动配置"进行关节轴自动配置

图 5-112　自动配置

图 5-113　设定机器人轨迹运行

2．注意事项

在创建机器人轨迹指令程序时，要注意以下事项：

(1) 手动线性时，要注意观察关节轴是否会接近极限而无法拖动，这时要适当做出姿态的调整。

(2) 在示教轨迹的过程中，如果出现机器人无法到达工件的情况，可以适当调整工件的位置再进行示教。

(3) 要注意 MoveJ 和 MoveL 指令的使用，可参考相关资料。

(4) 在示教的过程中，要适当调整视角，这样可以更好地观察。

三、机器人仿真运行

1．仿真运行机器人轨迹

操作步骤如图 5-114～图 5-119 所示。

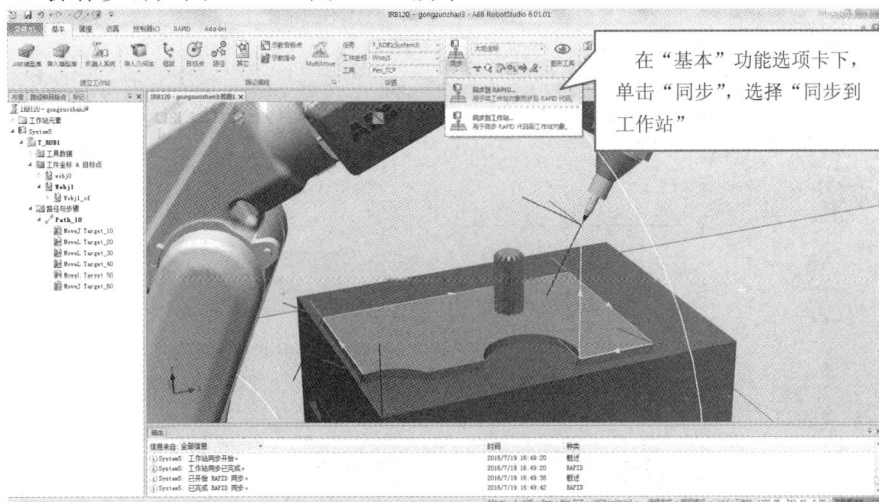

图 5-114　同步到工作站

笔记

图 5-115　钩选项目

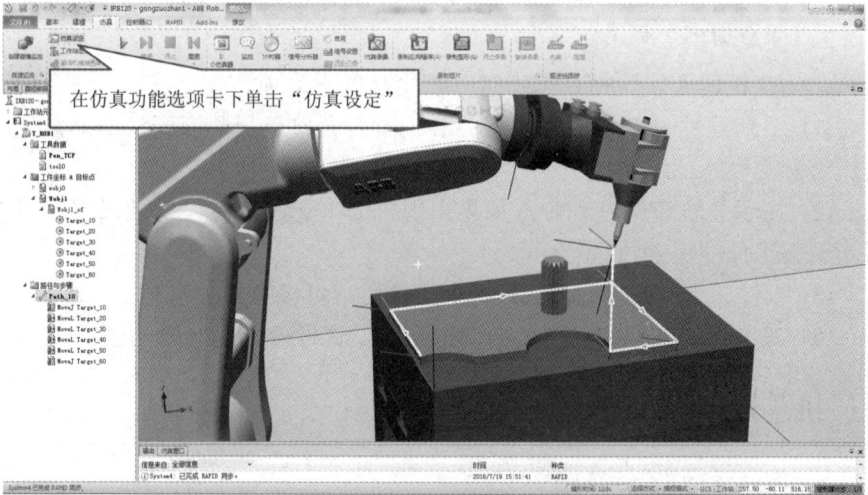

图 5-116　仿真设定

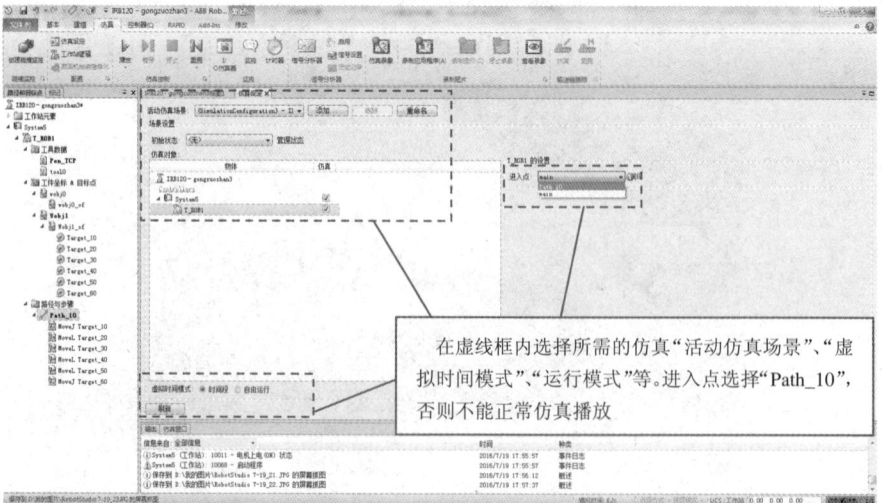

图 5-117　仿真参数设定

图 5-118　仿真播放

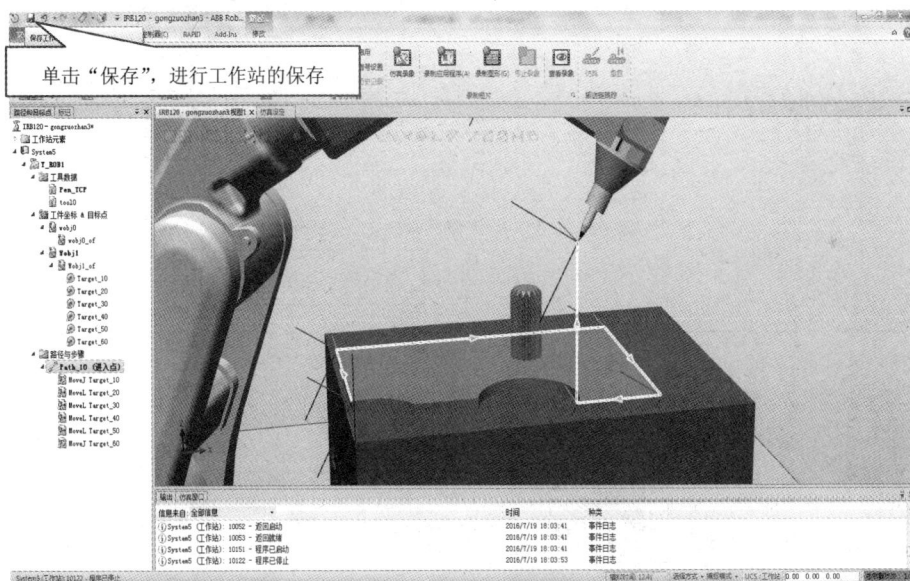

图 5-119　保存工作站

2．机器人的仿真制成视频与保存工作站文件

可将工作站中的工业机器人运行轨迹或动作录制成视频，以便在没有安装 RobotStudio 软件的情况下查看工业机器人的运行，还可以将工作站制作成 EXE 可执行文件，便于进行更灵活的工作站查看。

1）工作站中工业机器人的运行视频录制

操作步骤如图 5-120～图 5-124 所示。

✍ 笔记

图 5-120　选择屏幕录像机

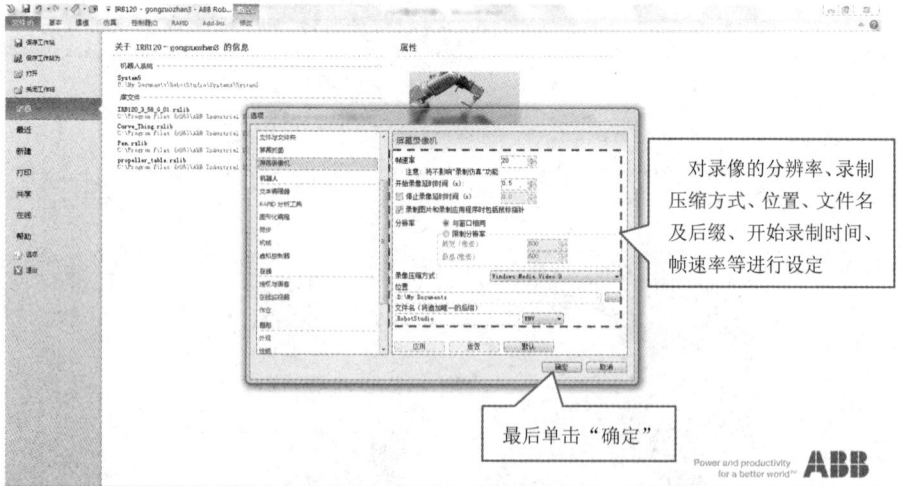

图 5-121　屏幕录像机参数设置

图 5-122　启动仿真录像功能

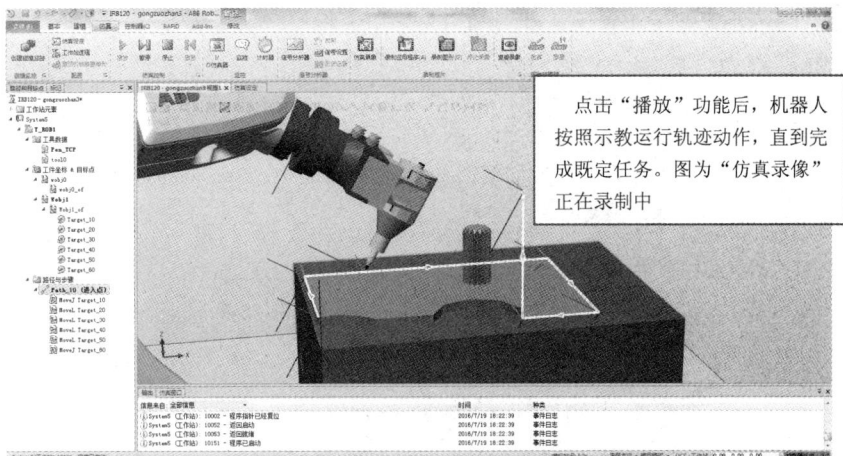

点击"播放"功能后，机器人按照示教运行轨迹动作，直到完成既定任务。图为"仿真录像"正在录制中

图 5-123 仿真录制

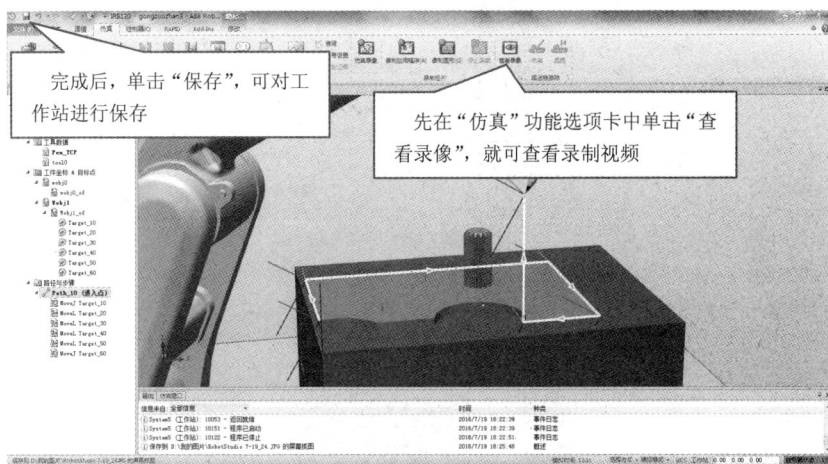

完成后，单击"保存"，可对工作站进行保存

先在"仿真"功能选项卡中单击"查看录像"，就可查看录制视频

图 5-124 录制结束

2) 将工作站运行制作为EXE可执行文件

操作步骤如图 5-125～图 5-128 所示。

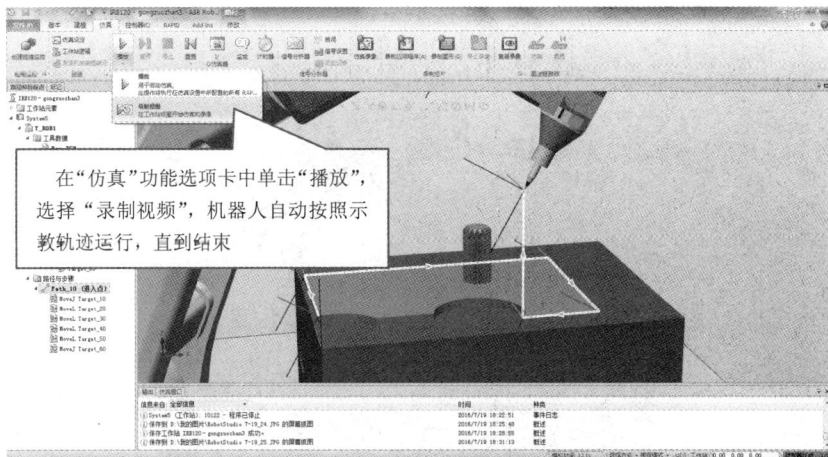

在"仿真"功能选项卡中单击"播放"，选择"录制视频"，机器人自动按照示教轨迹运行，直到结束

图 5-125 录制播放功能

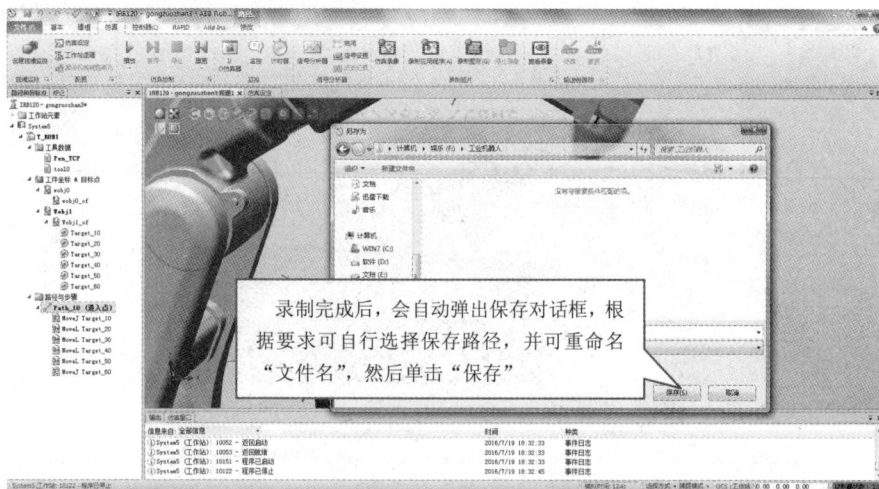

图 5-126　录制结束后保存

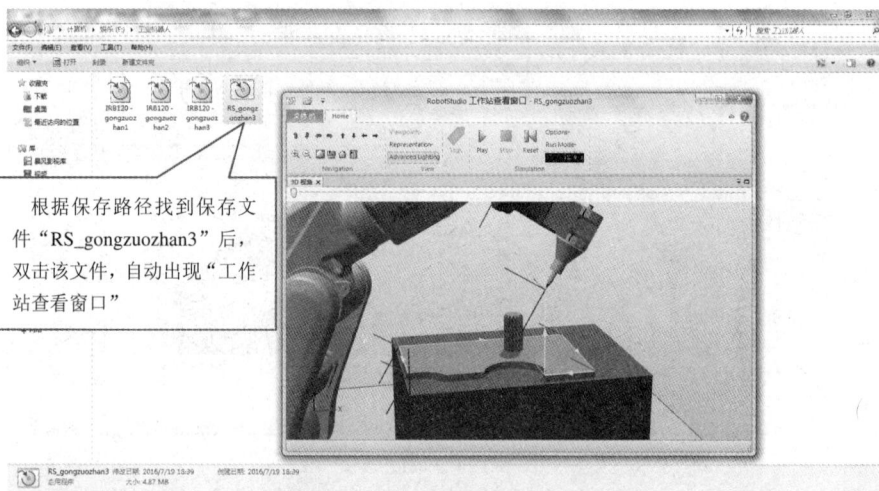

图 5-127　保存后的路径目标

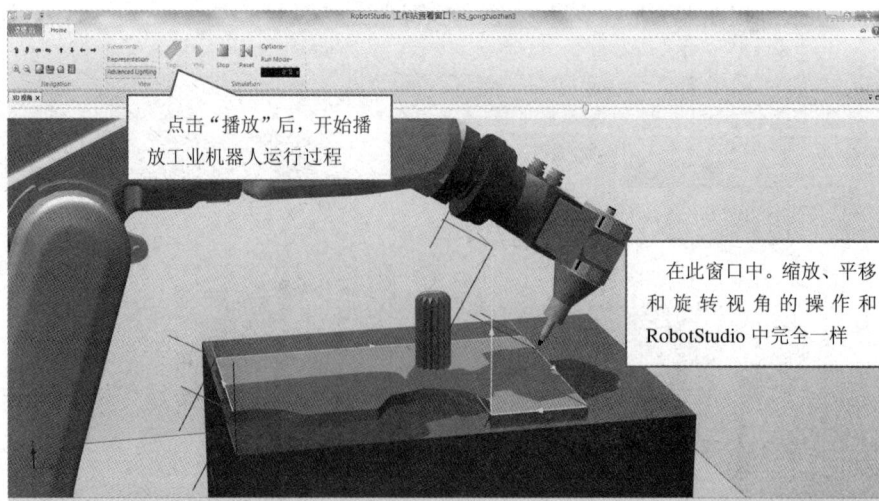

图 5-128　播放录制视频

为了提高各版本的兼容性，在 RobotStudio 中做任何保存的操作时，保存的路径和文件名最好使用英文字符。

✎ 笔记

任务扩展

RoboDK 离线编程软件工件坐标系与目标点的确定

一、工件坐标系的确定

1. 输入坐标值

输入坐标值的步骤如图 5-129 所示。

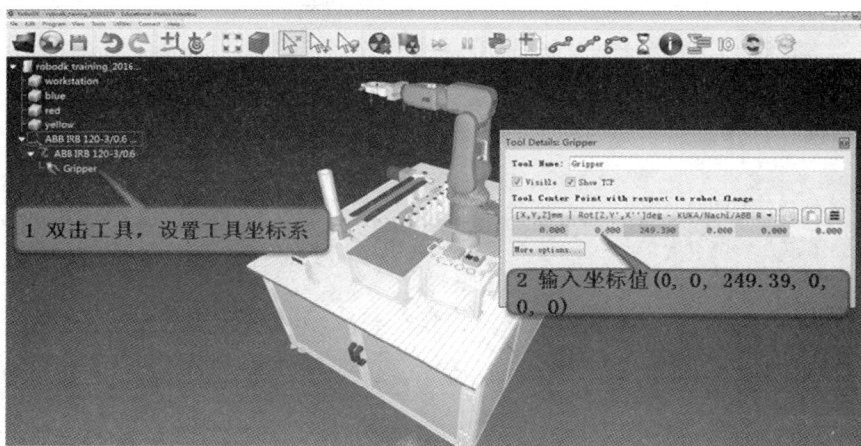

图 5-129 输入坐标值

2. 创建

创建步骤如图 5-130 与图 5-131 所示。

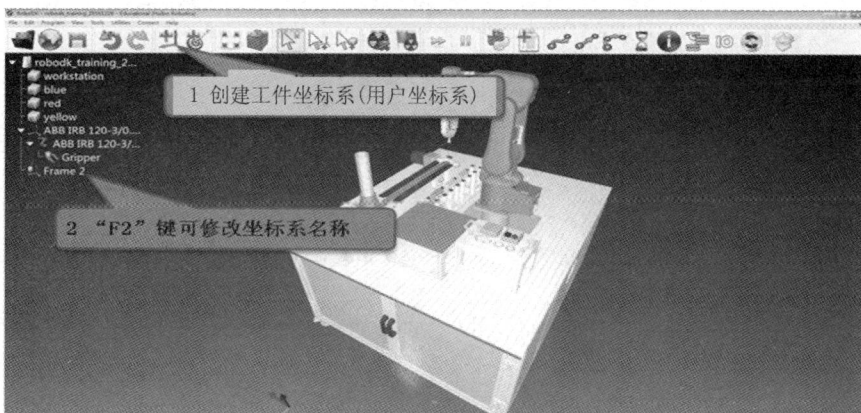

图 5-130 步骤 1、2

图 5-131　步骤 3、4

二、创建目标点

创建目标点的步骤如图 5-132 与图 5-133 所示。

图 5-132　创建目标点的步骤 1、2

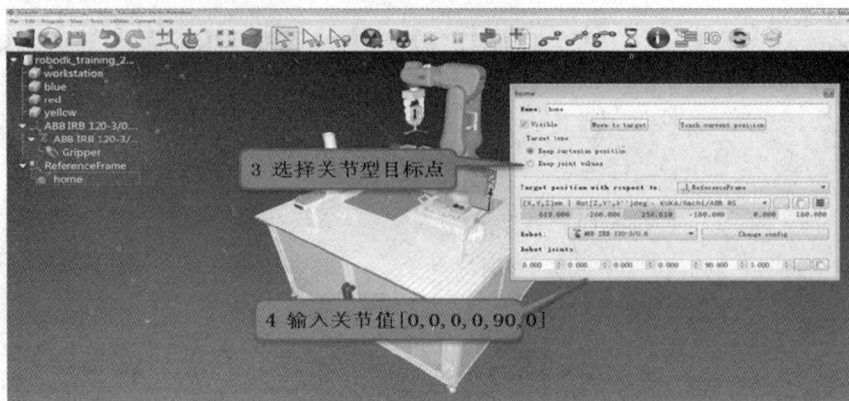

图 5-133　创建目标点的步骤 3、4

任务巩固

根据本单位的实际情况，创建如图 5-134 所示的工业机器人运动轨迹程序，并进行仿真。

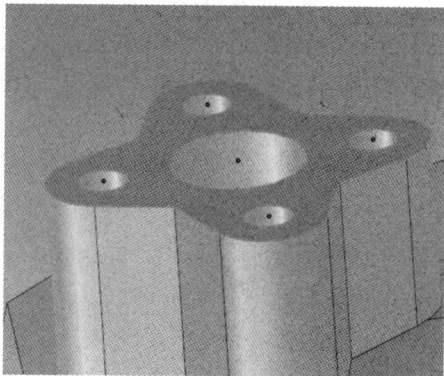

图 5-134　仿真图

模块五资源

操作与应用

工作单

姓　名		工作名称	工业机器人离线程序的编制	
班　级		小组成员		
指导教师		分工内容		
计划用时		实施地点		
完成日期		备　注		
工作准备				
资料		工具		设备

工作内容与实施	
工作内容	**实施**
1. 建立如图 1 所示的工作站	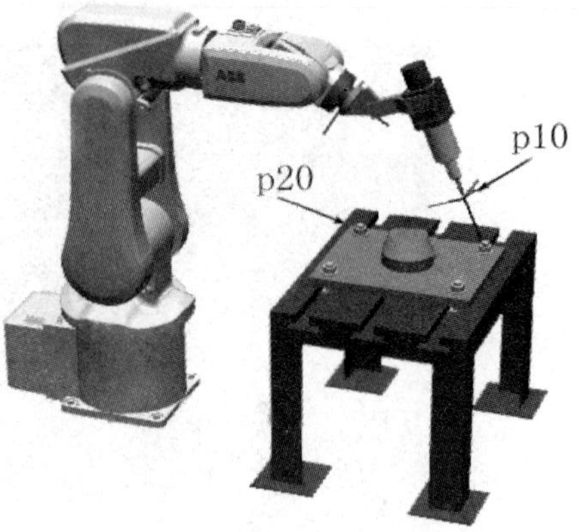 图1 轨迹工作站
2. 利用图1所示的工作站, 编制如图2所示的程序	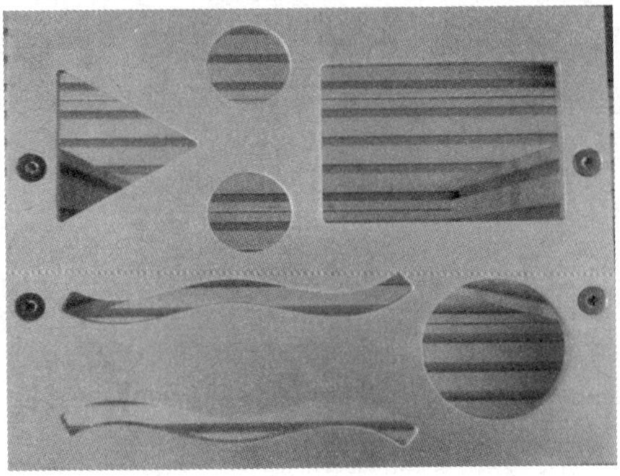 图2 轨迹板

工 作 评 价

	评价内容				
	完成的质量 (60 分)	技能提升能力(20 分)	知识掌握能力 (10 分)	团队合作 (10 分)	备注
自我评价					
小组评价					
教师评价					

1. 自我评价

班级　　　　　　姓名　　　　　工作名称　工业机器人离线程序的编制

自我评价表

笔记

序号	评价项目	是	否
1	是否明确人员的职责		
2	能否按时完成工作任务的准备部分		
3	工作着装是否规范		
4	是否主动参与工作现场的清洁和整理工作		
5	是否主动帮助同学		
6	是否正确建立工业机器人基本工作站用工具		
7	是否正确选择工业机器人		
8	是否正确标准工业机器人		
9	是否完成了清洁工具和维护工具的摆放		
10	是否执行6S规定		
评价人		分数	时间 年 月 日

2. 小组评价

小组评价表

序号	评价项目	评价情况
1	与其他同学的沟通是否顺畅	
2	是否尊重他人	
3	工作态度是否积极主动	
4	是否服从教师的安排	
5	着装是否符合标准	
6	能否正确地理解他人提出的问题	
7	能否按照安全和规范的规程操作	
8	能否保持工作环境的干净整洁	
9	是否遵守工作场所的规章制度	
10	是否有工作岗位的责任心	
11	是否全勤	
12	是否能正确对待肯定和否定的意见	
13	团队工作中的表现如何	
14	是否达到任务目标	
15	存在的问题和建议	

工业机器人操作与应用一体化教程

笔记 · 3. 教师评价

课程	工业机器人操作与应用	工作名称	工业机器人离线程序的编制	完成地点	
姓名		小组成员			
序号	项　目		分值	得分	
1	建立工业机器工作站		50		
2	编制基本轨迹图样的程序		30		
3	到工业机器人上验证		20		

自　学　报　告

自学任务	应用Robot Master离线编程软件建立基本工作站
自学内容	
收获	
存在问题	
改进措施	
总结	

· 332 ·

模块六

工业机器人视觉系统与网络通信

任务一 工业机器人视觉系统

任务导入

具有智能视觉检测系统的工业机器人系统如图 6-1 所示。智能视觉检测系统采用照相机将被检测的目标转换成图像信号，传送给专用的图像处理系统，根据像素分布和亮度、颜色等信息，转变成数字化信号，图像处理系统对这些信号进行各种运算来抽取目标的特征，如面积、数量、位置、长度，再根据预设的允许度和其他条件输出结果，包括尺寸、角度、个数、合格/不合格、有/无等，实现自动识别功能。

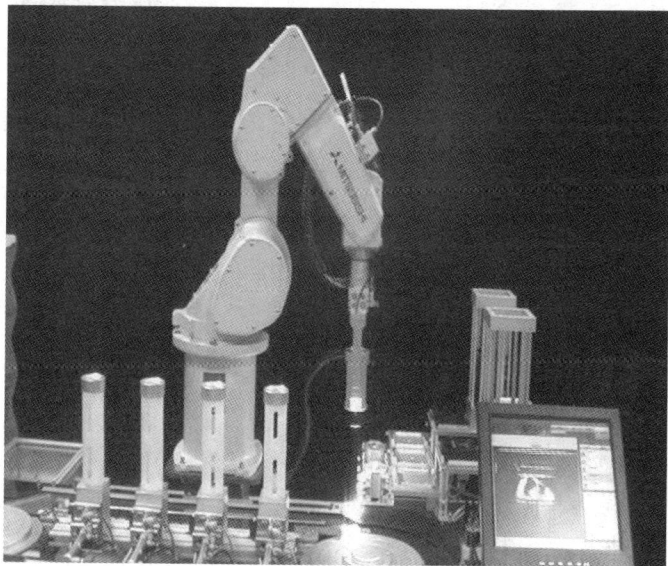

图 6-1 具有智能视觉检测系统的工业机器人系统

📹 任务目标

知识目标	能力目标
1. 了解视觉检测系统	1. 会利用视觉系统对工件的颜色及编号进行识别设定
2. 认识视觉识别方式	2. 会操作视觉识别软件
3. 认识 RFID 识别系统	3. 会使用 RFID 对工件的电子标签进行读写
4. 知道电子标签	4. 会使用 PLC 与 RFID 系统进行正常的通信
5. 拿握视觉系统的安装方法	5. 能使机器人根据得到的信息进行角度的调整

📹 任务准备

把学生带到现场，边介绍边让学生观察，以增强认识。

现场教学

    智能视觉系统由视觉控制器(见图 6-2)、智能相机(见图 6-3)及监视显示器等组成，可用于检测工件的特性，如数字、颜色、形状等，还可以对装配效果进行实时检测操作。智能视觉系统通过 I/O 电缆连接到 PLC 或机器人控制器，也支持串行总线和以太网总线连接到 PLC 或机器人控制器(需安装相应模块)，对检测结果和检测数据进行传输。不同的工业机器人其视觉系统的安装也是不同的。

图 6-2　视觉控制器

图 6-3　智能相机

一、智能相机简介

1. 智能相机的组成

    智能相机是一种高度集成化的微型机器视觉系统。它将图像的采集卡、处理与通信功能集成于单一相机内，从而提供了具有多功能、模块化、高可靠性、易于实现的机器视觉解决方案；同时，由于应用了最新的 DSP、FPGA 及大容量存储技术，其智能化程度不断提高，可满足多种机器视觉的应用需求。

智能相机一般由图像采集单元、图像处理单元、图像处理软件、网络通信装置等部分构成，各部分的功能如下：

1) 图像采集单元

在智能相机中，图像采集单元相当于普通意义上的 CCD/CMOS 相机和图像采集卡。它将光学图像转换为模拟/数字图像，并输出至图像处理单元。

2) 图像处理单元

图像处理单元类似于图像采集/处理卡。它可对图像采集单元的图像数据进行实时的存储，并在图像处理软件的支持下进行图像处理。

3) 图像处理软件

图像处理软件主要在图像处理单元硬件环境的支持下，完成图像处理功能。如几何边缘的提取、BLOB、灰度直方图、OCV/OVR、简单的定位和搜索等。

4) 网络通信装置

网络通信装置是智能相机的重要组成部分，主要完成控制信息、图像数据的通信任务。智能相机一般均内置以太网通信装置，并支持多种标准网络和总线协议，从而使多台智能相机构成更大的机器视觉系统。

2．智能相机的优势

(1) 智能相机结构紧凑，尺寸小，易于安装在生产线和各种设备上，且便于装卸和移动；

(2) 智能相机实现了图像采集单元、图像处理单元、图像处理软件、网络通信装置的高度集成，拥有较高的效率及稳定性；

(3) 由于智能相机已固化了成熟的机器视觉算法，用户无需编程，就可实现有/无判断、表面/缺陷检查、尺寸测量、OCR/OCV、条码阅读等功能，从而极大地提高了应用系统的开发速度。

3．智能相机与基于 PC 的视觉系统的比较

智能相机与基于 PC 的视觉系统在功能和技术上的差别主要表现在以下几个方面：

1) 体积比较

智能相机与普通相机的体积相当，易于安装在生产线和各种设备上，便于装卸和移动。

2) 硬件比较

从硬件角度比较，智能相机集成了图像采集单元、图像处理单元、图像处理软件、网络通信装置等，经过专业人员进行可靠性设计，其效率及稳定性都较高并且设计灵活性较大。

3) 软件比较

智能相机是一种比较通用的机器视觉产品，主要解决的是工业领域的常

✎ 笔记

规检测和识别应用，其具有一定的通用性。

智能相机与基于 PC 的视觉系统的基本特性比较见表 6-1。

表 6-1　智能相机与基于 PC 的视觉系统基本特性

特点	基于 PC 的视觉系统	智能相机
可靠性	有限	较好
体积	很大	结构紧凑
网络通信	有限	较好
设计灵活性	很好	有限
功能	可拓展	有限
软件	需要编程	无需编程

二、工业机器人视觉系统的安装

1. ABB 工业机器人视觉系统的安装

如图 6-4 所示，当所有的摄像头都实际连接好后，还需要为每个摄像头配置一个 IP 地址和一个名称。摄像头的 IP 地址默认由控制器使用 DHCP 自动分配，但也可以使用静态 IP 地址。摄像头名称在系统的所有部分(例如 RobotStudio、RAPID 程序)中作为一个唯一的识别符，这可以实现在无需修改程序的情况下(例如在更换了摄像头时)修改摄像头的 IP 地址。

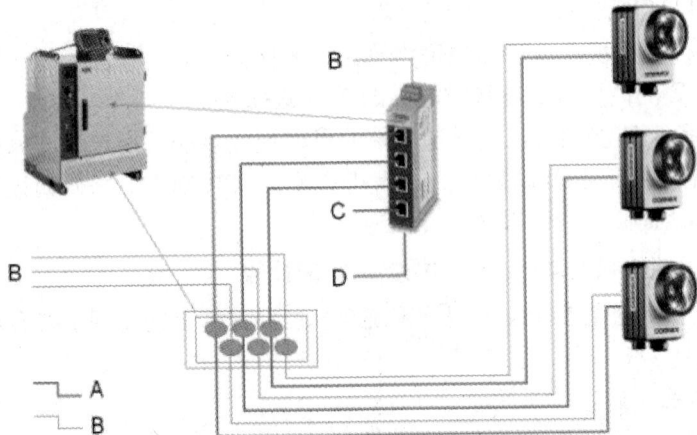

A—以太网；B—从客户电源接入到网关和摄像头的 24 V 电源；

C—网关和控制器机柜服务端口(内部)之间的以太网连接；

D—网关和主计算机服务端口之间的以太网连接

图 6-4　ABB 工业机器人视觉系统的安装

RobotStudio 中的 IRC5 控制器浏览器有一个叫图像系统的节点，用于配置和连接到摄像头。工业机器人与摄像头的链接是通过机器人控制实现的，摄像头作为 FTP 远程加载磁盘连接。

如果不能将摄像头安装在固定位置，也可将摄像头安装在操纵器的运动部件上。在这种情况下，一般会将摄像头安装在机器人的工具上，以避免遮挡。每种应用场合的情况不同，而且工具设计和电缆捆扎也各不相同。

　　将摄像头安置在移动位置时，用户应负责确保摄像头不承受大于摄像头技术规格中规定的机械力。电缆虽为柔软型，但其是否会磨损取决于电缆布设和机器人的编程路径两个因素。

2．三菱机器人视觉系统的安装

　　如图 6-5 所示，EZ 相机本体和机器人控制器(D 型控制器)通过 HUB 进行以太网连接。另外，为了分别对机器人和相机进行编程调试，也需将装有RT ToolBox2 和 In-Sight Exploer(EasyBuilder)软件的 PC 电脑通过 HUB 连接到系统中。如图 6-6 所示，在机器人的上方位置，相机镜头向下固定安装。在相机识别后，机器人抓取工件进行搬运。

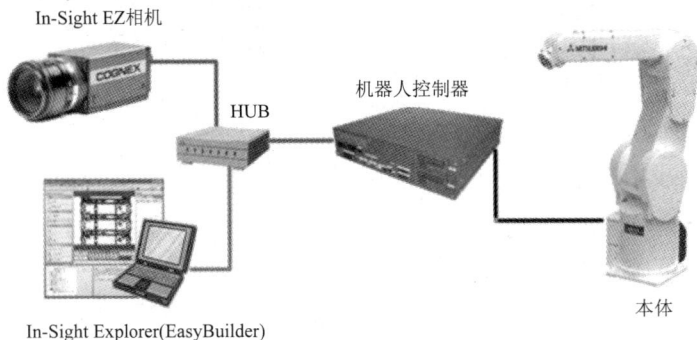

图 6-5　三菱机器人视觉系统的安装

　　注意：对于 Q 型控制器，需将以太网连接到机器人 CPU(Q172DRCPU)上，其他连接方式相同。

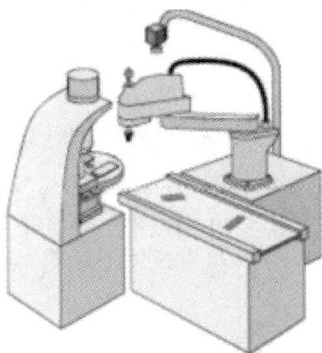

图 6-6　上固定相机方式

二、工件识别

1．RFID 识别系统

　　RFID(Radio Frequency Identification)技术，又称无线射频识别，是一种通

信技术，可通过无线电讯号识别特定目标并读写相关数据，而无需识别系统与特定目标之间是否建立机械或光学接触，如图6-7所示。

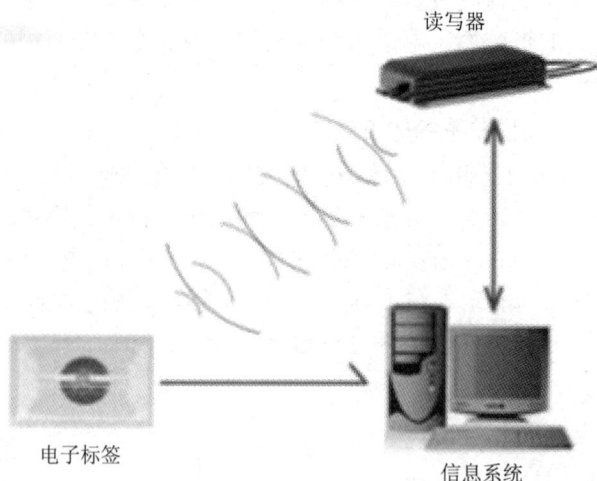

图 6-7　RFID 识别系统

2．电子标签

1) EPCC1G2 标签存储器

从逻辑上将标签存储器分为四个存储区，每个存储区可以由一个或一个以上的存储器字组成。这四个存储区分别是：

EPC 区(EPC)：存 EPC 号的区域，本读写器规定最大能存放 15 字 EPC 号，可读可写。

TID 区(TID)：存由标签生产厂商设定的 ID 号，目前有 4 字和 8 字两种 ID 号，可读不可写。

用户区(User)：不同厂商该区不一样，Inpinj 公司的 G2 标签没有用户区，Philips 公司有 28 字，可读可写。

保留区(Password)：前两个字是销毁(kill)密码，后两个字是访问(access)密码，可读可写。

四个存储区均可写保护。写保护意味着该区永不可写或在非安全状态下不可写；读保护只有密码区可设置为读保护，即不可读。

2) 18000-6B 标签

6B 标签只有一个存储空间，UID 最低用 8 个字节(0~7 字节)，并且不能被改写。后面的字节都是可改写的，也可以被锁定，但是一旦锁定后，则不能再次改写，也不能解锁。

3) 数据显示

EPC 号、UID 号、密码、存储数据都是 16 进制显示，如"写数据：(16进制) 112233445566778"，此时设定格式为 16 进制，那么 11 为第一字节，22 为第二字节，1122 为第一字。数据共 8 个字节，或者说共 4 个字。

3．串行通信模块

串行通信模块很多，现以 LJ71C24- CM
为例介绍。该模块与 RS-232 (CH1)、
RS-422/485(CH2)线路中连接的外部设备可
通过 4 种(MELSEC 通信协议、通信协议、
无顺序协议、双向协议)协议进行数据通信
(见图 6-8)；通过使用调制解调器或终端适配
器，可以利用公共线路(模拟/数字)与远程设
备进行数据通信。

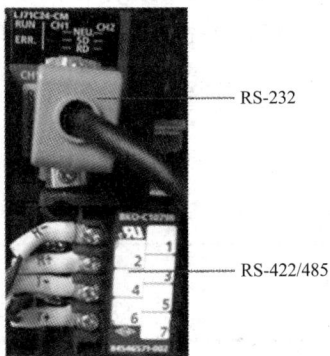

4．专用指令 G.INPUT

G.INPUT 指令通过无顺序协议以用户任
意的报文格式进行数据接收。可将与

图 6-8 串行通信模块

LJ71C24-CM 模块连接的外围设备发送的数据接收到 PLC 程序指定的数据寄
存器中。

1) 接收方法

通过无顺序协议进行任意格式数据的接收方法如图 6-9 所示。对于数据
的接收方法，有用于接收可变长度报文的"通过接收结束代码进行的接收方
法"以及用于接收固定长度报文的"通过接收结束数据数进行的接收方法"。
对于用于数据接收的接收结束代码、接收结束数据数，可以通过 GX Works2
由用户更改为任意的设置值后进行数据接收。

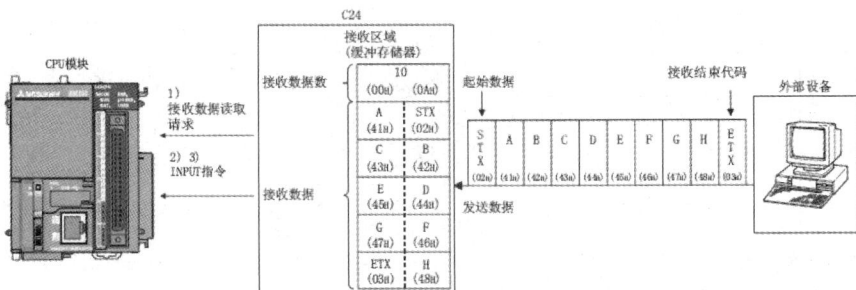

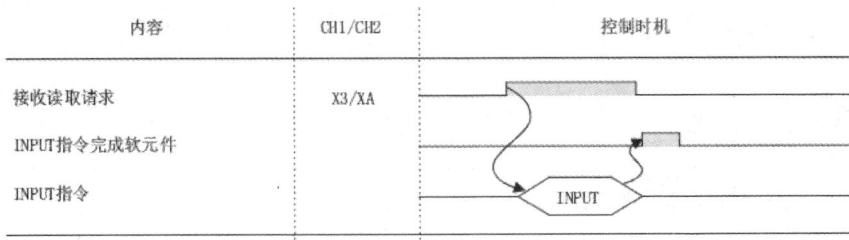

图 6-9 接收方法

数据接收过程如下：

(1) 如果通过"通过接收结束代码进行接收"或"通过接收结束数据数

✍ 笔记 进行接收"，通信模块就可从外部设备进行数据接收，接收读取请求输入信号 X3(CH1)/XA(CH2)。

（2）将控制数据存储到 INPUT 指令中指定的软元件中。

（3）如果执行 INPUT 指令，接收数据将从缓冲存储器的接收数据存储区域中被读取。

2）指令详解

指令格式如图 6-10 所示，指令中各参数设置方法如表 6-2、表 6-3 所示。

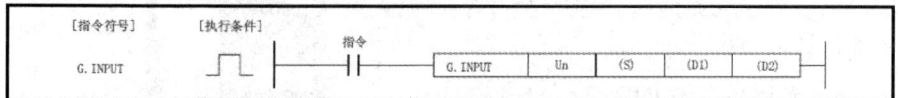

图 6-10　G.INPUT 指令

注意：不能对 G.INPUT 指令进行脉冲化，应在输入、输出信号的读取请求为 0N 的状态下执行 G.INPUT 指令。

表 6-2　设 置 数 据

设置数据	内　　容	设置方	数据类型
Un	模块的起始输入、输出信号 (00-FE：将输入、输出信号以3位表示时的高2位)	用户	BIN 16位
(S)	存储控制数据的软元件的起始编号	用户、系统	软元件名
(D1)	存储接收数据的软元件的起始编号	系统	
(D2)	执行完成后置为ON的位软元件编号	系统	位

表 6-3　控 制 数 据

软元件	项　目	设置数据	设置范围	设置方
(S)+0	接收通道	设置接收通道 1：通道1(CH1侧) 2：通道2(CH2侧)	1、2	用户
(S)+1	接收结果	存储根据INPUT指令的接收结果 O：正常 0以外：出错代码	——	系统
(S)+2	接收数据数	存储接收的数据的数据数(0以上)		系统
(S)+3	接收数据允许数	设置(D1)可存储的接收数据的允许字数	1以上	用户

📹 任务实施

技能训练

根据实际情况，让学生在教师的指导下进行技能训练。

一、工件颜色的识别

1. 新建一个场景

单击"场景切换"，在对话框中选择一个场景，然后确定，如图 6-11 所示，即可新建一个场景。

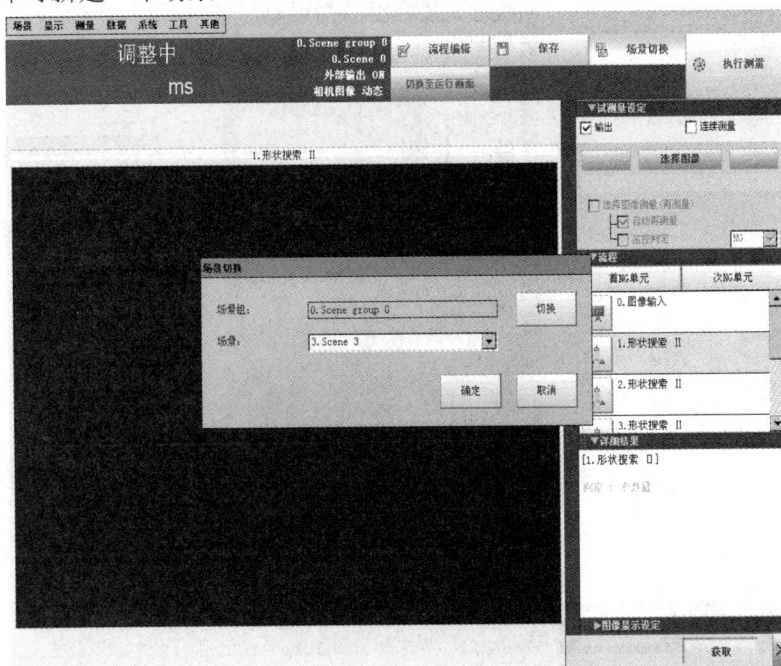

图 6-11　新建一个场景

2．流程编辑

在主界面单击"流程编辑"(如图 6-12 所示)，进入流程编辑界面，如图 6-13 所示。

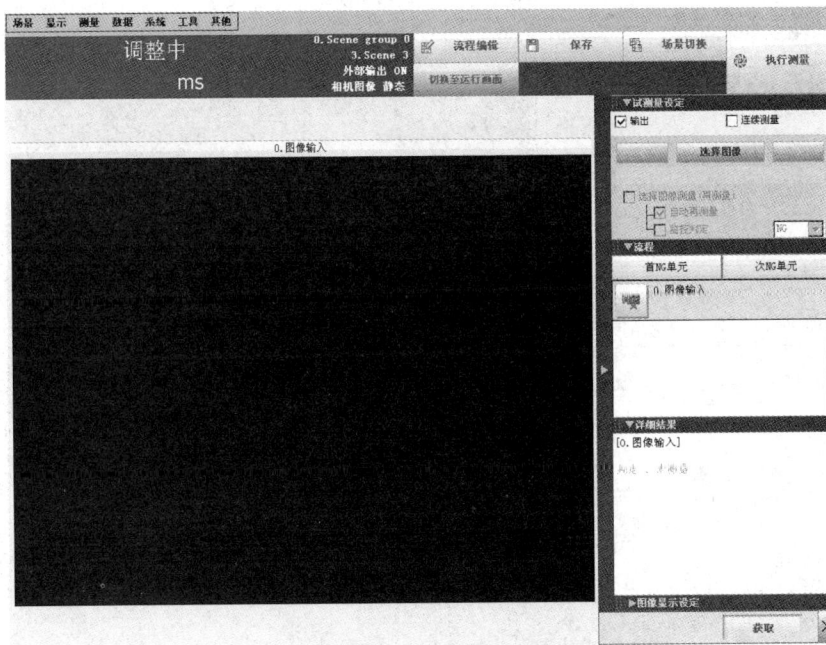

图 6-12　单击"流程编辑"

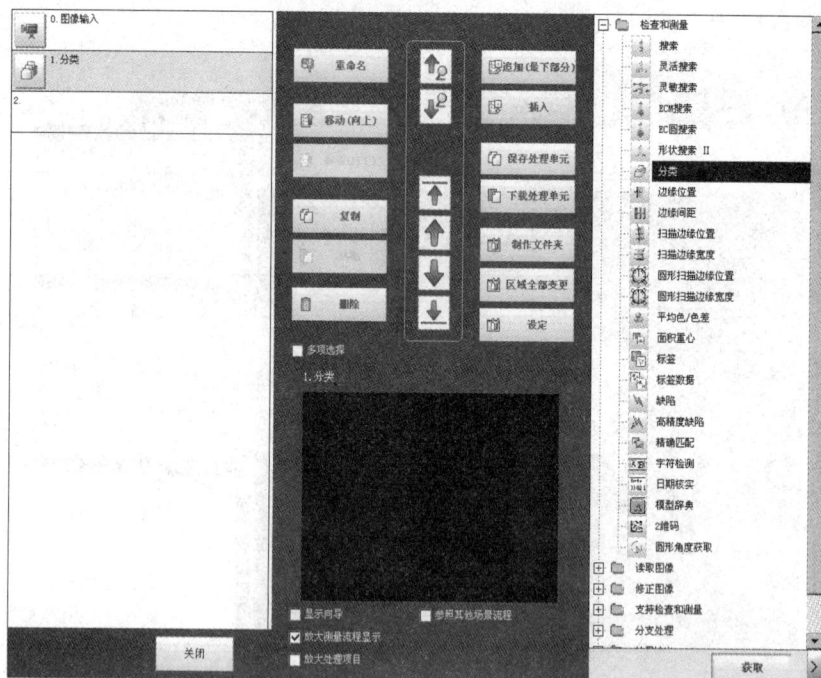

图 6-13　流程编辑

3. 输入图像

单击"图像输入",进入"图像输入"界面,设置参数,如图 6-14 所示,镜头对准工件后,单击"确定"按钮,则图像获取完毕。

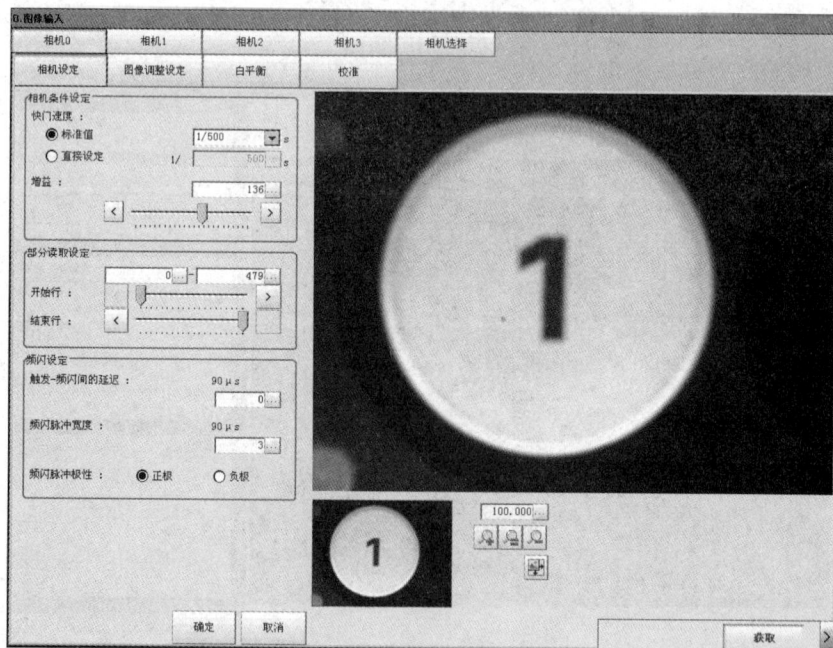

图 6-14　"图像输入"界面

4. 模型登录

单击"分类"图标，进入设置界面，在"分类"界面先设置"模型参数"，在初始状态下设定，选择"旋转"，还要设定旋转范围，跳跃角度、稳定度和精度等，具体设置见图 6-15。

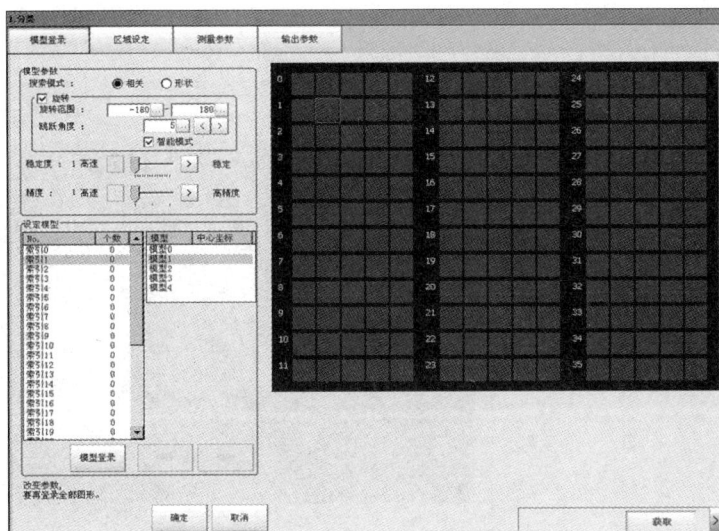

图 6-15　模型登录参数设置

在"分类"界面右边为分类坐标分布，分类坐标共有 36 行(标有数字部分为索引号)，编号分别为 0~35，每行共有 5 列(未标数字部分为模型编号)，编号分别为 0~4。任意单击一个坐标位置，然后单击"模型登录"按钮，进入"模型登录"界面，如图 6-16 所示。

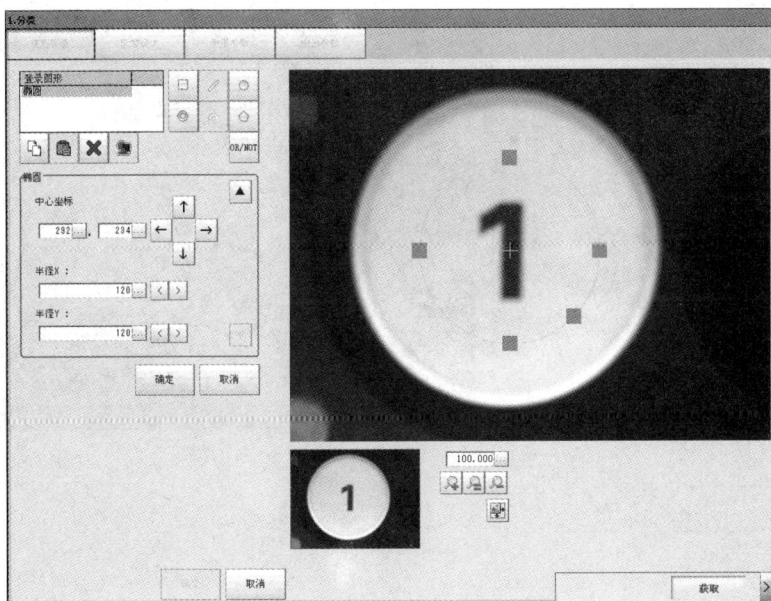

图 6-16　模型登录

笔记

单击左边的图形图标 ，在右边显示界面会出现一个圆圈，移动圆圈把数字圈在中间，设置测量区域，单击"确定"按钮可以回到分类界面。这样就录好了一个黄色的 1 号工件，如图 6-17 所示。通过这样的方法，我们将印有黄、红、蓝、黑四种颜色的工件依次录入，如图 6-18 所示。全部录入完成后回到模型登录界面，点击"测量参数"，进入测量参数界面(图 6-19)把相适度改成 95 到 100 之间。最后点击"确定"回到主界面。

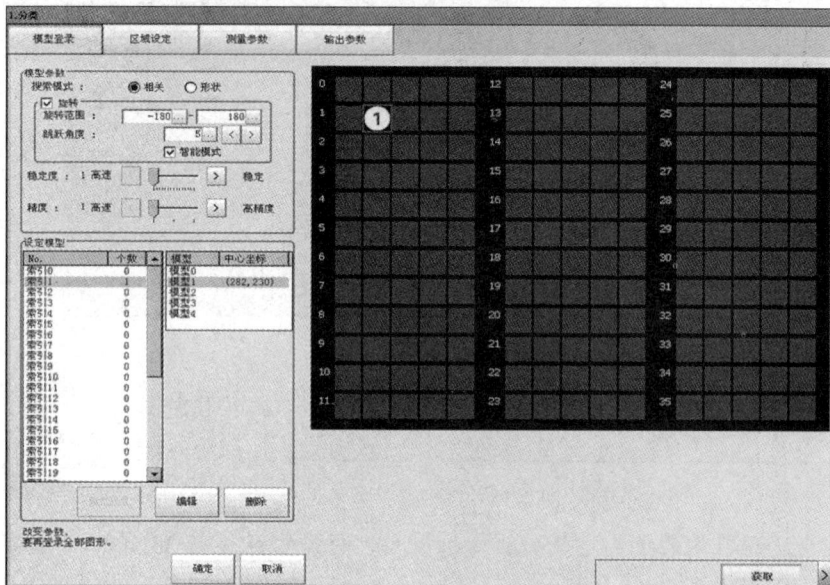

图 6-17　模型录入

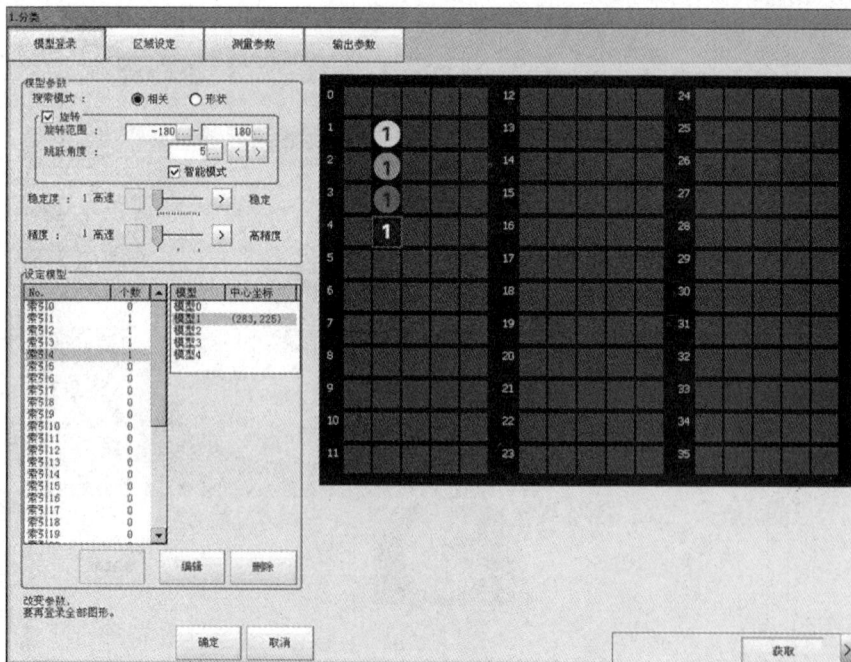

图 6-18　登录完成

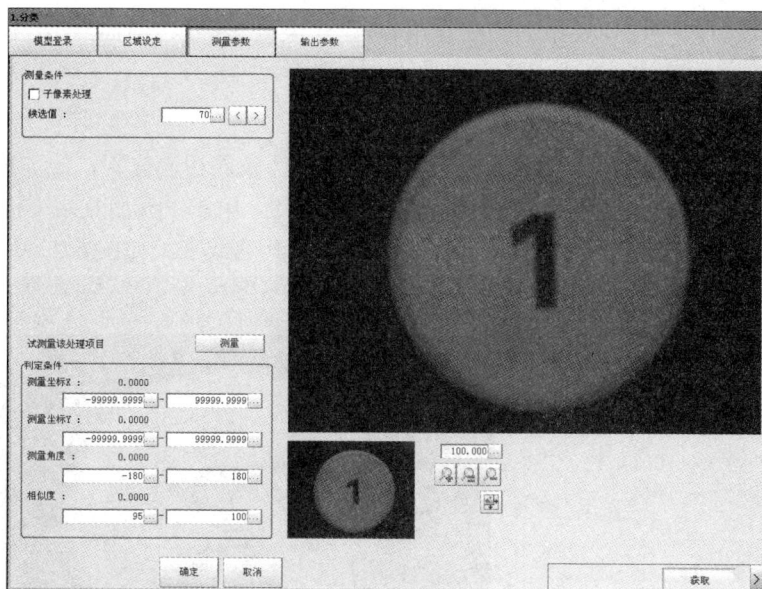

图 6-19　测量参数界面

5. 图像测量

回到主界面,镜头对准工件,点击"执行测量",此时会在右下角对话框显示测量信息。如图 6-20 所示。

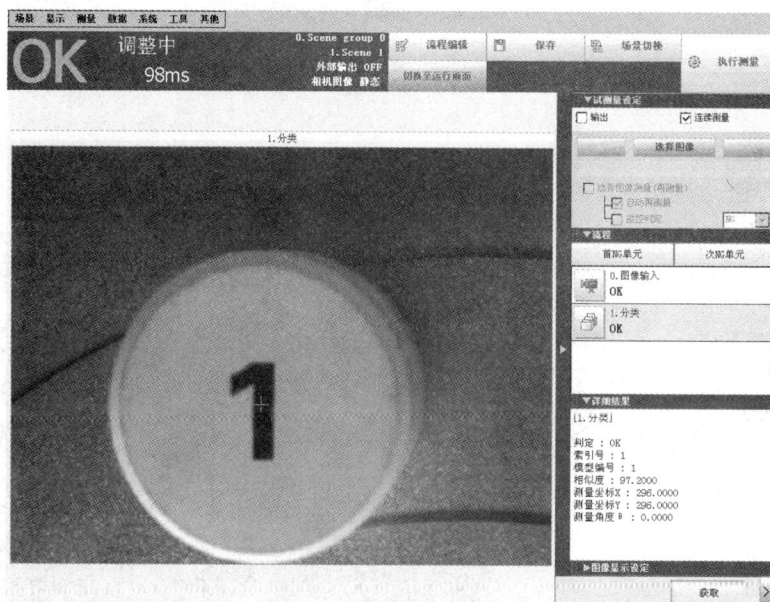

图 6-20　图像测量结果

二、工件编号的识别

1. 流程编辑

在主界面点击"流程编辑",进入流程编辑界面。在流程编辑界面的右侧

✍ 笔记　　从处理项目树中选择要添加的处理项目。选中要处理的项目后，点击"追加(最下部分)"，添加"分类"，将处理项目添加到单元列表中。

2．工件编号分类

单击"分类"图标，进入设置界面，将工件录入相应位置，比如将编号2录入"索引1、模型2"的位置，单击坐标位置，单击"模型登录"按钮(图6-21)，进入"模型登录"设置界面。依次登录其他数字，如图6-22所示。

图 6-21　模型登录

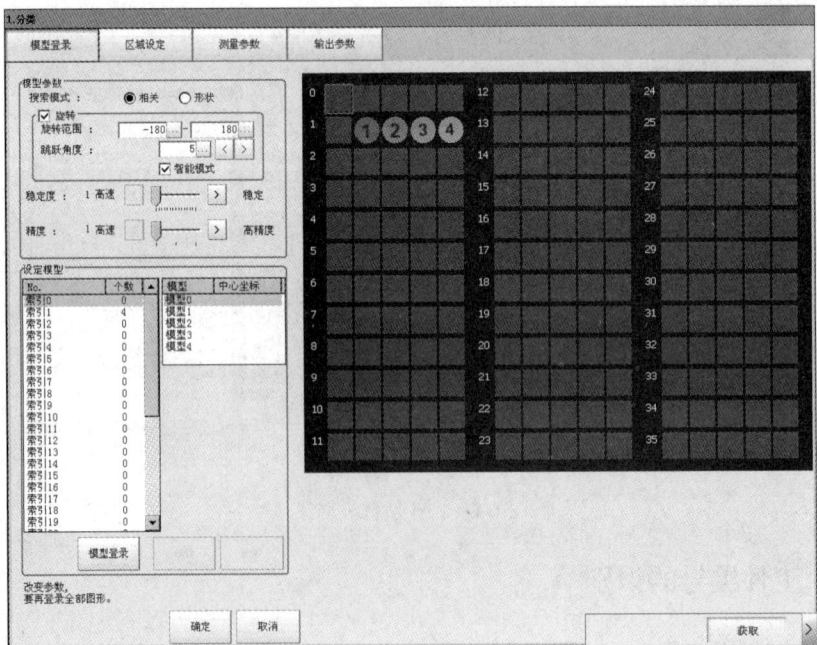

图 6-22　登录完成

3. 图像测量

全部录入完成后回到模型登录界面，点击"测量参数"，进入测量参数界面，把相适度改成 90 到 100 之间，最后点击"确定"回到主界面。回到主界面后，将镜头对准工件，点击"执行测量"，此时会在右下角对话框显示测量信息，如图 6-23 所示。

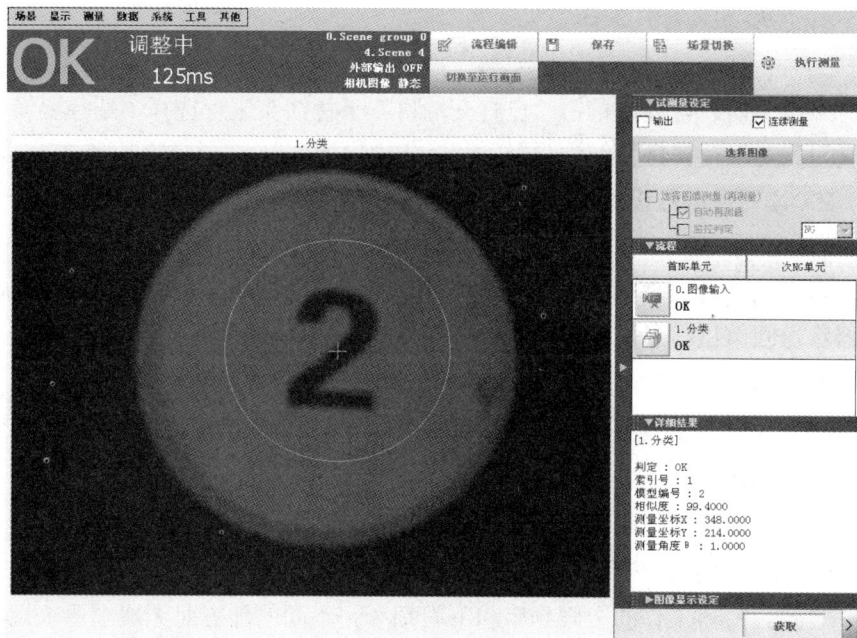

图 6-23　图像测量

三、读写器参数设置及操作

现有的设备有射频读写器，也有视觉系统，在这样的设备条件下，PLC 和 RFID 系统通过串行通信，将 RFID 读取的工件的电子标签数据传送到 PLC 的某个数据寄存器中，PLC 将这个数据寄存器当中的代码与已知的工件代码进行比较，命令机器人将这个工件放入相应的位置。工件全部放好后，通过视觉系统获取角度信息，并且 PLC 和视觉系统通过串行通信，视觉系统将角度信息传送给 PLC 的数据寄存器，PLC 将这些信息处理之后，再和机器人进行通信，机器人根据得到的信息进行角度的调整，这样就可以将所有的工件按照程序规定的位置及角度放置好。

1. 打开端口

在打开端口之前，请将读写器与串口、天线正确连接，连接好之后再接通电源。

1）自动打开可用端口

读写器地址等于 FF 时，为广播方式，与该串口连接的读写器均会响应；

✎ 笔记　　读写器地址等于其他值时，如 00，则读写器信息中地址为 00 的读写器才会响应。

2) 打开指定端口

单击"打开端口"按钮可分别以 9600 bit/s、19200 bit/s、38400 bit/s、57600 bit/s、115200 bit/s 通过指定端口搜索读写器。

3) 选择要操作的端口

当一台计算机连接多个读写器，演示软件打开多个端口时，一个端口对应一个读写器，可通过单击"已打开端口"下拉箭头进行选择，选择要操作的端口就是选择要操作的读写器。

2. 读写器参数设置

1) 地址设置

设置新的读写器地址，该地址不能为 0 xFF。如果设置为 0 x FF，则读写器将返回出错信息。

2) 功率

设置并保存读写器输出功率配置。

3) 频段选择

选择读写器工作频段，不同的频段频率范围不同。

4) 设置频率上下限

设置读写器工作的上限频率和下限频率。不同的地方对无线电要求规则不同。用户可以根据当地情况选择询查标签比较灵敏的频率范围。单频点操作时，只需将两频率选择为相同值；跳频操作时，只需设为不同值。

5) 波特率选择

设置读写器波特率，出厂波特率为 57 600 bit/s。

6) 询查命令最大响应时间

设置读写器的询查命令最大响应时间，即演示软件发送询查命令时，没收到读写器响应，等待"10×100 ms"仍没响应，则退出等待。

3. 工作模式参数设置

1) 韦根参数设置

(1) 设置所用韦根数据线格式以及数据表示格式。

(2) 数据输出间隔：设置输出韦根数据最小间隔时间，即两组韦根数据之间至少间隔"30×10"ms。

(3) 脉冲宽度：设置韦根脉冲宽度，即脉宽为"10×10"μs，脉冲宽度与韦根协议有关。

(4) 脉冲间隔：设置韦根脉冲间隔时间，即脉冲间隔为"15×100"μs，脉冲间隔与韦根协议有关。脉冲周期为脉冲宽度加脉冲间隔。

2) 工作模式设置

注意：应答模式下此组参数无效，只有在主动模式和触发模式下才有效。

(1) 通信协议选择：设置主动模式下读写器所支持的协议。选择
"EPCC1-G2"，读写器将只能对支持 ISO18000-6C 协议的标签操作；选择
"ISO18000-6B"，读写器将只能对支持 ISO18000-6B 协议的标签操作。

(2) 读写输出方式选择：设置主动模式下读写器输出方式。当选择
"RS232/RS485 输出"时，读写器将所读取的数据通过 RS-232/RS-485 输出。
单击"获取"按钮，即可从左侧的显示栏中看到读写器所返回的数据。

(3) 开闭蜂鸣器：设置主动模式下读写器读到数据时是否有蜂鸣器提
示音。

(4) 存储区或询查标签：只有选择"EPCC1-G2"时，即选定读写器支持
IS018000-6C 协议时，才能对此进行操作。设置读写器所要读取哪个区的数
据标签或询查多标签的 EPC 号。如果要读取的数据区有密码保护则无法
读取。

(5) 起始地址和读取字数设置：设定读取的起始地址和所要读取的字数。

起始地址(十六进制)：当选择"EPC1-G2"时，即选定读写器支持
ISO18000-6C 协议时，0 表示从第一个字(相应存储区第一个 16 位)开始读，1
表示从第 2 个字开始读，依次类推；当选择"ISO18000-6B"时，即选定读
写器支持 ISO18000-6B 协议时，0 表示从第一个字节(相应存储区第一个 8 位)
开始读，1 表示从第 2 个字节开始读，依次类推。如果"起始地址+读取字数"
大于标签相应存储区所能读取数据的地址，读写器将无法读到数据。

读取字数(十进制)：当读写输出方式选择"RS232/RS485 输出"，通信协
议选择"EPCCl-G2"，存储区或询查标签选择"EPC 区"时，读写器询查标
签的 EPC 号与起始地址和读取字数无关；当选择"韦根输出"时，读取字数
固定为 2，不能设置，此时如果"起始地址+2"大于标签相应存储区所能读
取数据的地址，读写器将无法读到数据。

(6) 起始地址选择：设定读取的起始地址方式"字"或"字节"。

3) 获取工作模式参数

单击此按钮，可获取读写器的韦根参数和工作模式参数。

4) EAS测试精度

设置 EAS 测试精度，默认为 8。

5) Syris响应偏置时间

设置 Syris 响应偏置时间，默认为 0。

6) 触发有效时间

设置或读取触发模式下的有效时间。

4. 读/写数据与块擦除

(1) 单击读数据/写数据/块擦除下拉箭头选择询查的标签。

(2) 选择用户区。

(3) 填写起始地址等信息。起始地址为"0x00"，读长度设为"4"，访问密码设为"00000000"。

读长度不能为 0x00，不能超过 120，即最多读取 120 个字。若设置为 0 或者超过了 120，将返回参数出错的消息。访问密码从左到右为从高位到低位，2 字的访问密码的最高位在第一字，如果电子标签没有设置访问密码，则访问密码部分可以为任意值，但不能缺失。

(4) 单击"读"按钮，在左下角看到"读数据"执行成功。

四、PLC 与视觉系统及 RFID 系统的数据传送

1. 设备连接

设备连接如图 6-24 所示。

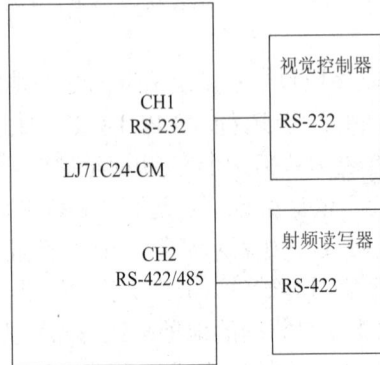

图 6-24　设备连接

2. 添加 LJ71C24-CM 模块

(1) 工程窗口→智能功能模块→右击→添加新模块，如图 6-25 所示。

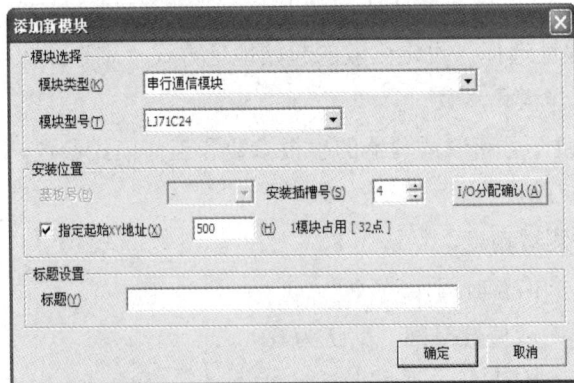

图 6-25　添加 LJ71C24-CM 模块

(2) 开关设置：对与外部设备的传送规格、通信协议等进行设置，如图 6-26 所示。

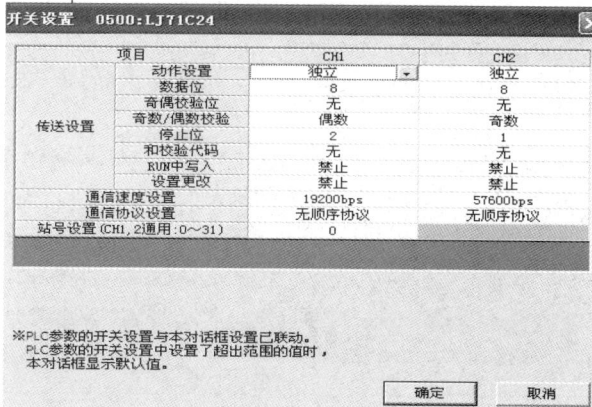

图 6-26　开关设置

(3) 控制指定设置如图 6-27 所示。

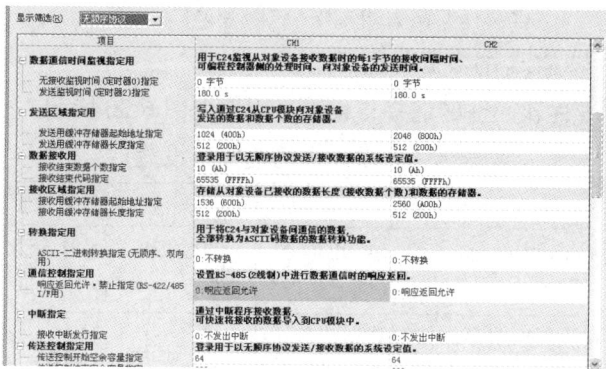

图 6-27　控制指定设置

(4) 完成后在参数设置下的 I/O 分配设置中可以看到 LJ71C24 已经自动添加到列表中了，如图 6-28 所示。

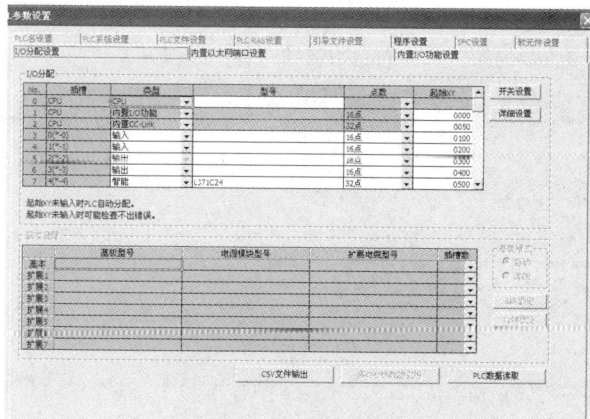

图 6-28　设置完成

(5) 至快闪 ROM 的写入

在线→PLC 写入→CPU 模块→参数+程序→智能功能模块→启用→执行，如图 6-29 所示。

笔记

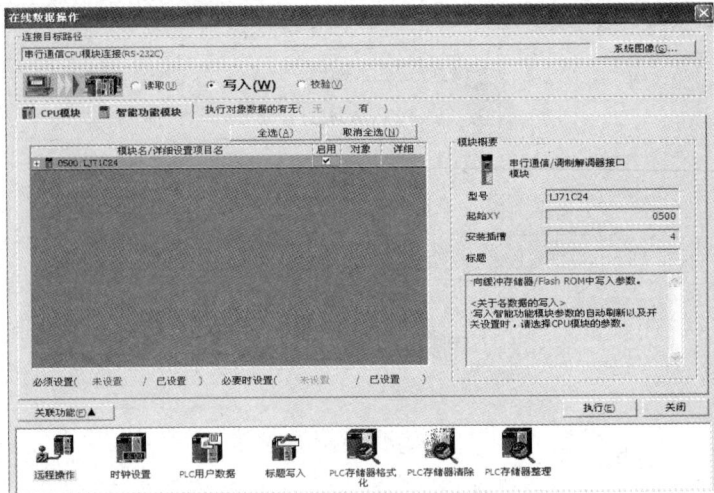

图 6-29　写入快闪 ROM

3．RFID 与 PLC 的数据传送

按表 6-4 进行软元件的选择与设置，程序如图 6-30 所示。

表 6-4　软元件的选择与设置

软元件	项　目	设置数据
U50	模块的起始输入、输出信号 (LJ71C24-CM)	50(以3位表示时的高2位，LJ71C24 起始XY已设置为500，见图8-35
D100	设置接收通道(存储控制数据的软元件的起始编号)	2：通道2(CH2侧)
D101	接收结果	D101=0将接收结果清零
D102	存储接收的数据的数据数	D102=0将接收数据数清零
D103	设置可存储的接收数据的允许字数	D103=10指定接收数据允许字数
D110	存储接收数据的软元件的起始编号	
M20	执行完成后置为ON的位软元件编号	

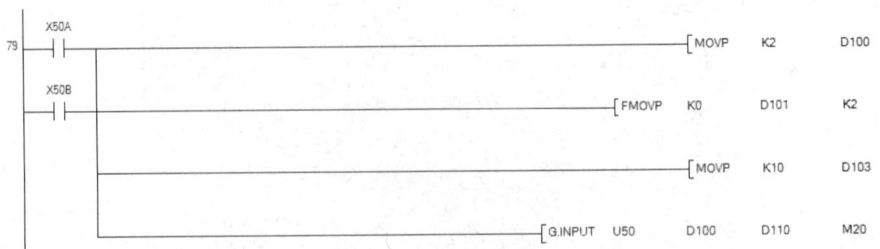

图 6-30　梯形图

注：X50A(CH2 侧)，接收读取请求变为 ON；X50B(CH2 侧)，接收异常检测。(LJ71C24 起始 XY 已设置为 0500，若起始 XY 已设置为 0000，则这两个信号分别是 XA 和 XB。)

4. 视觉系统与 PLC 的数据传送

按表 6-5 进行软元件的选择与设置，程序如图 6-31 所示。

表 6-5 软元件的选择与设置

软元件	项 目	设置数据
U50	模块的起始输入、输出信号 (LJ71C24- CM)	50(以 3 位表示时的高 2 位，LJ71C24 起始 XY 已设置为 500，见图 8-35
D0	设置接收通道(存储控制数据的软元件的起始编号)	1：通道 l(CH1 侧)
D1	接收结果	D1=0 将接收结果清零
D2	存储接收的数据的数据数	D2=0 将接收数据数清零
D3	设置可存储的接收数据的允许字数	D3=10 指定接收数据允许字数
D10	存储接收数据的软元件的起始编号	
M0	执行完成后置为 ON 的位软元件编号	

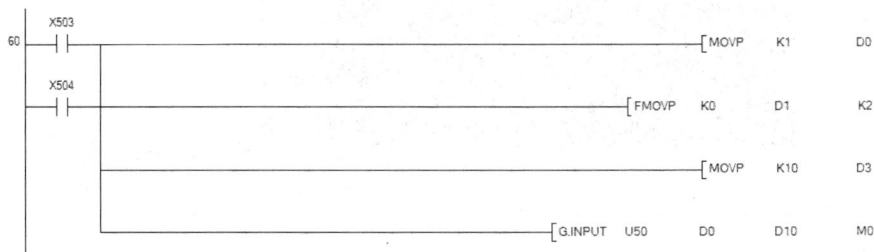

图 6-31 梯形图

五、工件的角度识别

1. 追加界面

在主界面点击"流程编辑"，进入流程编辑界面。在流程编辑界面右侧的处理项目树中选择要添加的处理项目。选中要处理的项目后，单击"追加（最下部分）"。添加"形状搜索Ⅱ"，将处理项目添加到单元列表中，如图 6-32 所示。

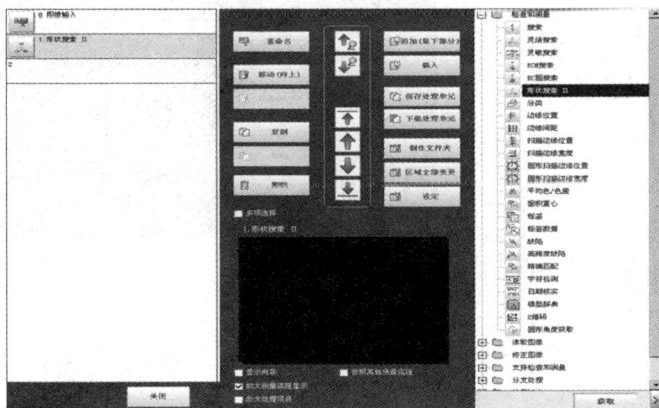

图 6-32 追加界面

2. 输入图像

点击"图像输入",进入图像输入界面,镜头对准工件后,点击"确定",则图像获取完毕,如图 6-33 所示。

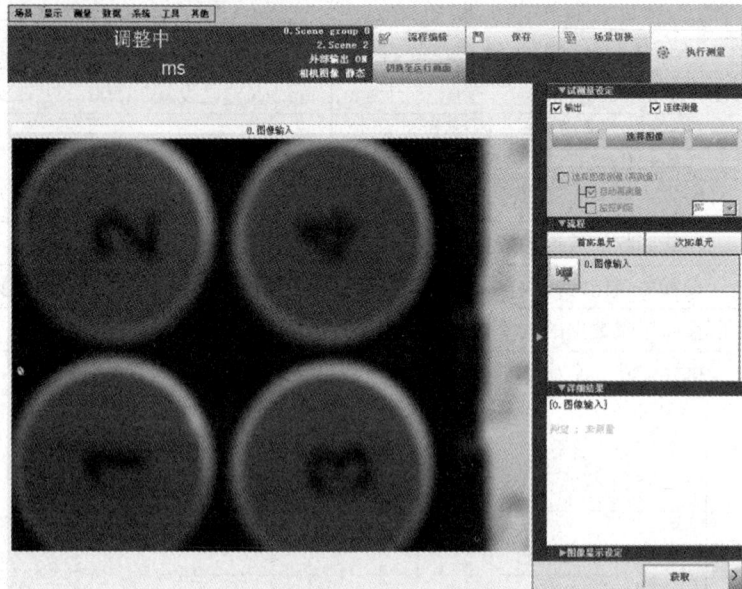

图 6-33　图像输入

3. 模型登录

点击"1.形状搜索Ⅱ",进行模型登录,点击左边的图标 ○,在右边显示界面会出现一个圆圈,移动圆圈把数字圈在中间,设置测量区域,如图 6-34 所示,然后选中"保存模型登录图像",点击"确定",则 1 号工件模型登录成功,如图 6-35 所示。之后将其他的工件依次全部登录。

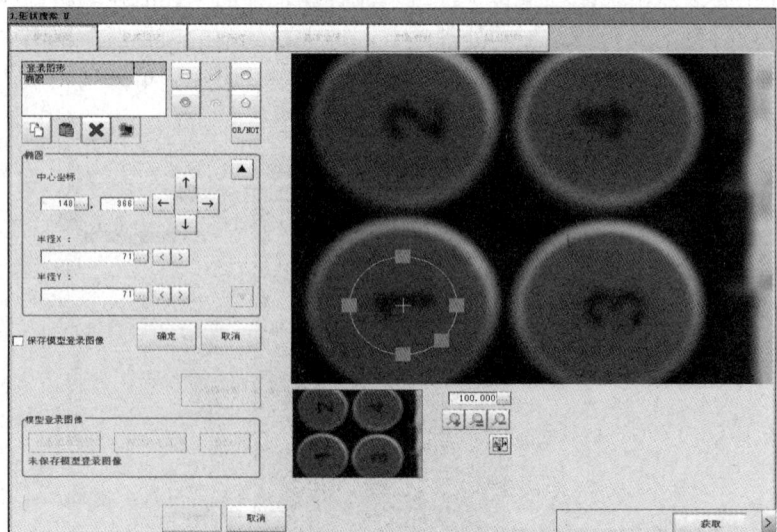

图 6-34　1 号工件模型登录

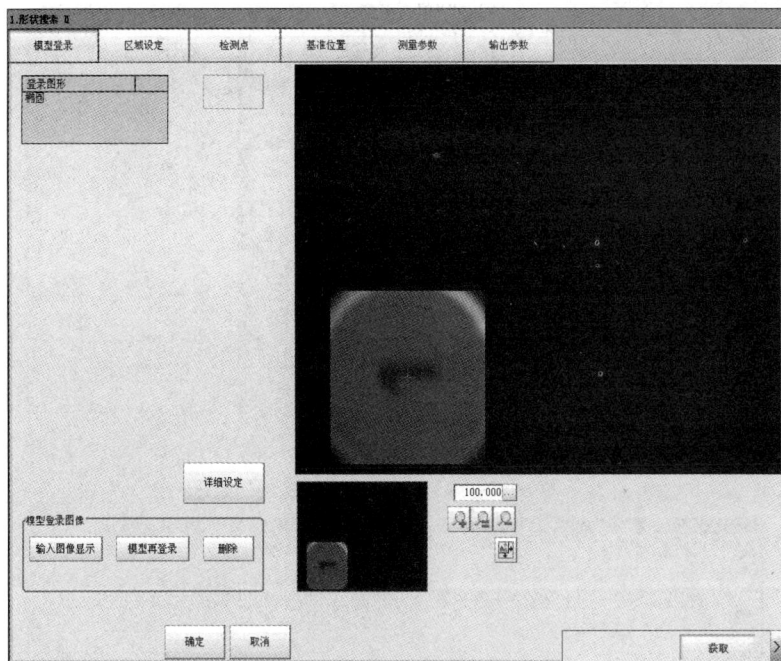

图 6-35　1 号工件模型登录成功

4．进行测量参数的设置

测量参数的设置如图 6-36 所示。

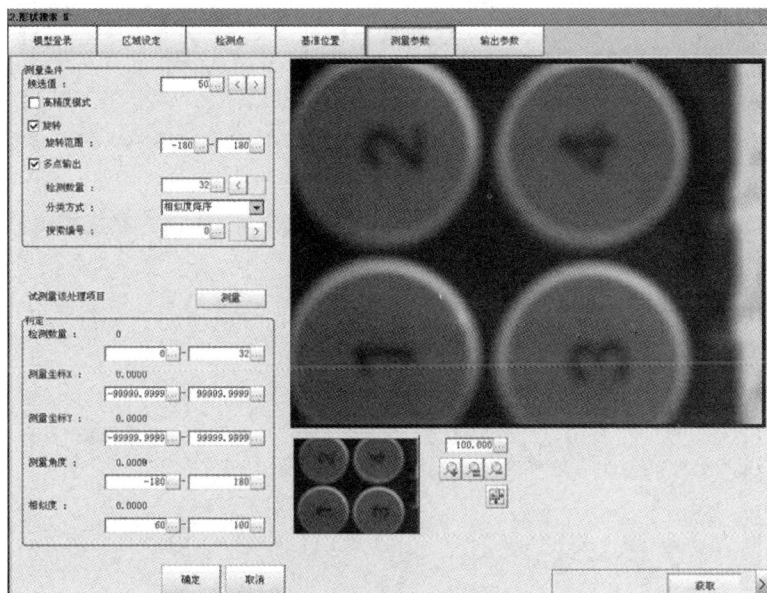

图 6-36　进行测量参数的设置

5．追加"串行数据输出"

如图 6-37 所示，追加"串行数据输出"；然后输入表达式，如图 6-38 所示；接下来进行输出格式设定，如图 6-39 所示。

笔记

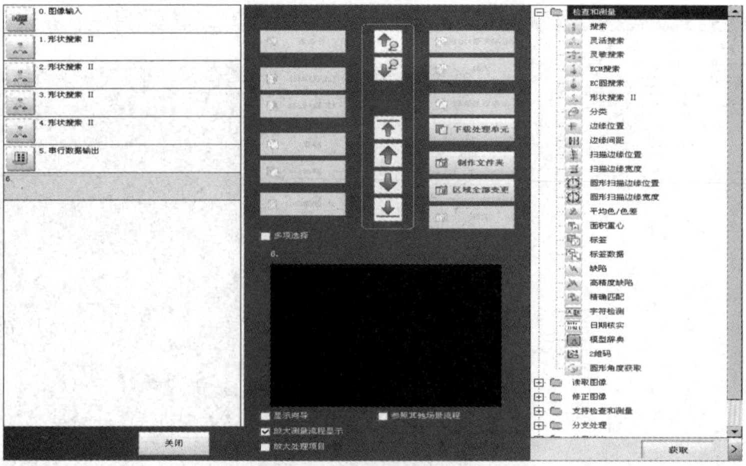

图 6-37　追加"串行数据输出"

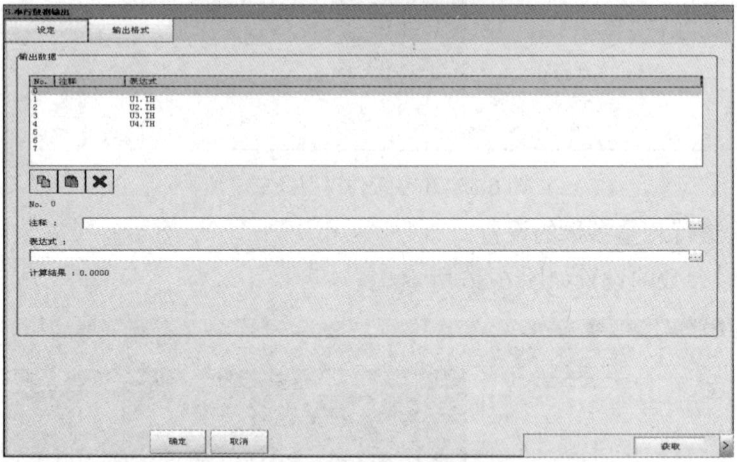

图 6-38　表达式的设定

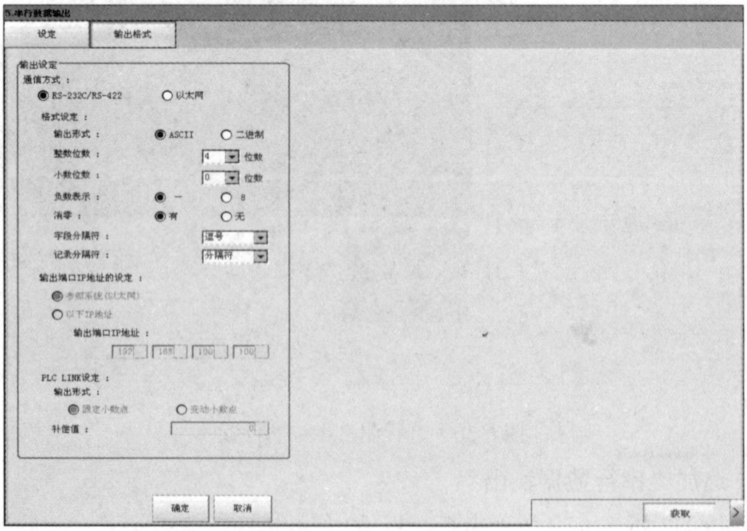

图 6-39　输出格式的设定

6．图像测量

回到主界面，镜头对准工件，点击"执行测量"，此时会在右下角对话框显示测量信息，如图 6-40 所示。

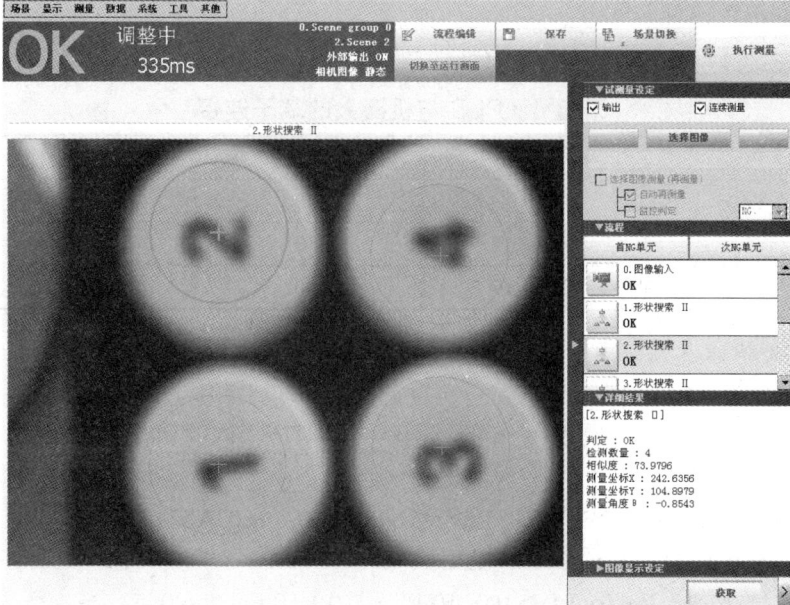

图 6-40　测量结果

7．保存文件

选择数据→保存文件，在弹出的对话框中设置保存的位置后点击确定即可，如图 6-41 所示。

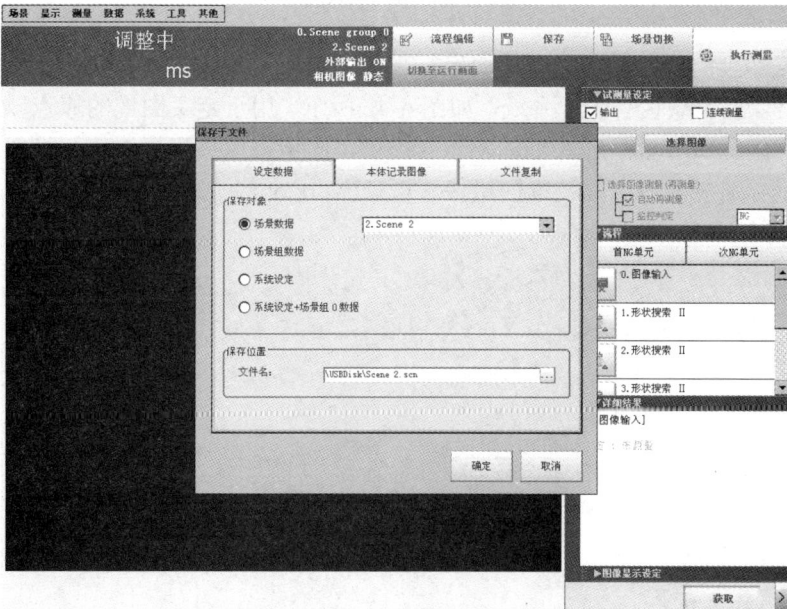

图 6-41　保存文件

六、角度调整

1. PLC 与机器人的端子连接

PLC 将得到的角度信息进行处理后，通过输出端子和机器人的输入端子进行连接，见表 6-6，将处理好的调整信息传给机器人。

表 6-6　PLC 与机器人的端子连接

PLC	机器人	PLC	机器人
Y306	DI10_4	Y400	DI10_14
Y30E	DI10_12	Y401	DI10_15
Y30F	DI10_13	Y402	D I10_16

2. 机器人进行角度调整

例如对工位 1 的 1 号工件进行角度调整，可通过 DI10_4、DI10_12、DI10_13、DI10_14、DI10_15 及 DI10_16 的不同组合，对应不同的调整角度。

示例语句：

IF DI10_4=0 AND DI10_12=1 AND DI10_13=0 AND DI10_14=0 AND DI10_15=0 AND DI10_16=0 THEN

　　　MovL RelTool(P35,0,0,-10\RZ=-12),V50,fine,tool0;

　　　ELSEIF ...

任务扩展

坐标系的标定

机器人控制器有一些内建的坐标系统，例如 WORLD、BASE、工具、工件等。摄像头也有坐标系统，如图 6-42 所示，用于定义图像的原点以及定位部件的距离(mm)。Integrated vision 提供了同步摄像头坐标系统与机器人控制器坐标系统的方法，校准的摄像头框架(work object)如图 6-43 所示。

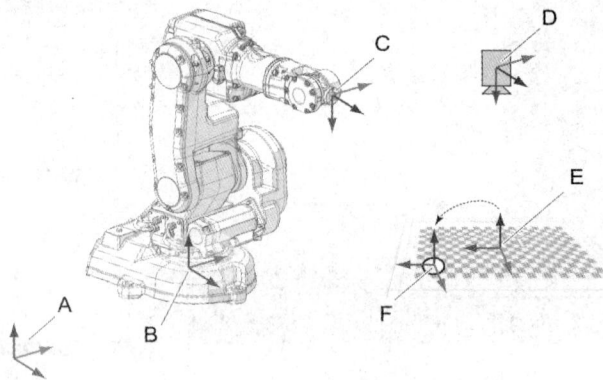

图 6-42　坐标系

A—WORLD 坐标系统。

B—BASE 坐标系统。

C—工具坐标系(tool0)。

D—在空中的固定摄像头位置。只有在摄像头由机器人握持时，机器人控制器才会知道摄像头位置。

E—Work object - user frame (Wobj.uframe)，当执行摄像头对机器人校准时同时进行了摄像头框架的匹配。

F—Work object - object frame (Wobj.oframe)，建议对已定位的部件使用此坐标系统。

如果摄像头由机器人握持，则机器人必须在每次采集到图像时移动到同一个位置(robtarget)。

A—Work object - user frame (wobj.uframe)，当执行摄像头对机器人校准时同时进行了摄像头框架的匹配。

B—Work object - object frame (wobj.oframe)，此坐标系统用于已定位的部件。

C—机器人的夹持位置(robtarget)(图中使用的是 tool0)，夹持位置是相对于摄像头工件的。

D—在空中的固定摄像头位置(未由机器人握持)。

1. 摄像头的安装位置

如图 6-43 所示，左图说明了摄像头定位部件的基本设置。为保证总体效果，此处略去了朝向和角度。

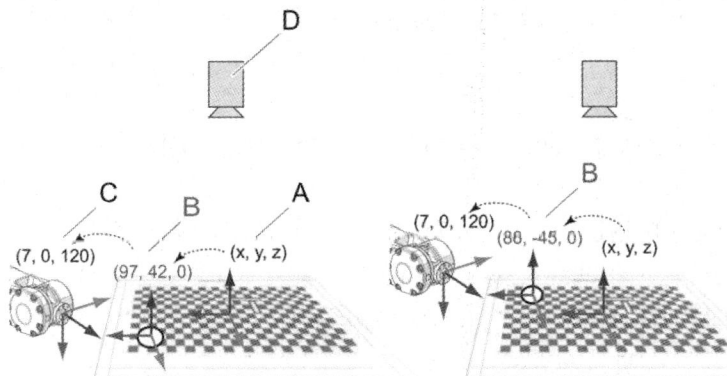

图 6-43　校准的摄像头框架

(1) 摄像头位于空中的固定位置。

(2) 摄像头使用 10 mm 的校准网格校准以便摄像头能将图像像素转换为 x 和 y 坐标中的距离

在图 6-43 右图中，摄像头定位了一个新部件。因为摄像头位置相同，摄像头校准相同，所以相对于部件的捡取位置相同，但是部件的位置是新的

✎ 笔记　　(86, −45, 0)，所以部件坐标写入 Work object-object frame；现在，机器人就可以捡取部件了。

2. 坐标原点

坐标原点位于基准标记的交叉处。

(1) 校准网格根据 Work object - user frame 对机器人控制器校准，工件原点也放置在基准标记的交叉处。

(2) 摄像头定位了一个部件坐标，被发送到机器人控制器。网格间隔是 10 mm，提供了 x、y、z 坐标(97, 42, 0)。

(3) 部件坐标写入 Work object - object frame。

(4) 机器人移动捡起部件。捡取位置已根据 Work object - object frame 修改。例如，部件上方 120 mm，x 稍微偏移 7 mm，得到坐标(7, 0, 120)。

(5) 这就是说无论部件在哪里被定位，捡取位置都可以保持不变。

📹 任务巩固

一、填空题

1. 智能视觉检测系统采用照相机将被检测的目标转换成＿＿＿＿＿＿＿，传送给专用的＿＿＿＿＿＿系统。

2. 图像处理系统对信号进行各种＿＿＿＿＿来抽取目标的＿＿＿＿＿＿。

3. 智能视觉系统，它由视觉控制器＿＿＿＿＿＿及监视＿＿＿＿＿＿等组成。

4. 智能相机一般由＿＿＿＿＿＿单元、图像处理单元、＿＿＿＿＿＿软件、＿＿＿＿＿＿装置等构成。

5. RFID(Radio Frequency Identification)技术是一种通信技术，可通过无线电信号识别＿＿＿＿＿＿并读写相关数据，而无需识别系统与特定目标之间建立＿＿＿＿＿＿或＿＿＿＿＿＿接触。

6. EPCC1G2 标签存储器包括 EPC 区(EPC)、TID 区(TID)、用户区(＿＿＿＿)、保留区(＿＿＿＿＿＿)四个区。

二、根据实际情况，对带有视觉系统的工业机器人进行调整。若无条件，可上网查询有关工业机器人视觉的知识。

三、上网查询工业机器人视觉系统的应用。

任务二　机器人工业网络通信

📹 任务导入

如图 6-44 所示，是某公司在生产王先生"私人定制"的空调，该公司利用网络互联可以使使用者获得实时指令，使用者随时可通过电脑或手机客户端查看整个生产过程。这个生产过程的基础就是利用了工业机器人生产设备，以及工业网络通信。

✍ 笔记

图 6-44　机器人工业网络通信的应用实例

📹 任务准备

知识目标	能力目标
1. 了解现场总线的知识	1. 会对网络通信进行设置
2. 掌握工业以太网的应用	2. 会在机器人工业网络通信中应用智能相机
3. 掌握工厂网络通信的应用	3. 会应用 ANYBUS 等相关模块

📹 任务准备

一、现场总线

现场总线很多，现以 DeviceNet 为例介绍。

1. DeviceNet 现场总线简介

DeviceNet 是一种基于 CAN 技术的开放型、符合全球工业标准的低成本、高性能的通信网络。DeviceNet 现已被列为欧洲标准，也是实际上的亚洲和美洲的设备网标准。

DeviceNet 是一种低成本的通信总线，它将工业设备连接到网络，从而消除了昂贵的硬接线成本，优化了设备间的通信，并提供了相当重要的设备级诊断功能，这是通过硬接线 I/O 接口很难实现的。

DeviceNet 是一种简单的网络解决方案。它在提供多供货商同类部件间

✎ 笔记

的可互换性的同时，减少了配线和安装工业自动化设备的成本和时间。

DeviceNet 是一个开放的网络标准。规范和协议都是开放的，供货商将设备连接到系统时，无需为硬件、软件或授权付费。

DeviceNet 的许多特性沿袭于 CAN，CAN 总线是一种设计良好的通信总线，它主要用于实时传输控制数据。

2．DeviceNet 现场总线协议

DeviceNet 协议是一个简单、廉价而且高效的协议，适用于最低层的现场总线。

DeviceNet 网络最大可以操作 64 个节点，可用的通信波特率分别为 125 kb/s、250 kb/s 和 500 kb/s。

DeviceNet 设备的物理接口可在系统运行时连接到网络或从网络断开，并具有极性反接保护功能。

DeviceNet 使用"生产者—消费者"通信模型以及 CAN 协议的基本原理。

二、工业以太网

1．工业以太网简介

工业以太网是基于 Ethernet 的强大的区域和单元网络，提供了一个无缝集成到新的多媒体世界的途径。

工业以太网是应用于工业控制领域的以太网技术，在技术上与商用以太网兼容，但是实际产品和应用却又完全不同。这主要表现在普通的商用以太网，其产品在设计时材质的选用、产品的强度、适用性以及实时性、可互操作性、可靠性、抗干扰性、本质安全性等方面都不能满足工业现场的需要。

2．工业以太网的优势

1) 应用广泛

以太网是应用最广泛的计算机网络技术，几乎所有的编程语言如 Visual C++、Java、Visual Basic 等都支持以太网的应用开发。

2) 通信速率高

以太网的速率比传统现场总线要快得多，完全可以满足工业控制网络不断增长的带宽要求。

3) 资源共享能力强

随着 Internet 发展，以太网已渗透到各个角落，网络上的用户已解除了资源地理位置上的束缚，联入互联网的任何一台计算机均可浏览工业控制现场的数据，实现"控管一体化"。

4) 可持续发展潜力大

以太网的引入将为控制系统的后续发展提供可能性，同时，机器人技术、智能技术的发展都要求通信网络具有更高的带宽和性能，通信协议有更高的灵活性，这些要求以太网都能很好地满足。

三、工厂网络通信

1．拓扑结构图

工厂网络的形式有多种，图 6-45 为施耐德主控制器网络拓扑结构图、图 6-46 为西门子主控制器网络拓扑结构图。

2．工厂结构图

工厂中网络通信结构图如图 6-47～图 6-58 所示。

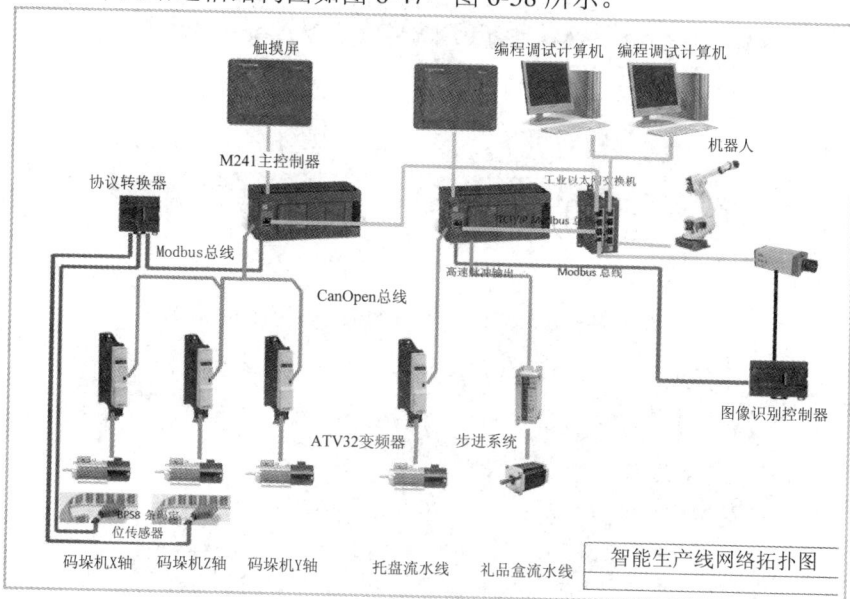

图 6-45　施耐德主控制器网络拓扑结构图

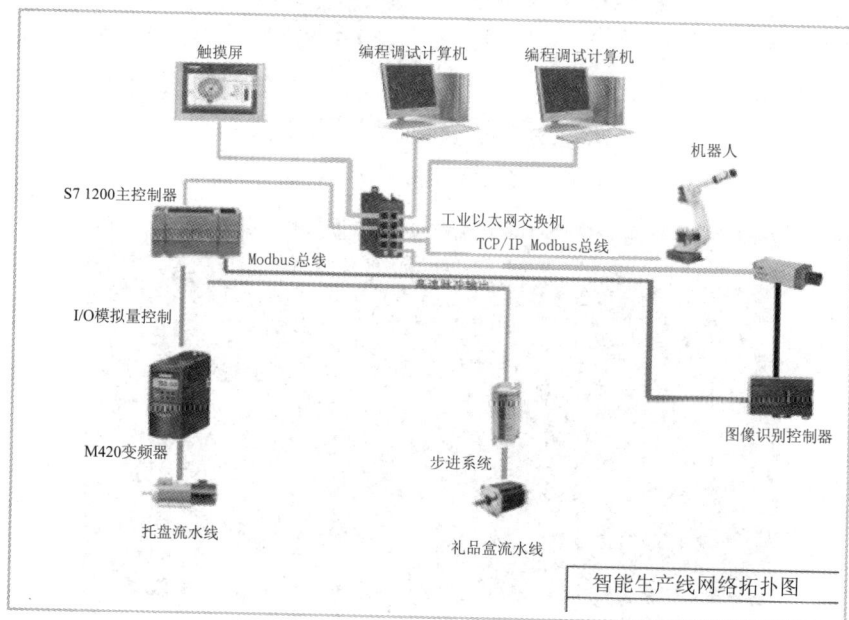

图 6-46　西门子主控制器网络拓扑结构图

笔记

图 6-47　结构框架图

图 6-48　布置图

图 6-49　控制框摆放

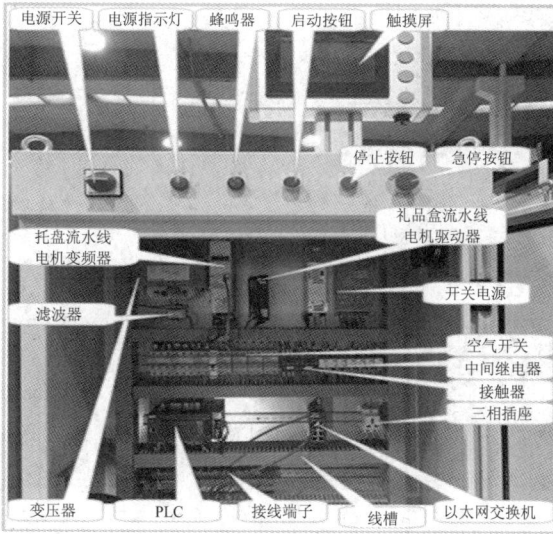

图 6-50　主控柜内部图

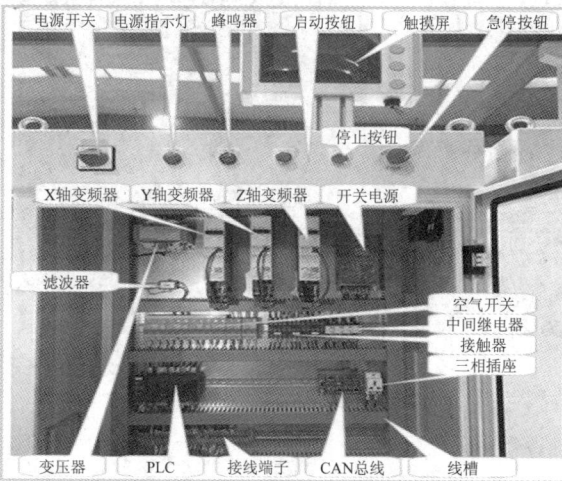

图 6-51　码垛控柜内部图

企业文化

4M1E 变化点的
管理
4M: Men 人；
Machine 机器；
Material 材料；
Methoed 方法。
1E: Environment
环境

笔记

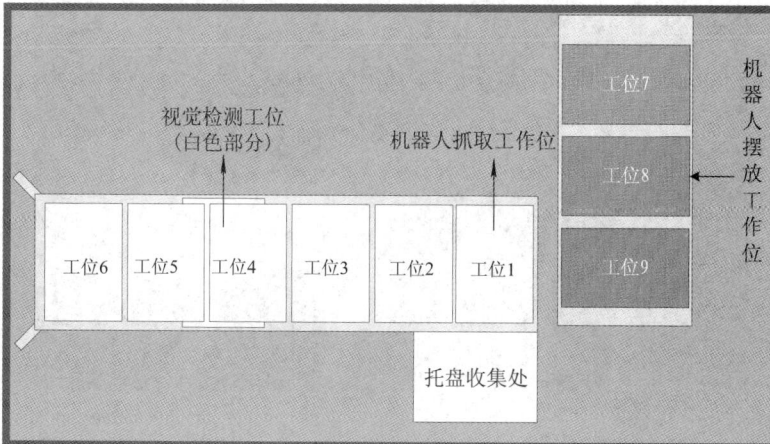

图 6-52　结构示意图

图 6-53　结构实物图

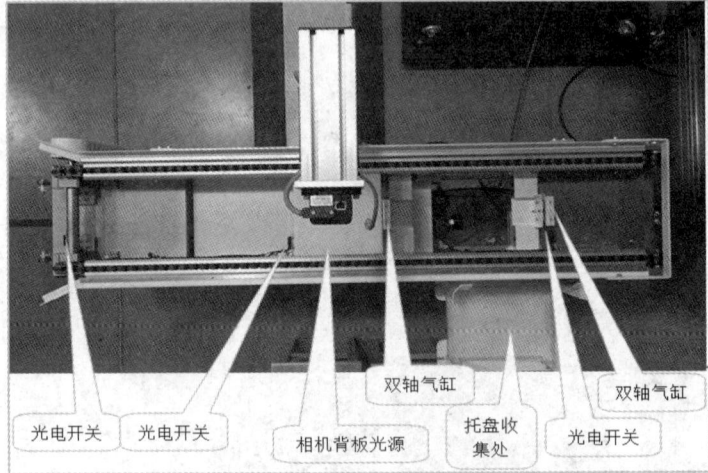

光电开关　　光电开关　　　　相机背板光源　　托盘收集处　　光电开关

双轴气缸　　　　双轴气缸

图 6-54　元件安装图

礼品盒流水线电机及传动装　　工位 9　　工位 8　　工位 7　　链板传送带

图 6-55　工位图

图 6-56　工业级立体仓库及码垛机

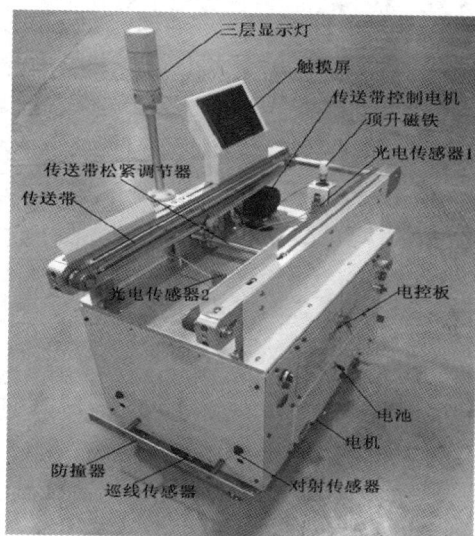

图 6-57　AGV 小车结构图

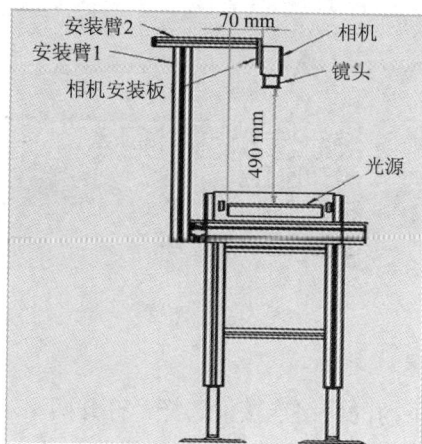

图 6-58　视觉安装图

任务实施

根据实际情况，让学生在教师的指导下进行技能训练。

一、网络通信

网络通信的软件很多，现以博途软件的网络通信为例介绍。

使用网线连接计算机和设备网络，连接后计算机可以访问支持 PROFINET 总线的设备。在访问设备前，需要在"控制面板"中设置 PG/PC 接口。

(1) 设置"应用程序访问接入点"，在博途软件中找到用于连接设备的网络连接名称(也可以称为网卡名称+(.TCPIP.AUTO.1)选项)，如图 6-59 所示。

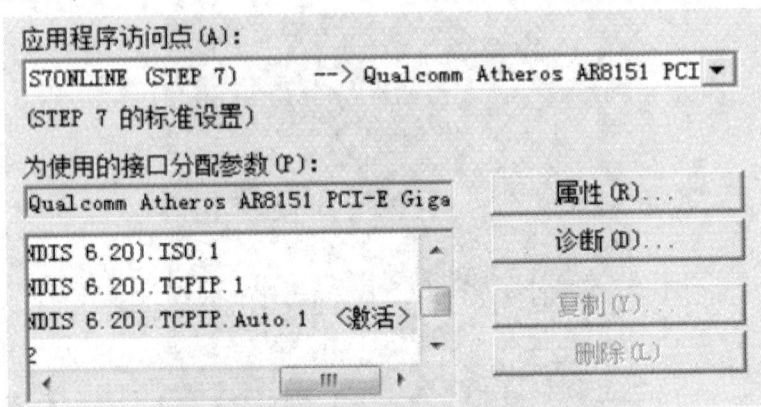

图 6-59　应用程序访问接入点

(2) 在选择完连接后建议点击"诊断"按钮进入测试界面，然后点击"测试"按钮，结果显示 OK 即可，如图 6-60 所示。

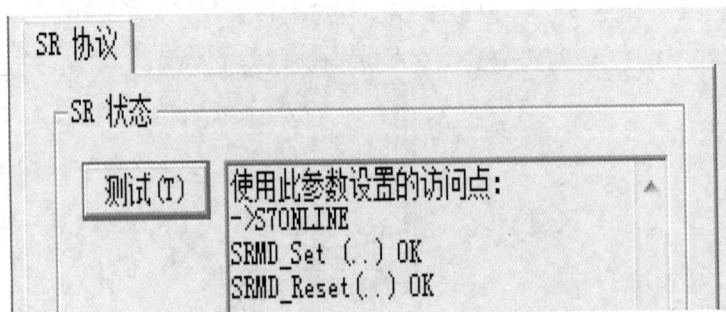

图 6-60　测试

1) 计算机 IP 设置

(1) 点击电脑右下角的网络连接，选择"打开网络和共享中心"，然后点击本地连接，在属性菜单中选择"Internet 协议版本 4(TCP/IPv4)"，IP 地址见表 6-7。

表 6-7　IP 地址

设　备	IP 地址
触摸屏	192.168.8.12
PLC	192.168.8.11
ANYBUS 模块	192.168.8.13
智能相机	192.168.8.2

(2) 将 IP 地址设置为 "192.168.8.46"，如图 6-61 所示，实际设置时只要不与表 6-7 中的设备重复即可，DNS 不需要设置。

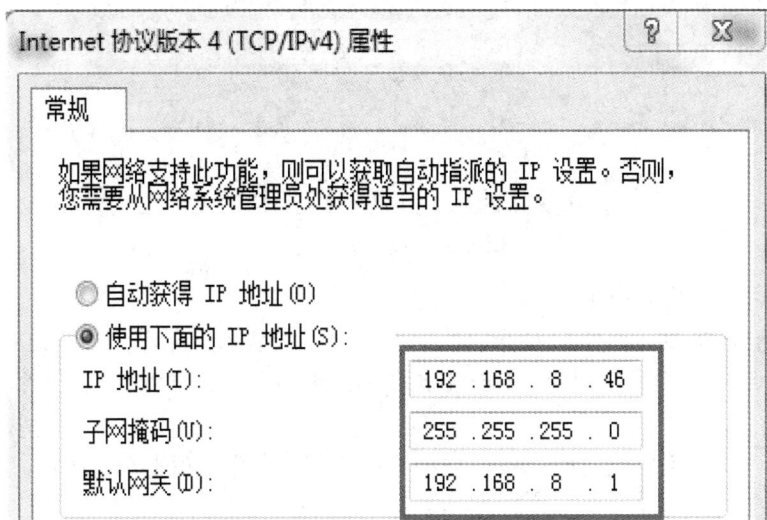

图 6-61　设置地址

2) 软件中设置设备IP/名称

(1) 打开项目后，在项目树下，找到需要设置的设备，用右键点击，在弹出菜单中选择属性，如图 6-62 所示。

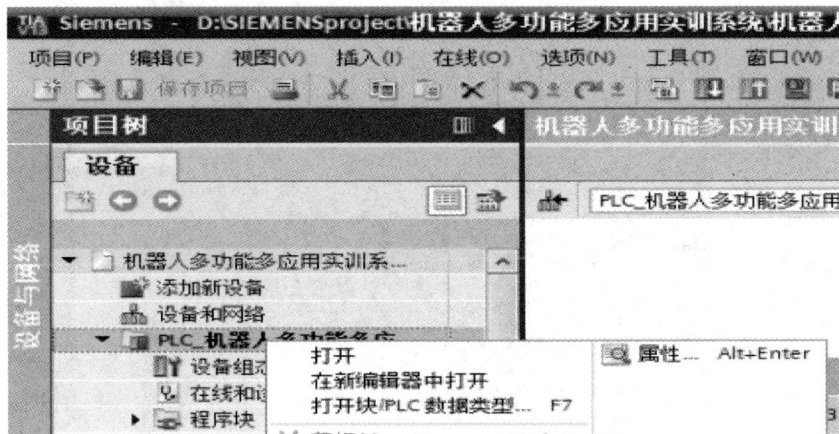

图 6-62　设置设备

(2) 在设备属性窗口中,选择"PROFINET 接口"菜单下的"以太网地址"页,IP 地址和设备名称均在此页,其中 IP 地址在该页可以更改,设备名称不可更改。

设备名称的更改方法:选中设备后,用左键再次点击,名称就变为可编辑状态,与文件夹更名方法相同,如图 6-63 所示。

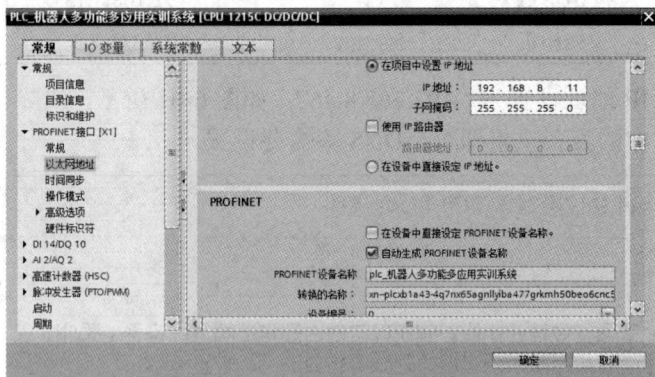

图 6-63　设备名称更改

3) 设备IP/名称分配

(1) 连接设备网络,打开软件,选择"在线访问"菜单下用于连接设备的网络连接,通常是网卡,打开下拉菜单,点击"更新可访问的设备",如图 6-64 所示。

(2) 找到需要设置的设备,双击"在线和诊断",如图 6-65 所示。

图 6-64　在线访问

图 6-65　在线和诊断

（3）在"功能"菜单下选中"分配 IP 地址"，输入 IP 地址后点击"分配 IP 地址"，如图 6-66 所示。

笔记

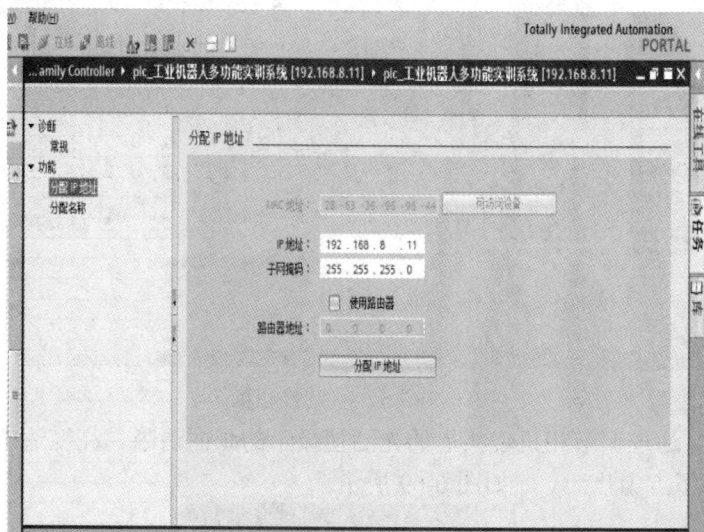

图 6-66　分配 IP 地址

（4）在"功能"菜单下选中"分配名称"，确认设备名称后点击右下角"分配名称"按钮，如图 6-67 所示。

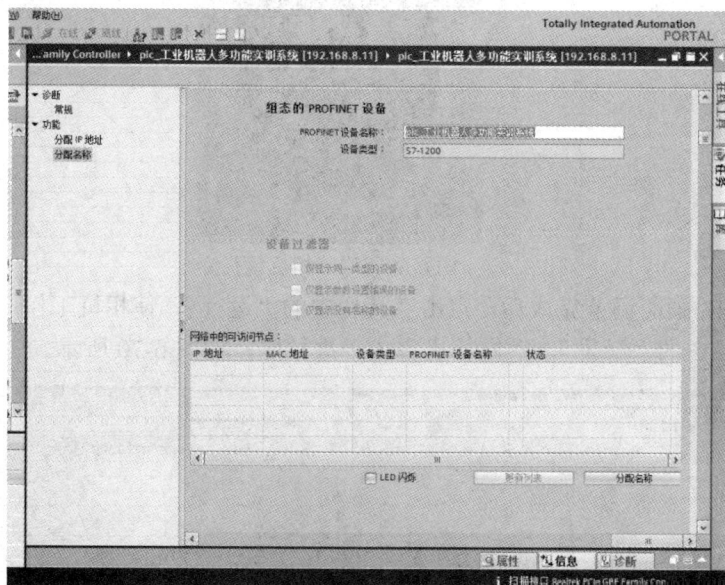

图 6-67　分配名称

二、智能相机应用

（1）打开软件，点击左上角"连接相机"，如图 6-68 所示。

（2）相机连接后，点击上方工具栏的"采集"，然后点击"显示"，如图 6-68 所示。

笔记

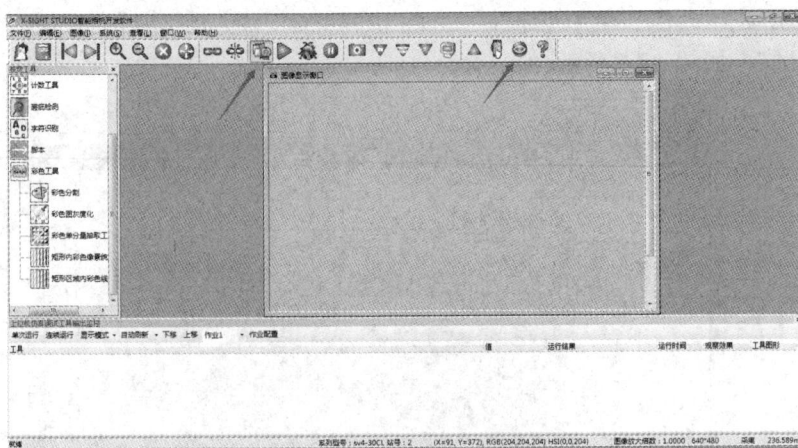

图 6-68　连接相机

(3) 通过调节相机镜头前的光圈使显示的画面清晰、亮度适中(上方为曝光率，下方为焦距)，如图 6-69 所示。

图 6-69　调节相机镜头

(4) 画面调节完成后，点击工具栏中的"运行"，使相机工作；然后点击工具栏中的"触发"，触发相机完成一次拍照，如图 6-70 所示。

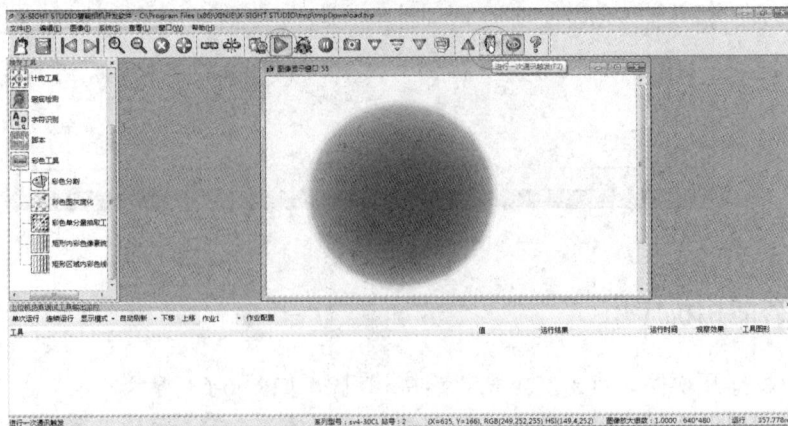

图 6-70　拍照

(5) 打开左侧工具栏中的"彩色工具"，点击"彩色分割"。然后找到图像显示窗口中需要采集的目标，在目标上按住鼠标左键拖拽出一个窗口，如图 6-71 所示。

(6) 选中目标，点击"学习"记录当前颜色，如图 6-72 所示。

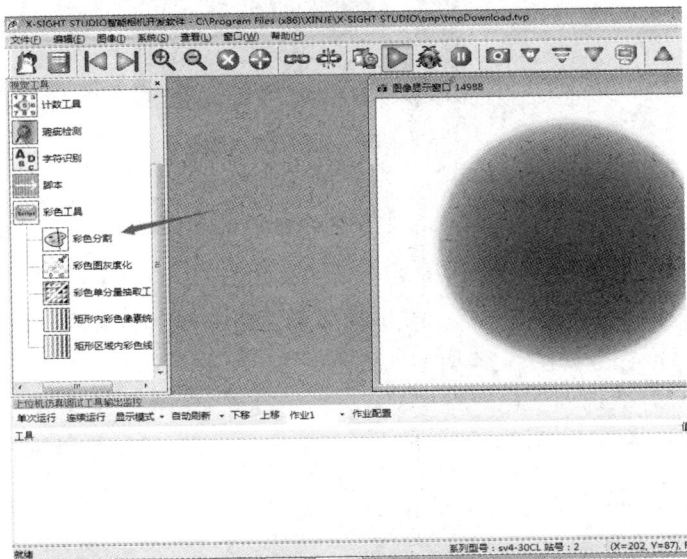

图 6-71　彩色分割

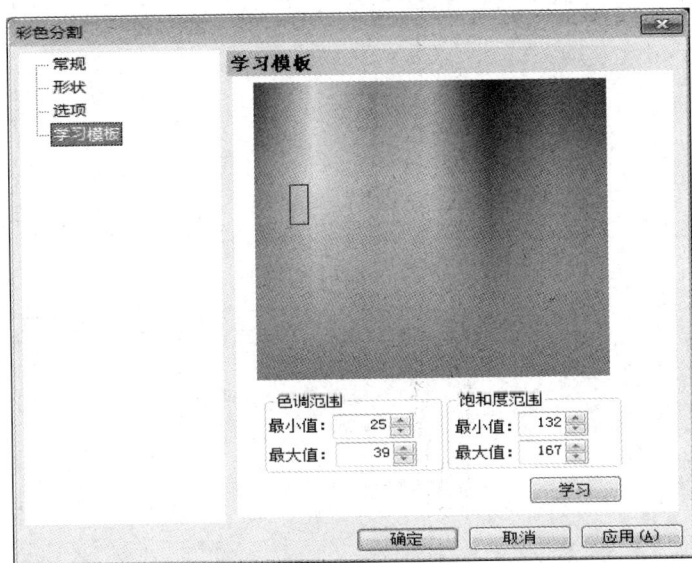

图 6-72　学习模板

(7) 学习完成后点击"确定"，工具栏中会出现刚刚创建的彩色分割工具 tool，工具名称由系统自动生成。

(8) 颜色分割建立好以后，需要使用"定位工具"工具栏中的"斑点定位"对识别出来的部分进行定位，如图 6-73 所示。

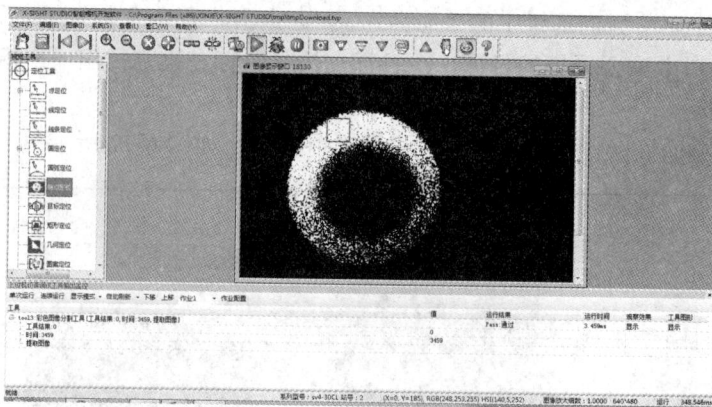

图 6-73 斑点定位

(9) 选中"斑点定位"后，在图像显示窗口拖拽出矩形框，框选住所要检测的工件，完成如图 6-74 所示的设置。

(10) 点开"选项"栏，将"斑点属性"设置为白色，如图 6-75 所示。

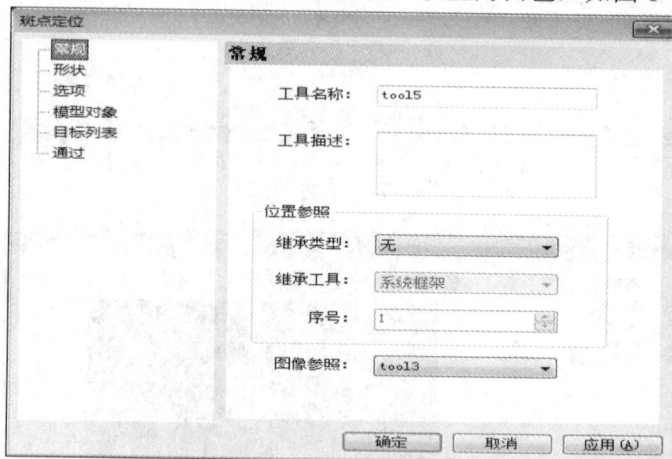

图 6-74 选择检测工件

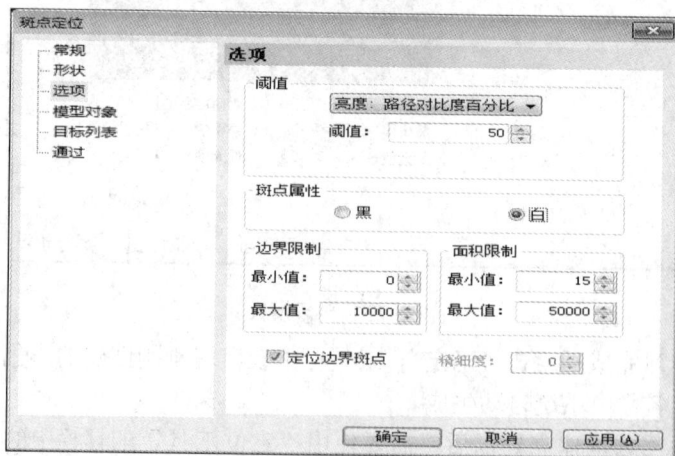

图 6-75 斑点属性

（11）点开"模型对象"栏，如图6-76所示，将斑点属性改为白色，然后点击"重新学习"，再点击"设为标准"，最后点击"应用"。

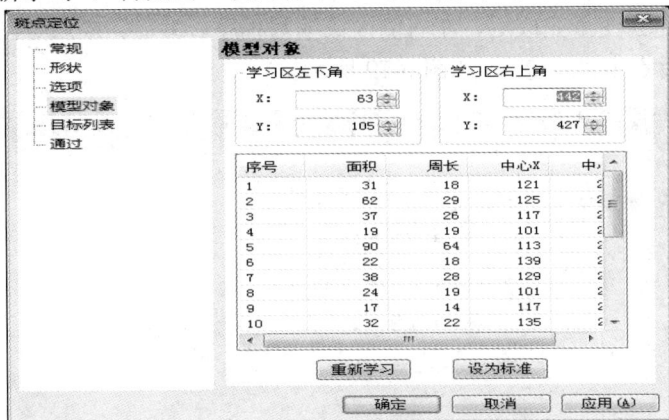

图6-76　设定标准

（12）按照上述步骤依次将需要识别的工件学习一遍，在学习下一个工件的时候需要将之前学习完成的工具隐藏，观察效果与工具图形也都需要隐藏，如图6-77所示。

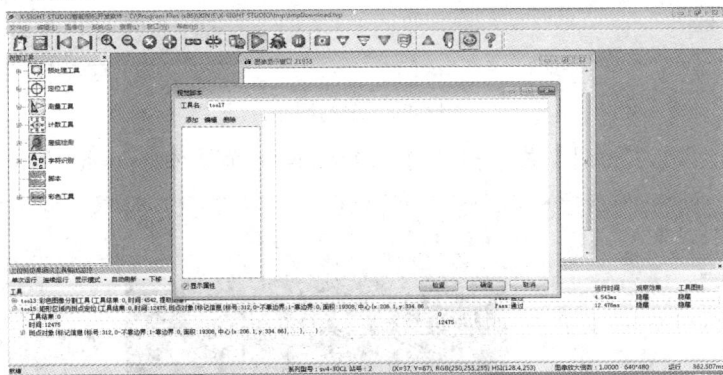

图6-77　学习一遍

（13）所有工件学习完成后，点击工具栏中的"脚本工具"创建一个脚本，如图6-78所示。

图6-78　创建一个脚本

笔记

工匠精神

　　企业文化是指企业在长期的生产经营管理实践中形成的具有本企业特色并为全企业所认同和遵循的价值理念、共同信念、经营思想、道德准则与行为规范的总和。显然，以"工匠精神"为核心的工匠文化是企业文化建设必不可少的组成部分。

（14）脚本创建后建立变量，点击"添加"，将所用的变量添加进去，如图 6-78 所示。

（15）建立变量完成后，在右侧区域编写程序。编写完成后点击"检查"，没有报错后点击"确定"，如图 6-79 所示。

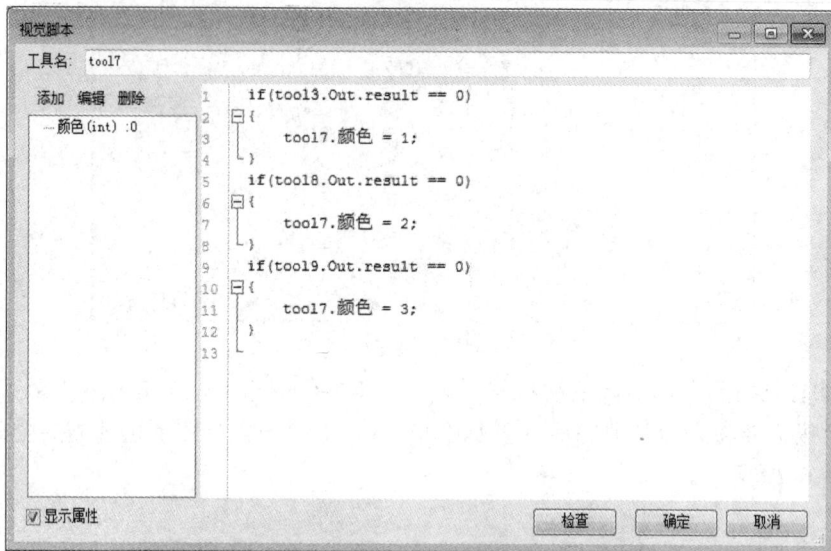

```
if(tool3.Out.result == 0)
{
    tool7.颜色 = 1;
}
if(tool8.Out.result == 0)
{
    tool7.颜色 = 2;
}
if(tool9.Out.result == 0)
{
    tool7.颜色 = 3;
}
```

图 6-79　编写程序

（16）点击"窗口"菜单栏中的"Modbus 配置"，如图 6-80 所示。

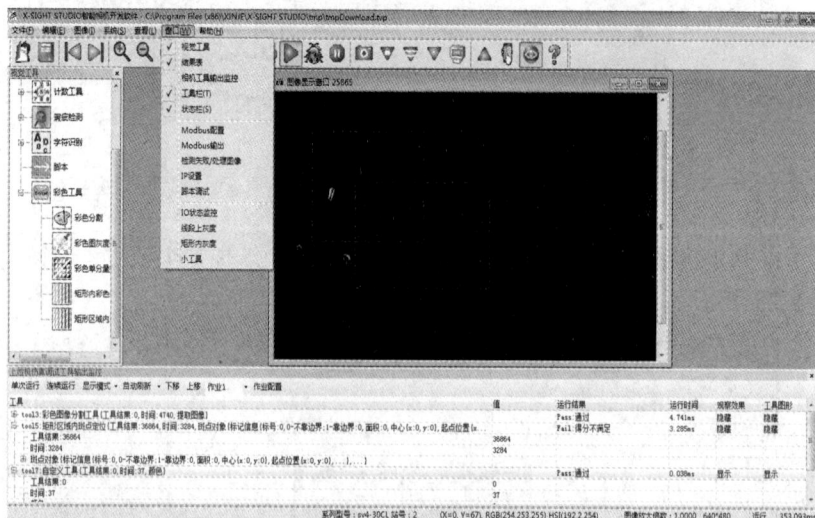

图 6-80　Modbus 配置

（17）在弹出窗口的空白处双击，选择前面建好的自定义工具及其对应的名称。

（18）点击"作业配置"，将"触发方式"设置为"通信触发"，如图 6-81 所示。

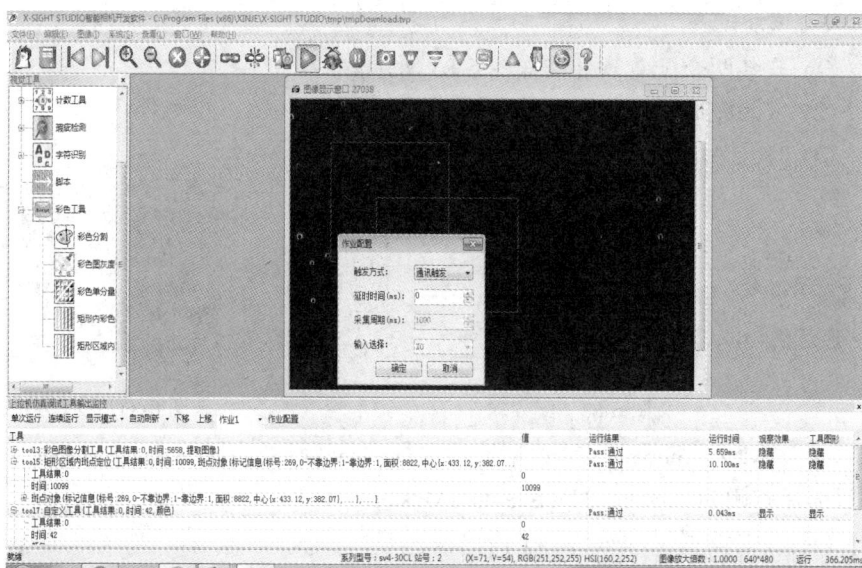

图 6-81　通信触发

（19）点击菜单栏中的"一键下载"，将程序下载至相机，然后点击"运行"。

（20）部分软件中可能会没有颜色工具，右击软件图标，选择"属性"，再点击"打开文件所在位置"，将其中的文件名为"config"的文件打开。找到"ShowColorTool=0"并将其后面的"0"修改为"1"，如图 6-82 所示，重启软件后会出现颜色工具。

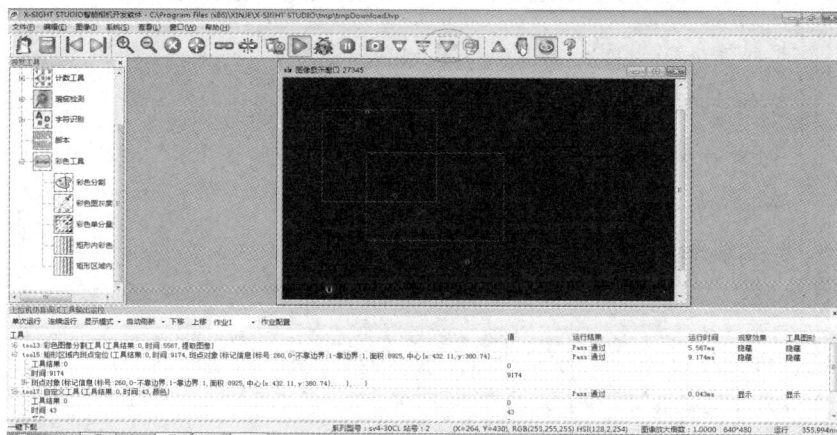

图 6-82　显示颜色工具

三、ANYBUS 模块应用

在本系统中，西门子 PLC 使用的是 PROFINET 总线，而 ABB 机器人使用的是 DEVICENET。为了将两者连接起来，系统使用了 ANYBUS 的通信模块作为两种总线的转换器。

1. 模块配置

(1) 安装两个配置软件，如图 6-83 所示。

(2) 安装完成后，如图 6-84 所示。

(3) 打开 Anybus Configuration Manager - X-gateway。

笔记

名称

ACM X-gateway Setup 1.2.2.1.zip

Anybus NetTool-DN.zip

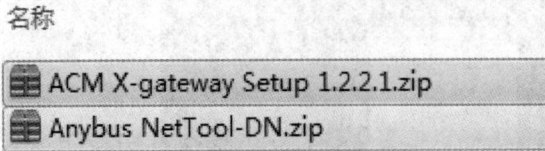

图 6-83　配置软件　　　　图 6-84　安装完成

(4) 在"X-gateway"菜单下选中"DeviceNet Scanner/Master(Upper)"，然后选择右侧的"DeviceNet Scanner/Master"。

(5) 其他设置保持默认，不需更改。

(6) 在"X-gateway"菜单下选中"No Network Type Selected (Lower)"，然后在右侧中选择"PROFINET IO"。

(7) "Input I/O data Size(bytes)"设为 16，"Output I/O data Size(bytes)"设为 16，其他设置保持默认值，设置完成后点击"IPconfig"。

(8) 双击出现的设备或选中后点"Settings"。

(9) 设置 IP 地址，设置完成后点击"Set"返回"IPconfig"界面，点击"Exit"退出"IPconfig"界面，其他设置保持默认，如图 6-85 所示。

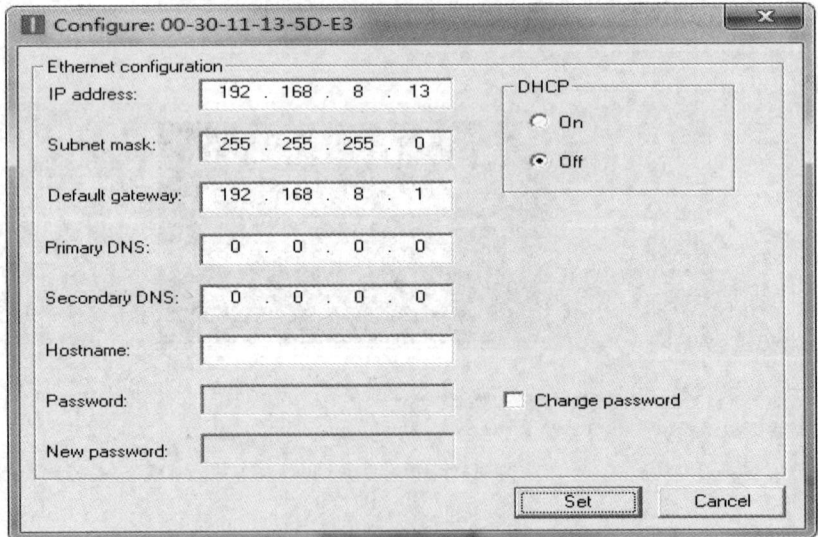

图 6-85　设置 IP 地址

(10) 在"file"菜单下选中"save as"保存到计算机备用。

2. 下载配置

(1) 使用设备配套的 USB 下载线连接计算机与模块，点击"Connect"按钮连接设备，如图 6-86 所示。

Configure: 00-30-11-13-5D-E3

Ethernet configuration

IP address: 192.168.8.13
Subnet mask: 255.255.255.0
Default gateway: 192.168.8.1
Primary DNS: 0.0.0.0
Secondary DNS: 0.0.0.0
Hostname:
Password:
New password:

DHCP
On
Off

Change password

Set　Cancel

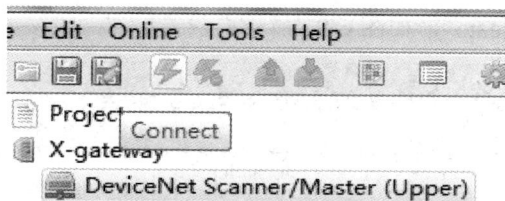

图 6-86　连接设备

(2) 点击"Download Configration to Device"，如图 6-87 所示。

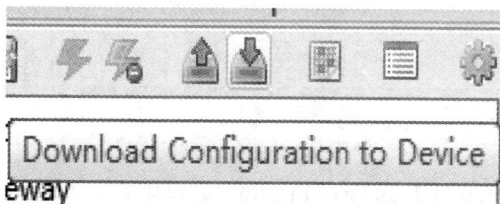

图 6-87　Download Configuration to Device

(3) 程序下载完成后模块先重启。

(4) 重启完成后提示结束，点击"close"关闭窗口，如图 6-88 所示。

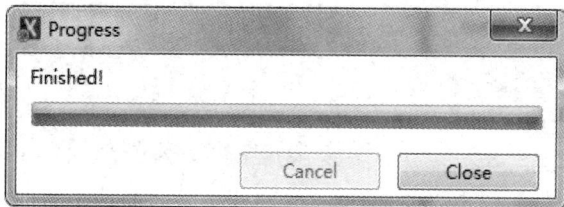

图 6-88　关闭窗口

3. 协议设置

(1) 打开 Anybus NetTool For DeviceNet，点击"Configure Driver…Ctrl+C"，如图 6-89 所示。

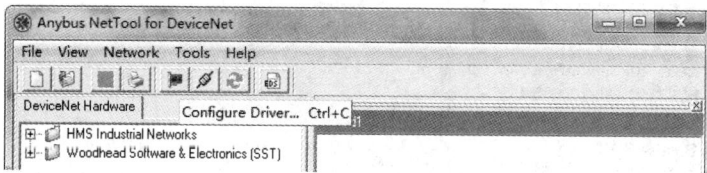

图 6-89　点击"Configure Driver…Ctrl+C"

(2) 选中"Anybus Transport Providers -Ver 1.9"，点击"Ok"，如图 6-90 所示。

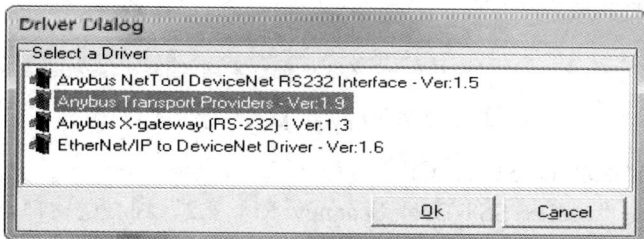

图 6-90　点击"Ok"

(3) 点击"Create",如图 6-91 所示。

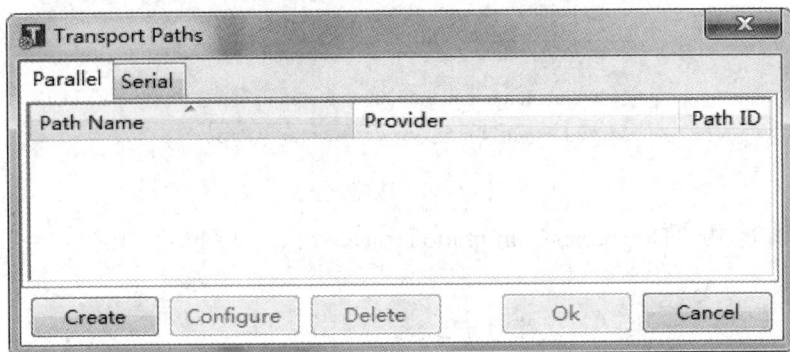

图 6-91 点击"Create"

(4) 选择"Ethernet Transport Provider 2.11.1.2",点击"Ok"。

(5) 输入名称,点击"Ok"。

(6) 点击"Ok"返回上级菜单。

(7) 选择"Anybus-M DEV Rev 3.4",拖到右边窗口,如图 6-92 所示。

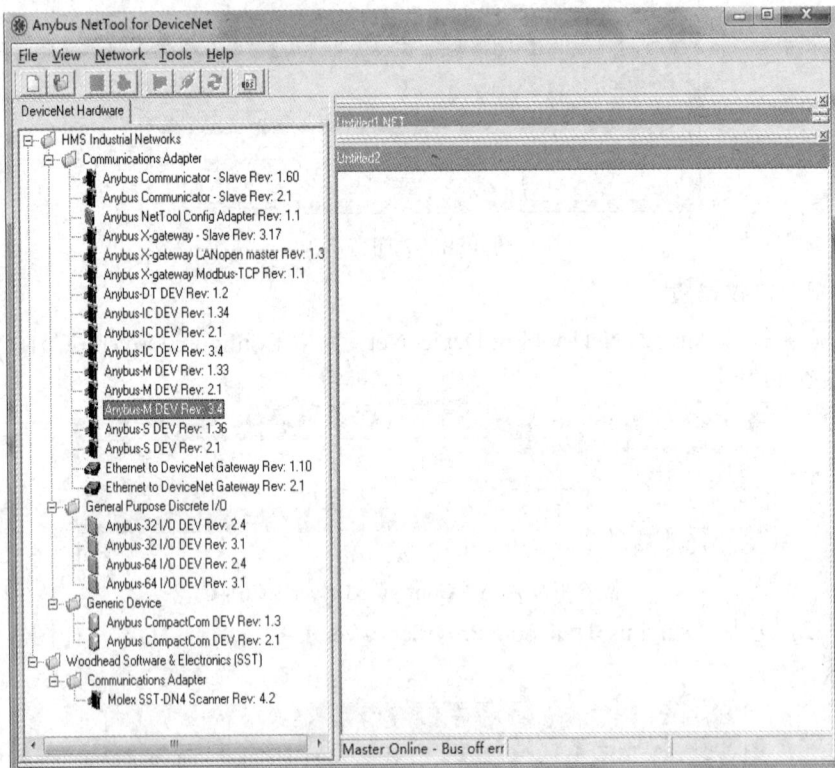

图 6-92 选择"Anybus-M DEV Rev 3.4"

(8) 分配地址 1,点击"Ok"。

(9) 拖动"Molex SST-DN4 Scannev Rev 4.2"到右边窗口,如图 6-93 所示。

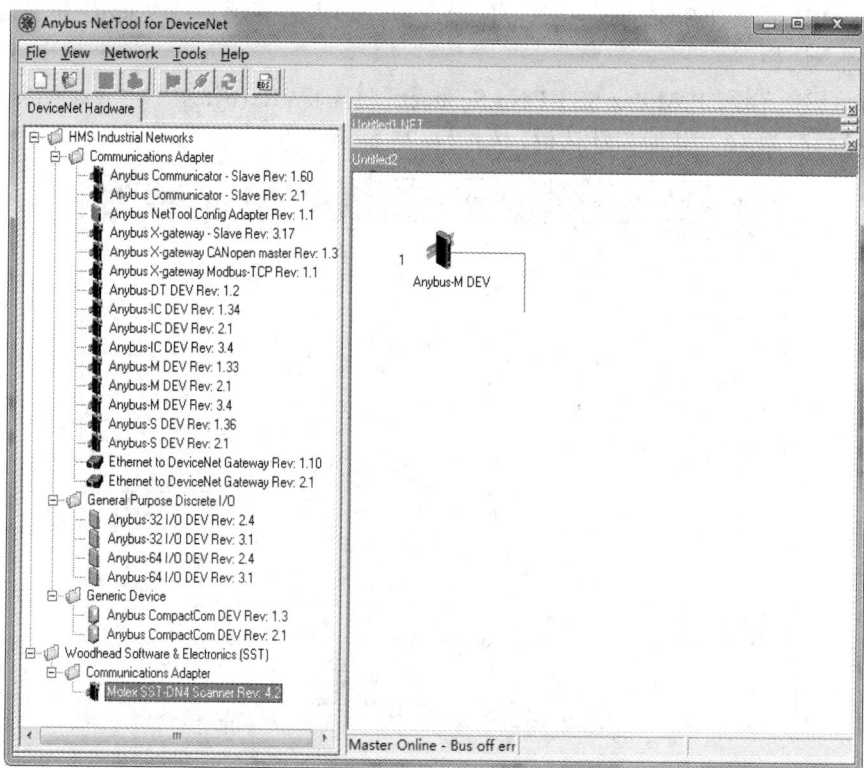

图 6-93 拖动 "Molex SST-DN4 Scannev Rev 4.2" 到右边窗口

（10）修改地址 2，点击 "Ok"，如图 6-94 所示。

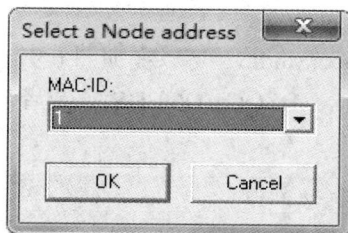

图 6-94 修改地址

（11）双击 "Anybus-M DEV"，把 "Master state" 改为 "Idle"，如图 6-95 所示。

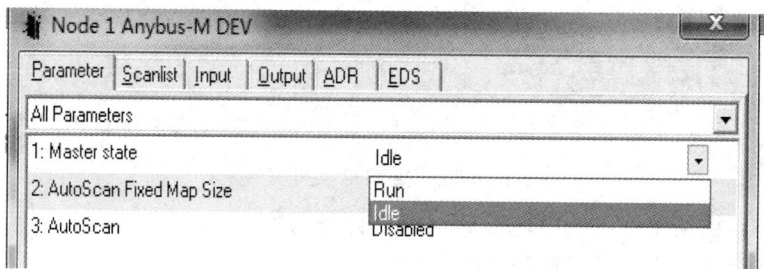

图 6-95 把 "Master state" 改为 "Idle"

（12）选择"Scanlist"菜单，依次选中左边栏的两项，按"add"按钮添加到右边栏。

（13）在添加"Molex SST-DN4 Scanner"时需将"Rx(bytes)"和"Tx(bytes)"长度修改为 16，其他为默认值，如图 6-96 所示。

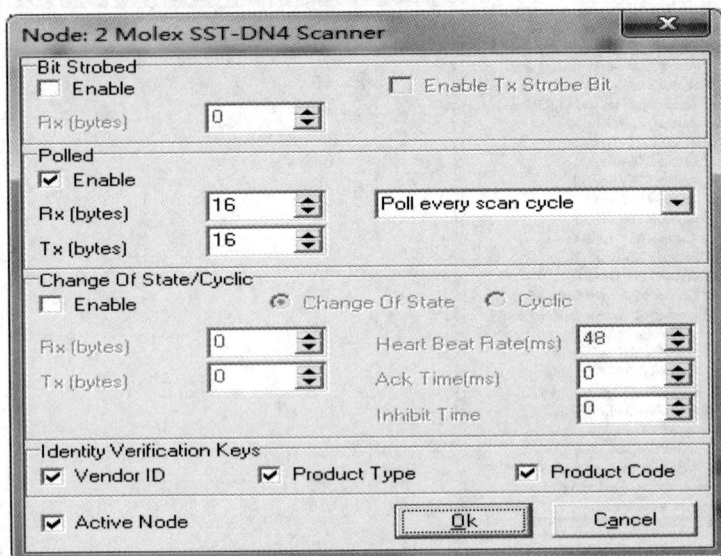

图 6-96　修改长度

（14）添加完成后，点击"Close"退出。

（15）安装 ABB 机器人的 EDS 文件。

（16）点击"next"。

（17）如果安装了 RobotStudio，可以在如图 6-97 所示的目录下找到 EDS 文件夹，选择"IRC5_Slave_DSQC1006.EDS"，或者从安装有 RobotStudio 的计算机复制该文件。

图 6-97　找 EDS 文件夹

（18）找到文件后选中，然后点击"打开"。

（19）弹出窗口提示选择"yes"。

（20）点击"Finish"完成安装，如图 6-98 所示。

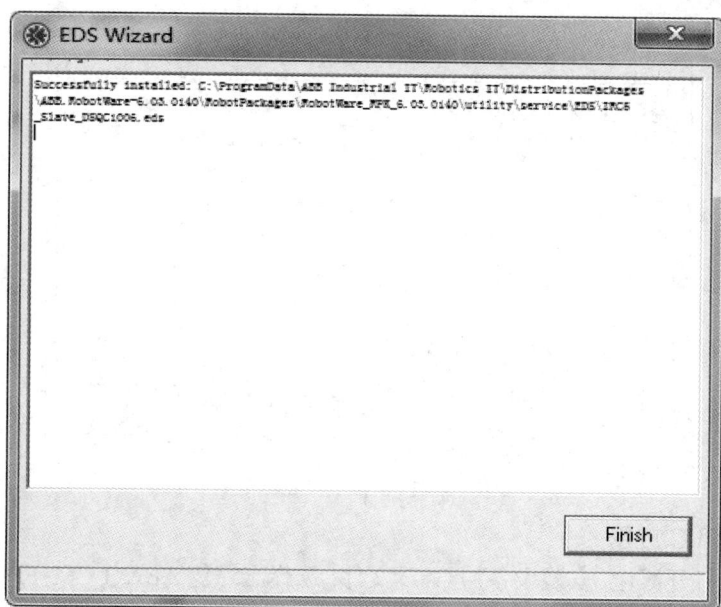

图 6-98 点击"Finish"

4. 下载设置

(1) 先设置计算机 IP 地址为 192.168.8.xx，用网线连接计算机和模块，点击"Go Online"按钮，如图 6-99 所示。

图 6-99 连接计算机网线

(2) 在弹出的提示对话框中点击"Ok"。

(3) 更新完成后，机器人被添加到组态中。

(4) 点击菜单栏"Network"菜单下的"Download To Network"，下载组态，如图 6-100 所示。

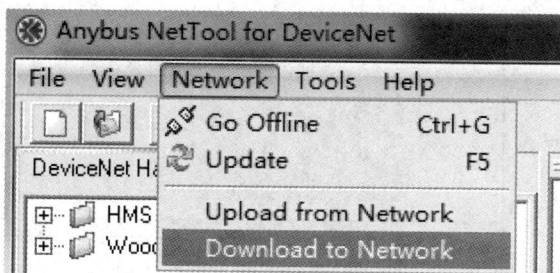

图 6-100 下载组态

(5) 下载完成后，把"Master state"的状态改成"Run"模式，点击"Close"完成设置，如图 6-101 所示。

笔记

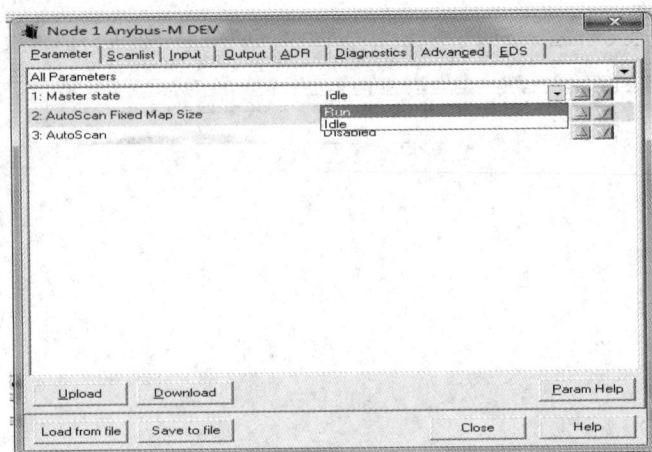

图 6-101　点击"Close"

5．PLC 应用

（1）打开博途，安装设备的 GSD 文件：选择压缩包 ABX_LCM_PROFINET IO_44139 目录下的 GSDML-V2.3-HMS-ANYBUS_X_GATEWAY_PROFINET_ IO-20151023.xml 文件，之后双击安装。

（2）添加 Anybus 硬件组态到 PLC 中，其他现场设备如图 6-102 所示。

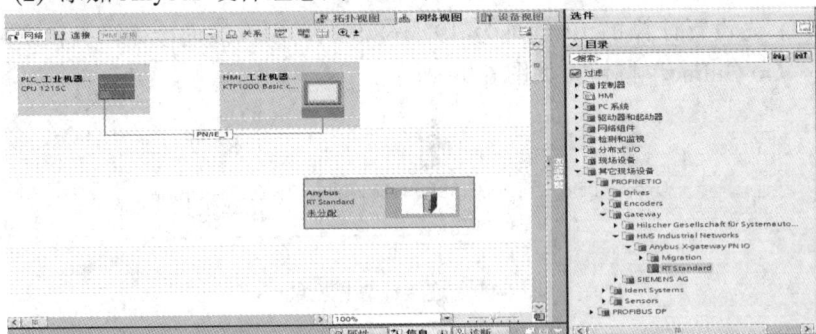

图 6-102　添加 Anybus 硬件组态

（3）选中模块，然后点击"设备视图"，点击"常规"，右侧的名称修改为"Anybus"，如图 6-103 所示。

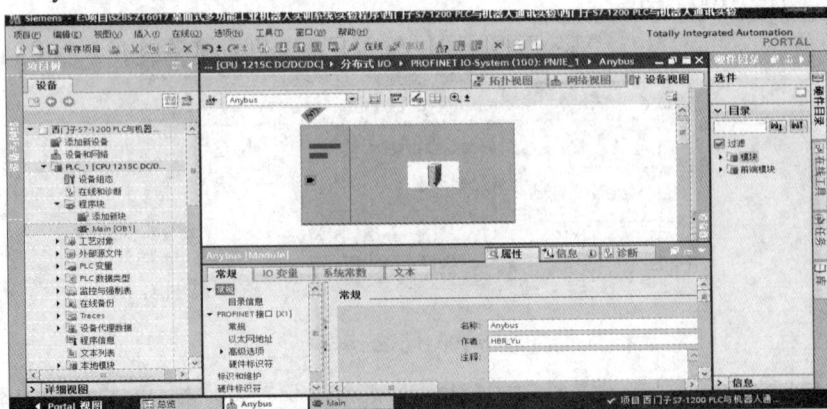

图 6-103　模块选择

（4）在"硬件目录"栏的"模块"菜单下选择"Input/Output modules"中
的"Input/Output 016bytes"项，双击添加。通信地址可以在设备概览中查看
和修改，通常使用默认值即可，如图 6-104 所示。

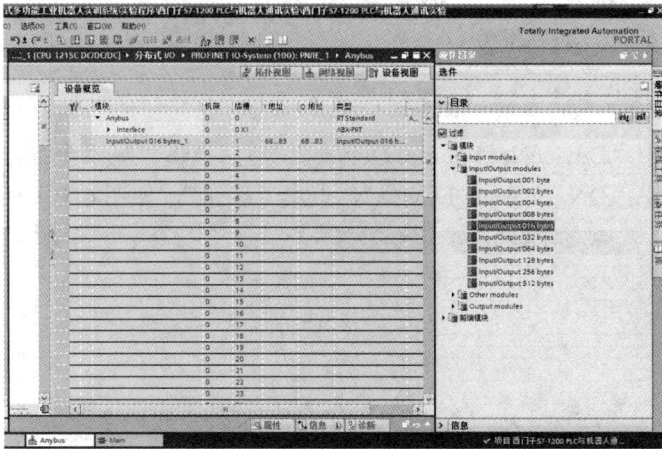

图 6-104　设置"Input/Output 016bytes"

（5）根据实际需要使用通信地址，建议建立通信变量表方便管理，如图
6-105 所示。

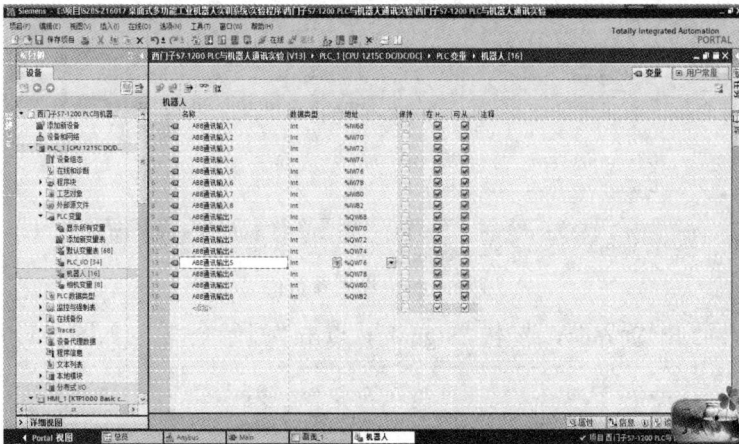

图 6-105　建立通信变量表

6．机器人软件设置

（1）点击"菜单"按钮，选择"控制面板"，如图 6-106 所示。

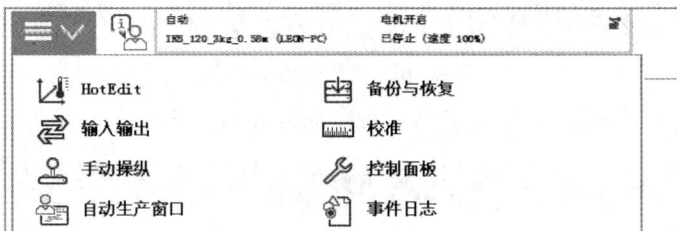

图 6-106　选择"控制面板"

笔记

(2) 选择"配置",如图 6-107 所示。

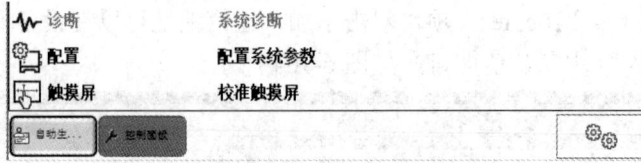

图 6-107　选择"配置"

(3) 选中"DeviceNet Internal Deivce",然后点击"显示全部"。

(4) 选中"DN_Internal_Device",点击"编辑",如图 6-108 所示。

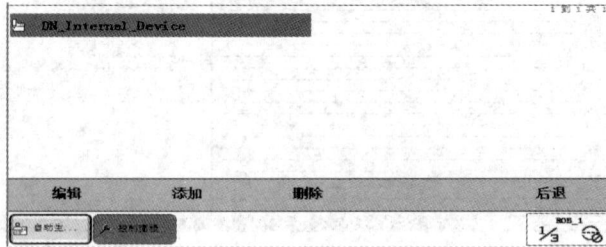

图 6-108　选中"DN_Internal_Device"

(5) 将"Connection Output Size(bytes)"设置为 16,"Connection Input Size (bytes)"设置为 16,其他为默认值,完成后点击"确定",如图 6-109 所示。

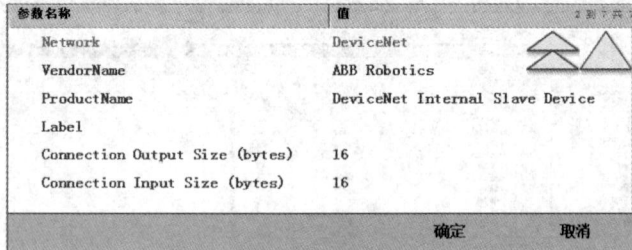

图 6-109　设置参数值

(6) 回到配置界面,选中"Signal",点击"显示全部",如图 6-110 所示。

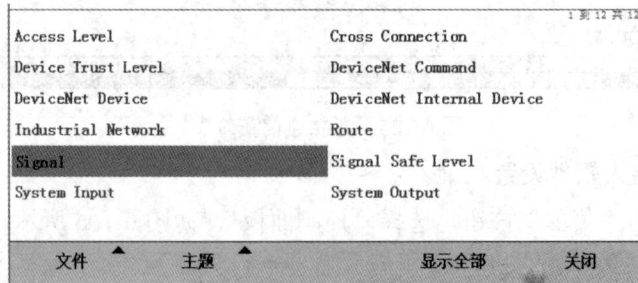

图 6-110　选中"Signal"

(7) 点击"添加",添加通信变量,如图 6-111 所示。

图 6-111　添加通信变量

(8) 按照格式添加需要的变量，完成后点击"确定"，提示重启时选择
"否"，然后再次点击"添加"，如图 6-112 所示，变量符号见表 6-8，当前系
统中定义的通信变量见表 6-9。

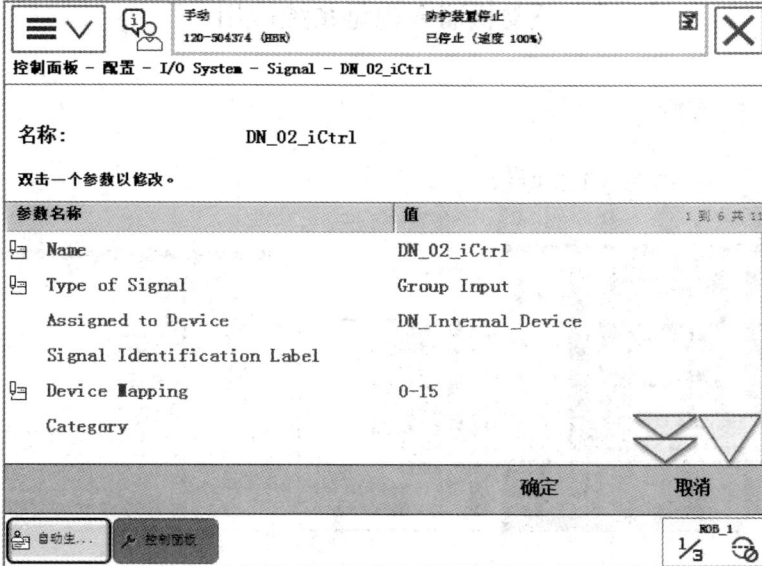

图 6-112 添加变量

表 6-8 变 量 符 号

符号	含义	备 注
Name	变量名称	自定义，尽量便于理解记忆，编程时调用
Type of signal	信号类型	有 6 种类型：数字输入输出(位)；模拟输入输出(字)；组输入输出(字)
Assigned to device	赋值到设备	赋值映射关系设置，本机控制的选择 D652_10，通过 devicenet 与 PLC 交互的选择"DN_Internal_Device"
Device mapping	端口映射设置	如果是位就设定数值，是字就设置 xx-xx,依次间隔 16 位

表 6-9 当前系统中定义的通信变量

地址	定义功能	名 称	类型
0-15	启停控制字	DN_02_iCtrl	
16-31	放置 X 轴坐标偏移量	DN_02_iPutX	
32-47	放置 Y 轴坐标偏移量	DN_02_iPutY	
48-63	放置 Z 轴坐标偏移量	DN_02_iPutZ	输入
64-79	放置 Z 轴角度	DN_02_iPutA	
80-95	工具切换	DN_02_iChangeTool	
96-111	状态字	DN_02_iStatue	输出

🎥 **任务扩展**

三菱机器人视觉系统应用

一、软件构成

软件构成如图 6-113 所示。

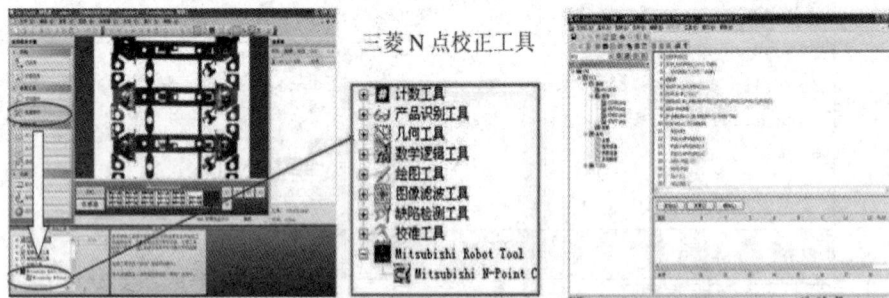

图 6-113　软件构成

1. **机器人编程软件**

RT ToolBox2。

2. **视觉传感器编辑软件**

In-Sight Explorer(EasyBuilder)。

3. **三菱 N 点校正工具**

EBTools(需另外安装)。

二、通用设定

为了正常使用三菱机器人 N 点校正工具(EBTools)，在完成硬件连接和软件安装后，需对机器人和视觉传感器进行相关参数设定。

1. **机器人通讯设定**

机器人和视觉传感器通过以太网进行数据的接收和发送，因此需设定必要的通讯参数。连接上机器人编程软件 RT ToolBox2 后，请设置以下参数。

1) 校正用通讯参数

在三菱机器人 N 点校正工具中，默认使用通讯端口 10009 与机器人进行通讯，见表 6-10。在端口 10009 被使用的场合下，通过修改参数，也可以使用其他端口通讯。

表 6-10　通讯端口 10009 与机器人通讯

No	参　数	设定值	说　明
1	NETIP	xxx.xxx.xxx.xxx	机器人控制器固有 IP 地址
2	NETTERM(9)	1(初始值:0)	添加以太网通讯时数据报尾
3	CTERME19	1(初始值:0)	端口 10009 报尾更改为 "CR+LF"
4	NETPORT(10)	10009(初始值:10009)	设备 OPT19 中设定端口号
5	CPRCE19	0(初始值:0)	使用通讯协议为[无顺序]
6	NETMODE(9)	1(初始值:1)	作为[服务器]打开
7	NETHSTP(9)	未使用	

注：上表中 No.1~3 一般需更改初始值，而 No.4~6 默认初始值可不需要修改。

2) 识别结果接收用通讯参数

在 RTToolBox2 软件中设定该通讯参数：依次打开"在线""参数""Ethernet 设定"，请按照以下说明进行参数设定(该设定为示例，可根据实际进行更改)，通讯参数见表 6-11。

表 6-11　设定通讯参数

No	参数	设定值	说　明
1	NETIP	xxx.xxx.xxx.xxx	机器人控制器固有 IP 地址
2	NETTERM(9)	1(初始值:0)	添加以太网通讯时数据报尾
3	CTERME14	1(初始值:0)	端口 10009 报尾更改为 "CR+LF"
4	NETPORT(5)	23(初始值:10005)	设备 OPT14 中设定端口号
5	CPRCE14	2(初始值:0)	使用通讯协议为[数据链接]
6	NETMODE(4)	0(初始值:1)	作为[客户端]打开
7	NETHSTP(4)	xxx.xxx.xxx.xxx	通讯对象视觉传感器的 IP 地址

注：上表中 No.3~7 一般需更改初始值。

(1) "通信设定"中"IP 地址(NETIP)"设定为 192.168.0.20。

(2) "线缆和设备的设定"中使用"COM2"线缆，设备选择"OPT14"。

(3) 双击对应的 OPT14 设备，在"设备设定"中勾选"设置为视觉传感器用设定"。勾选后"端口号"、"协议"等自动设定并变灰不可以修改。此时需手动设定通讯对象(视觉传感器)的 IP 地址，如 192.168.0.5，如图 6-114 所示。

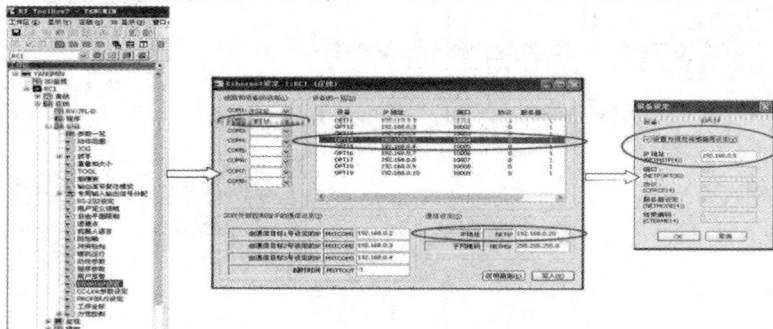

图 6-114　设定视觉传感器 IP 地址

说明：视觉传感器的 IP 地址通过 In-Sight Explorer 进行设定。

2. 机器人工具坐标设定

使用三菱机器人 N 点校正工具前必须先进行机器人工具坐标的设定，以正确地校正机器人坐标系与视觉传感器坐标系的关系。在机器人抓手的顶端安装校正治具(一般可用钢丝等尖状物代替)，操作平台上放置固定尖状物(或十字标记)，使抓手上的治具与平台上尖状物顶端重合。使用机器人程序"TL"，机器人 C 轴姿势从 0°到 90°旋转，将尖状物顶端再次重合。通过程序示教两个点位，机器人的工具坐标就可通过程序自动计算出来，如图 6-115所示。

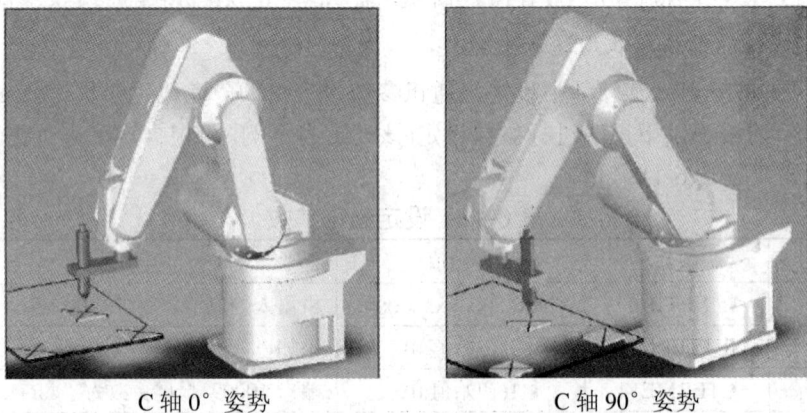

C 轴 0° 姿势　　　　　　　　　　　　C 轴 90° 姿势

图 6-115　机器人工具坐标设定

3. 视觉传感器设定

请通过以下顺序设定视觉传感器的 IP 地址，如图 6-116 所示。

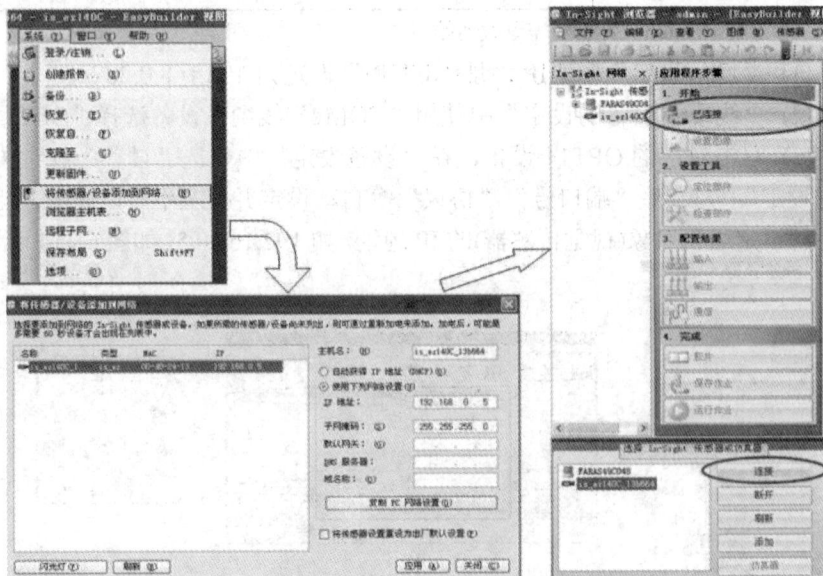

图 6-116　视觉传感器设定

(1) 打开 In-Sight Explorer(Ver4.4.1(7526)及以上版本)。

(2) 菜单栏中依次选择"系统"→"将传感器/设备添加到网络"。

(3) 在弹出的画面中，选择需要连接的视觉传感器，点击"复制 PC 网络设置"，然后设定相机的 IP 地址。

(4) 点击左侧的"已连接"选项，选择需连接的相机，点击"连接"按钮，相机与软件连接。

另外，相机的固件版本需 4.04.00(155)及以上版本。

✎ 笔记

📹 任务巩固

一、填空题

1. DeviceNet 是一种基于_____技术的开放型、符合全球_____的低成本、高性能的_____网络。

2. 工业以太网是应用于_____的以太网技术，在技术上与商用以太网兼容，但是_____和_____却又完全不同。

3. 工业以太网具有应用广泛、通信_____高、资源_____能力强、_____发展潜力大等优势。

二、根据本单位的实际情况对工业机器人网络系统进行调试。

三、上网查询工业机器人网络系统的应用。

模块六资源

操 作 与 应 用

工 作 单

姓　名		工作名称	视觉检测设置及补偿	
班　级		小组成员		
指导教师		分工内容		
计划用时		实施地点		
完成日期		备　注		
工作准备				
资料		工具	设备	

✎ 笔记

工作内容与实施	
工作内容	实　　施
在视觉检测设置及调试中，按照图 1 所示的操作顺序，通过视觉系统检测场景的设置、编写视觉检测及芯片装配程序等步骤完成视觉系统的校准。 视觉系统的检测场景流程编辑如图 2 所示。机器人经由视觉系统检测，完成芯片补偿装配如图 3 所示。	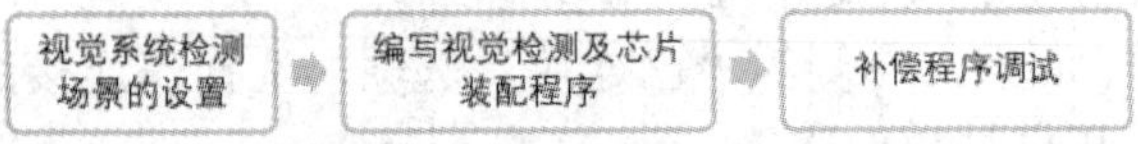 图 1　视觉系统的校准方法 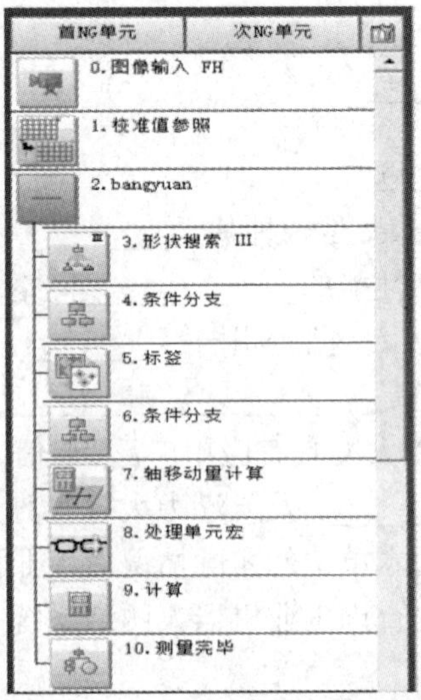 图 2　检测场景流程编辑  图 3　机器人经由视觉系统检测，完成芯片补偿装配
注：可根据实际情况对不同的故障进行维修	

工 作 评 价

	评价内容				
	完成的质量 (60分)	技能提升能 力(20分)	知识掌握能 力(10分)	团队合作 (10分)	备注
自我评价					
小组评价					
教师评价					

1. 自我评价

班级　　　　　　　　姓名　　　　　　　工作名称　视觉检测设置及补偿

自我评价表

序号	评价项目	是	否
1	是否明确人员的职责		
2	能否按时完成工作任务的准备部分		
3	工作着装是否规范		
4	是否主动参与工作现场的清洁和整理工作		
5	是否主动帮助同学		
6	是否完成工业机器人视觉系统的安装		
7	是否完成编制工业机器人程序		
8	能否完能调试		
9	是否完成了清洁工具和维护工具的摆放		
10	是否执行6S规定		
评价人		分数		时间	年　　月　　日

✎ 笔记

2．小组评价

小组评价表

序号	评价项目	评价情况
1	与其他同学的沟通是否顺畅	
2	是否尊重他人	
3	工作态度是否积极主动	
4	是否服从教师的安排	
5	着装是否符合标准	
6	能否正确地理解他人提出的问题	
7	能否按照安全和规范的规程操作	
8	能否保持工作环境的干净整洁	
9	是否遵守工作场所的规章制度	
10	是否有工作岗位的责任心	
11	是否全勤	
12	是否能正确对待肯定和否定的意见	
13	团队工作中的表现如何	
14	是否达到任务目标	
15	存在的问题和建议	

3．教师评价

课程	工业机器人操作与应用	工作名称	视觉检测设置及补偿	完成地点	
姓名		小组成员			
序号	项 目		分值	得分	
1	工业机器人视觉系统的安装		40		
2	编制工业机器人程序		30		
3	调试		30		

自　学　报　告

自学任务	具体企业机器人工业网络通信
自学内容	
收　获	
存在问题	
改进措施	
总　结	

笔记

附录

ABB 工业机器人指令说明

ABB 机器人提供了丰富的 RAPID 程序指令，方便了大家对程序的编制，同时也为复杂应用的实现提供了可能。以下就按照 RAPID 程序指令、功能的用途进行一个分类，并对每个指令的功能作出说明。

一、程序执行的控制

1. 程序的调用

指　令	说　明
ProcCall	调用例行程序
CallByVar	通过带变量的例行程序名称调用例行程序
RETURN	返回原例行程序

2. 例行程序内的逻辑控制

指　令	说　明
Compact IF	如果条件满足，就执行一条指令
IF	当满足不同的条件时，执行对应的程序
FOR	根据指定的次数，重复执行对应的程序
WHILE	如果条件满足，重复执行对应的程序
TEST	对一个变量进行判断，从而执行不同的程序
GOTO	跳转到例行程序内标签的位置
Label	跳转标签

3. 停止程序执行

指　令	说　明
Stop	停止程序执行
EXIT	停止程序执行并禁止在停止处再开始
Break	临时停止程序的执行，用于手动调试
ExitCycle	中止当前程序的运行并将程序指针 PP 复位到主程序的第一条指令，如果选择了程序连续运行模式，程序将从主程序的第一句重新执行

二、变量指令

变量指令主要用于以下的方面：

(1) 对数据进行赋值。

(2) 等待指令。

(3) 注释指令。

(4) 程序模块控制指令。

1．赋值指令

指　令	说　明
：=	对程序数据进行赋值

2．等待指令

指　令	说　明
WaitTime	等待一个指定的时间程序再往下执行
WaitUntil	等待一个条件满足后程序继续往下执行
WaitDI	等待一个输入信号状态为设定值
WaitDO	等待一个输出信号状态为设定值

3．程序注释

指　令	说　明
comment	对程序进行注释

4．程序模块加载

指　令	说　明
Load	从机器人硬盘加载一个程序模块到运行内存
UnLoad	从运行内存中卸载一个程序模块
Start Load	在程序执行的过程中，加载一个程序模块到运行内存中
Wait Load	当 Start Load 使用后，使用此指令将程序模块连接到任务中
CancelLoad	取消加载程序模块
CheckProgRef	检查程序引用
Save	保存程序模块
EraseModule	从运行内存删除程序模块

5．变量功能

指　令	说　明
TryInt	判断数据是否是有效的整数
OpMode	读取当前机器人的操作模式
RunMode	读取当前机器人程序的运行模式
NonMotionMode	读取程序任务当前是否无运动的执行模式
Dim	获取一个数组的维数
Present	读取带参数例行程序的可选参数值
IsPers	判断一个参数是不是可变量
IsVar	判断一个参数是不是变量

6．转换功能

指　令	说　明
StrToByte	将字符串转换为指定格式的字节数据
ByteTostr	将字节数据转换成字符串

三、运动设定

1．速度设定

指　令	说　明
MaxRobspeed	获取当前型号机器人可实现的最大 TCP 速度
VelSet	设定最大的速度与倍率
SpeedRefresh	更新当前运动的速度倍率
Accset	定义机器人的加速度
WorldAccLim	设定大地坐标中工具与载荷的加速度
PathAccLim	设定运动路径中 TCP 的加速度

2．轴配置管理

指　令	说　明
ConfJ	关节运动的轴配置控制
ConfL	线性运动的轴配置控制

3．奇异点管理

指　令	说　明
SingArea	设定机器人运动时，在奇异点的插补方式

4．位置偏置功能

指　令	说　明
PDispOn	激活位置偏置
PDispSet	激活指定数值的位置偏置
PDispOff	关闭位置偏置
EOffsOn	激活外轴偏置
EOffsSet	激活指定数值的外轴偏置
EOffsOff	关闭外轴位置偏置
DefDFrame	通过三个位置数据计算出位置的偏置
DefFrame	通过六个位置数据计算出位置的偏置
ORobT	从一个位置数据删除位置偏置
DefAccFrame	从原始位代和替换位代定义一个框架

5. 软伺服功能

指　令	说　明
SoftAct	激活一个或多个轴的软化伺服功能
SoftDeact	关闭软化伺服功能

6. 机器人参数调整功能

指　令	说　明
TuneServo	伺服调整
TuneReset	伺服调整复位
PathResol	几何路径精度调整
CirPathMode	在圆弧插补运动时，工具姿态的变换方式

7. 空间监控管理

指　令	说　明
WZBoxDef	定义一个方形的监控空间
WCZylDef	定义一个圆柱形的监控空间
WZSphDef	定义一个球形的监控空间
WZHomejointDef	定义一个关节轴坐标的监控空间
WZLimjointDef	定义一个限定为不可进入的关节轴坐标监控空间
WZLimsup	激活一个监控空间并限定为不可进入
WZDOSet	激活一个监控空间并与一个输出信号并联
WZEnable	激活一个临时的监控空间
WZFree	关闭一个临时的监控空间

注：这些功能需要选项"world zones"配合。

四、运动控制

1. 机器人运动控制

指　令	说　明
MoveC	TCP圆弧运动
MoveJ	关节运动
MoveL	TCP线性运动
MoveAbsJ	轴绝对角度位置运动
MoveExtJ	外部直线轴和旋转轴运动
MoveCDO	TCP圆弧运动的同时触发一个输出信号
MoveJDO	关节运动的同时触发一个输出信号
MoveLDO	TCP线性运动的同时触发一个输出信号
MoveCSync	TCP圆弧运动的同时执行一个例行程序
MoveJSync	关节运动的同时执行一个例行程序
MoveLSync	TCP线性运动的同时执行一个例行程序

✍ 笔记

2. 搜索功能

指　令	说　明
SearchC	TCP 圆弧搜索运动
SCarchL	TCP 线性搜索运动
SearchExtJ	外轴搜索运动

3. 指定位置触发信号与中断功能

指　令	说　明
TriggIO	定义触发条件在一个指定的位置触发输出信号
TriggInt	定义触发条件在一个指定的位置触发中断程序
TriggCheckIO	定义一个指定的位置进行 I/O 状态的检查
TriggEquip	定义触发条件在一个指定的位置触发输出信号，并对信号响应的延迟进行补偿设定
TriggRampAO	定义触发条件在一个指定的位置触发模拟输出信号，并对信号响应的延迟进行补偿设定
TriggC	带触发事件的圆弧运动
TriggJ	带触发事件的关节运动
TriggL	带触发事件的线性运动
TriggLIOs	在一个指定的位置触发输出信号的线性运动
StepBwdPrth	在 RESTART 的事件程序中进行路径的返回
TriggStopProc	在系统中创建一个监控处理，用于在 STOP 和 QSTOP 中需要信号复位和程序数据复位的操作
TriggSpeed	定义模拟输出信号与实际 TCP 速度之间的配合

4. 出错或中断时的运动控制

指　令	说　明
StopMove	停止机器人运动
StartMove	重新启动机器人运动
StartMoveRetry	重新启动机器人运动及相关的参数设定
StopMoveReset	对停止运动状态复位，但不重新启动机器人运动
StorePath①	存储已生成的最近路径
RestoPath①	重新生成之前存储的路径
ClearPath	在当前的运动路径级别中，清空整个运动路径
PathLevel	获取当前路径级别
SyncMoveSuspend①	在 StorePath 的路径级别中暂停同步坐标的运动
SyncMoveResume①	在 StorePath 的路径级别中重返同步坐标的运动
IsStopMoveAct	获取当前停止运动标志符

注：①这些功能需要选项"Path recovery"配合。

5. 外轴控制

指　令	说　明
DeactUnit	关闭一个外轴单元
ActUnit	激活一个外轴单元
MechUnitLoad	定义外轴单元的有效载荷
GetNextMechUnit	检索外轴单元在机器人系统中的名字
IsMechUnitActive	检查外轴单元状态是激活/关闭

6. 独立轴控制

指　令	说　明
IndAMove	将一个轴设定为独立轴模式并进行绝对位置方式运动
IndCMove	将一个轴设定为独立轴模式并进行连续方式运动
IndDMove	将一个轴设定为独立轴模式并进行角度方式运动
IndRMove	将一个轴设定为独立轴模式并进行相对位置方式运动
IndReset	取消独立轴模式
Indlnpos	检查独立轴是否已达到指定位置
Indspeed	检查独立轴是否已达到指定的速度

注：这些功能需要选项"Independent movement"配合。

7. 路径修正功能

指　令	说　明
CorrCon	连接一个路径修正生成器
Corrwrite	将路径坐标系统中修正值写到修正生成器
CorrDiscon	断开一个已连接的路径修正生成器
CorrClear	取消所有已连接的路径修正生成器
CorfRead	读取所有已连接的路径修正生成器的总修正值

注：这些功能需要选项"Path offset or RobotWara-Arc sensor"配合。

8. 路径记录功能

指　令	说　明
PathRecStart	开始记录机器人的路径
PathRecstop	停止记录机器人的路径
PathRecMoveBwd	机器人根据记录的路径作后退运动
PathRecMoveFwd	机器人运动到执行 PathRecMoveFwd 这个指令的位置上
PathRecValidBwd	检查是否激活路径记录和是否有可后退的路径
PathRecValidFwd	检查是否有可向前的记录路径

注：这些功能需要选项"Path recovery"配合。

9. 输送链跟踪功能

指 令	说 明
WaitWObj	等待输送链上的工件坐标
DropWObj	放弃输送链上的工件坐标

注：这些功能需要选项"Conveyor tracking"配合。

10. 传感器同步功能

指 令	说 明
WaitSensor	将一个在开始窗口的对象与传感器设备并联起来
SyncToSensor	开始/停止机器人与传感器设备的运动同步
Dr0pSensor	断开当前对象的连接

注：这些功能需要选项"Sensor synchronization"配合。

11. 有效载荷与碰撞检测

指 令	说 明
MotlonSup	激活/关闭运动监控
LoadId	工具或有效载荷的识别
ManLoadId	外轴有效载荷的识别

注：这些功能需要选项"collision detection"配合。

12. 有效载荷与碰撞检测

指 令	说 明
Offs	对机器人位置进行偏移
RelTool	对工具的位程和姿态进行偏移
CalcRobT	从 jointtarget 计算出 robtarget
Cpos	读取机器人当前的 X、Y、Z
CRobT	读取机器人当前的 robtarget
CJointT	读取机器人当前的关节轴角度
ReadMotor	读取轴电动机当前的角度
CTool	读取工具坐标当前的数据
CWObj	读取工件坐标当前的数据
MirPos	镜像一个位置
CalcJointT	从 robtarget 计算出 jointtarget
Distance	计算两个位置的距离
PFRestart	检查当路径因电源关闭而中断的时候
CSpeedOverride	读取当前使用的速度倍率

五、输入/输出信号处理

机器人可以在程序中对输入/输出信号进行读取与赋值，以实现程序控制的需要。

1. 对输入/输出信号的值进行设定

指　令	说　明
InvertDO	对一个数字输出信号的值置反
PulseDO	数字输出信号进行脉冲输出
Reset	将数字输出信号置为 0
Set	将数字输出信号置为 1
SetAO	设定模拟输出信号的值
SetDO	设定数字输出信号的值
SetGO	设定组输出信号的值

2. 读取输入/输出信号值

指　令	说　明
AOutput	读取模拟输出信号的当前值
DOutput	读取数字输出信号的当前值
GOutput	读取组输出信号的当前值
TestDI	检查一个数字输入信号已置 1
ValidIO	检查 I/O 信号是否有效
WaitDI	等待一个数字输入信号的指定状态
WaitDO	等待一个数字输出信号的指定状态
WaitGI	等待一个组输入信号的指定值
WaitGO	等待一个组输出信号的指定值
WaitAI	等待一个模拟输入信号的指定值
WaitAO	等待一个模拟输出信号的指定值

3. I/O 模块的控制

指　令	说　明
IODisable	关闭一个 I/O 模块
IOEnable	开启一个 I/O 模块

六、通信功能

1. 示教器上人机界面的功能

指　令	说　明
TPErase	清屏
TPWrite	在示教器操作界面写信息
ErrWrite	在示教器事件日记中写报警信息并储存
TPReadFK	互动的功能键操作
TPReadNum	互动的数字键盘操作
TPShow	通过 RAPID 程序打开指定的窗口

笔记

2. 通过串口进行读写

指　令	说　明
Open	打开串口
Write	对串口进行写文本操作
Close	关闭串口
WriteBin	写一个二进制数的操作
WriteAnyBin	写任意二进制数的操作
WriteStrBin	写字符的操作
Rewind	设定文件开始的位置
ClearIOBuff	清空串口的输入缓冲
ReadAnyBin	从串口读取任意的二进制数
ReadNum	读取数字量
Readstr	读取字符串
ReadBin	从二进制串口读取数据
ReadStrBin	从二进制串口读取字符串

3. Sockets 通信

指　令	说　明
SocketCreate	创新 Socket
SocketConnect	连接远程计算机
Socketsend	发送数据到远程计算机
SocketReceive	从远程计算机接收数据
SocketClose	关闭 Socket
SocketGetStatus	获取当前 Socket 状态

七、中断程序

1. 中断设定

指　令	说　明
CONNECT	连接一个中断符号到中断
ISignalDI	使用一个数字输入信号触发中断
ISignalDO	使用一个数字输出信号触发中断
ISignalGI	使用一个组输入信号触发中断
ISignalGO	使用一个组输出信号触发中断
ISignalAI	使用一个模拟输入信号触发中断
ISignalAO	使用一个模拟输出信号触发中断
ITimer	计时中断
TriggInt	在一个指定的位置触发中断
IPers	使用一个可变量触发中断
IError	当一个错误发生时触发中断
IDelete	取消中断

2. 中断控制

指 令	说 明
ISleep	关闭一个中断
IWatch	激活一个中断
IDisable	关闭所有中断
IEnable	激活所有中断

八、系统相关的指令

时间控制

指 令	说 明
ClkReset	计时器复位
ClkStrart	计时器开始计时
ClkStop	计时器停止计时
ClkRead	读取计时器数值
CDate	读取当前日期
CTime	读取当前时间
GetTime	读取当前时间为数字型数据

九、数学运算

1. 简单计算

指 令	说 明
Clera	清空数值
Add	加操作
Incr	加 1 操作
Decr	减 1 操作

2. 算术功能

指 令	说 明
AbS	取绝对值
Round	四舍五入
Trunc	舍位操作
Sqrt	计算二次根
Exp	计算指数值 e^x
Pow	计算指数值
ACos	计算圆弧余弦值
ASin	计算圆弧正弦值
ATan	计算圆弧正切值[−90，90]
ATan2	计算圆弧正切值[−180，180]
Cos	计算余弦值
Sin	计算正弦值
Tan	计算正切值
EulerZYX	从姿态计算欧拉角
OrientZYX	从欧拉角计算姿态

参 考 文 献

[1] 张培艳. 工业机器人操作与应用实践教程. 上海：上海交通大学出版社，2009.

[2] 邵慧，吴凤丽. 焊接机器人案例教程. 北京：化学工业出版社，2015.

[3] 韩建海. 工业机器人. 武汉：华中科技大学出版社，2009.

[4] 董春利. 机器人应用技术. 北京：机械工业出版社，2015.

[5] 于玲，王建明. 机器人概论及实训. 北京：化学工业出版社，2013.

[6] 余任冲. 工业机器人应用案例入门. 北京：电子工业出版社，2015.

[7] 杜志忠，刘伟. 点焊机器人系统及编程应用. 北京：机械工业出版社，2015.

[8] 叶晖，管小清. 工业机器人实操与应用技巧. 北京：机械工业出版社，2011.

[9] 肖南峰，等. 工业机器人. 北京：机械工业出版社，2011.

[10] 郭洪江. 工业机器人运用技术. 北京：科学出版社，2008.

[11] 马履中，周建忠. 机器人柔性制造系统. 北京：化学工业出版社，2007.

[12] 闻邦椿. 机械设计手册(单行本)：工业机器人与数控技术. 北京：机械工业出版社，2015.

[13] 魏巍. 机器人技术入门. 北京：化学工业出版社，2014.

[14] 张玫，等. 机器人技术. 北京：机械工业出版社，2015.

[15] 王保军，滕少峰. 工业机器人基础. 武汉：华中科技大学出版社，2015.

[16] 孙汉卿，吴海波. 多关节机器人原理与维修. 北京：国防工业出版社，2013.

[17] 张宪民，等. 工业机器人应用基础. 北京：机械工业出版社，2015.

[18] 李荣雪. 焊接机器人编程与操作. 北京：机械工业出版社，2013.

[19] 郭彤颖，安冬. 机器人系统设计及应用. 北京：化学工业出版社，2016.

[20] 谢存禧，张铁. 机器人技术及其应用. 北京：机械工业出版社，2015.

[21] 芮延年. 机械人技术及其应用. 北京：化学工业出版社，2008.

[22] 张涛. 机器人引论. 北京：机械工业出版社，2012.

[23] 李云江. 机器人概论. 北京：机械工业出版社，2011.

[24] 《机械人手册》翻译委员会译. 机械人手册. 北京：机械工业出版社，2013.

[25] 兰虎. 工业机器人技术及应用. 北京：机械工业出版社，2014.

[26] 蔡自兴. 机械人学基础. 北京：机械工业出版社，2009.

[27] 王景川，陈卫东，[日]古平晃洋. PSOC3 控制器与机器人设计. 北京：化学工业出版社，2013.

[28] 兰虎. 焊接机器人编程及应用. 北京：机械工业出版社，2013.

[29] 胡伟. 工业机器人行业应用实训教程. 北京：机械工业出版社，2015.

[30] 杨晓钧,李兵. 工业机器人技术.哈尔滨：哈尔滨工业大学出版社,2015.

[31] 叶晖. 工业机器人典型应用案例精析. 北京：机械工业出版社，2015.

[32] 叶晖，等. 工业机器人工程应用虚拟仿真教程. 北京：机械工业出版社，2016.

[33] 汪励，陈小艳. 工业机器人工作站系统集成. 北京：机械工业出版社，2014.

[34] 蒋庆斌，陈小艳. 工业机器人现场编程. 北京：机械工业出版社，2014.

[35] (美)John J. Craig. 机器人学导论. 北京：机械工业出版社，2006.

[36] 刘伟，等. 焊接机器人离线编程及传真系统应用. 北京：机械出版社，2014.

[37] 肖明耀，程莉. 工业机器人程序控制技能实训. 北京：中国电力出版社，2010.

[38] 陈以农. 计算机科学导论基于机器人的实践方法. 北京：机械出版社，2013.

[39] 李荣雪. 弧焊机器人操作与编程. 北京：机械出版社，2015.

[40] 杜祥璞. 工业机器人及其应用. 北京：机械工业出版社，1986.

[41] 中华人民共和国国家标准 GBT 16977-2005 工业机器人 坐标系和运动命名原则.

[42] 刘极峰，丁继斌. 机器人技术基础. 2 版. 北京：高等教育出版社，2012.

[43] 吴振彪，王正家. 工业机器人. 2 版. 武汉：华中理工大学出版社,2006.

[44] 郑笑红,唐道武. 工业机器人技术及应用. 北京：煤炭工业出版社,2004.

[45] 韩鸿鸾，等. 工业机器人操作. 北京：化学工业出版社，2018.

[46] 袁有德. 弧焊机器人现场编程及虚拟仿真. 北京：化学工业出版社，2019.

✍ 笔记